Qualitätskontrolle in der TCM

Alexandra-Friederike von Trotha
Oliver Johannes Schmitz

Qualitätskontrolle in der TCM

Chinesische Heilpflanzen auf dem Prüfstand

Alexandra-Friederike von Trotha
Angewandte Analytische Chemie
Universität Duisburg-Essen
Essen, Deutschland

Oliver Johannes Schmitz
Angewandte Analytische Chemie
Universität Duisburg-Essen
Essen, Deutschland

ISBN 978-3-662-59255-7 ISBN 978-3-662-59256-4 (eBook)
https://doi.org/10.1007/978-3-662-59256-4

Die Deutsche Nationalbibliothek verzeichnet diese Publikation in der Deutschen Nationalbibliografie; detaillierte bibliografische Daten sind im Internet über http://dnb.d-nb.de abrufbar.

Springer

Springer ist ein Imprint der eingetragenen Gesellschaft Springer-Verlag GmbH, DE und ist ein Teil von Springer Nature.
Die Anschrift der Gesellschaft ist: Heidelberger Platz 3, 14197 Berlin, Germany

Vorwort

Genauso wie die Themen Impfung und Homöopathie polarisiert die traditionelle chinesische Medizin (TCM) die Menschen in der westlichen Welt. Während die einen den westlichen Pharmakonzernen mit ihren Produkten zutiefst misstrauen und lieber auf das eigene Immunsystem oder alternative Medizin zurückgreifen, halten die anderen das alles für esoterisches Gedankengut oder längst überholtes Wissen aus früheren Zeiten.

Aus wissenschaftlicher Sicht ist die Homöopathie (spätestens ab der Verdünnungspotenz D12) ohne jeglichen Nutzen. Die meisten Wissenschaftler werden den Autoren wahrscheinlich recht geben, dass der Verzicht auf Impfungen gegen Masern oder ähnliche Infektionskrankheiten bei Kindern extrem problematisch werden kann, da er nicht nur das eigene Kind, sondern auch Neugeborene, die noch zu jung für diese Impfungen sind, lebensbedrohlich gefährdet. Anfang März 2019 machte UNICEF, das Kinderhilfswerk der Vereinten Nationen, auf weltweit wieder steigende Erkrankungsfälle der hoch ansteckend wirkenden Masern aufmerksam. Als einer der Hauptursachen dafür betrachtet UNICEF u. a. die negative Kritik und mentale Einstellung gegenüber Impfungen.

Im Gegensatz dazu sehen die Autoren dieses Buches die TCM zu großen Teilen für eine Vielzahl von Krankheiten – besonders chronischen – nach Rücksprache mit den behandelnden Ärzten als wirkungsvolle Alternative oder auch Ergänzung zur westlichen Medizin an. Explizit klammern wir Arzneien, die aufgrund ihrer äußerlichen Gestalt oder durch Mythenbildung in die TCM aufgenommen wurden, aus. Hierzu zählen beispielsweise die Walnuss, die in der TCM aufgrund ihres Aussehens als Mittel zur Stärkung des Gehirns gilt, wenngleich die darin enthaltenen Fette und Vitamine positiv auf den Gehirnstoffwechsel einwirken und es erste wissenschaftliche Hinweise auf eine mögliche Prophylaxis gegen Alzheimer-Erkrankung gibt. Aber auch beispielsweise Tigerknochen und Nashornhörner, die bereits seit 1993 offiziell nicht mehr in der TCM genutzt werden sollen und somit eigentlich verboten sind, lehnen wir aufgrund des notwendigen Artenschutzes und möglicher Tierquälereien kategorisch ab. Ferner stehen wir mineralischen Arzneidrogen, die oftmals nicht zu vernachlässigende Mengen an Schwermetallen wie Arsen oder Quecksilber enthalten, skeptisch gegenüber.

Die TCM basiert auf fünf praktischen Techniken, die auf das über 2000 Jahre alte Grundlagenwerk *Huángdì Nèijīng* („Gelber Kaiser") zurückzuführen sind. Nach diesem wurde das chinesische Reich in fünf Gebiete (Norden, Osten, Süden, Westen und Zentrum) mit unterschiedlichen Empfehlungen für Heilmethoden unterteilt, wobei es sich bei diesen fünf Techniken um die Bian-Stein-Therapie, die Moxibustion, die Akupunktur, das *Tao Yin* (auch als *Qigong* bekannt) und die Arzneipflanzenmedizin handelt. Der Fokus dieses Buches ist ausschließlich auf Letztere gerichtet.

Während in der modernen westlichen Medizin erst in den letzten Jahren die Idee einer individuellen Medizin – die sogenannte personalisierte Medizin – heranwuchs, wird dieses Konzept in China letztendlich schon seit Jahrtausenden praktiziert. Ein TCM-Arzt wird sich nämlich den Patienten immer im Ganzen anschauen, also den Charakter seines Pulses, die Beschaffenheit der Zunge, die Gesichtsfarbe, mögliche Druckschmerzen, die Farbe des Urins, der Klang der Stimme das Fragen nach dem körperlichen Befinden (wie z. B. Unruhe, Schwitzen, Schlafstörungen) etc. Daraus erstellt er ein Bild, das sogenannte Disharmoniemuster, welches das aktuelle Ungleichgewicht im Körper des Patienten beschreibt. Die östliche Diagnostik führt anders als die westliche nicht hin zu einer speziellen, isolierten Krankheit oder zu präzisen Ursachen, sondern zu einer therapeutisch brauchbaren Beschreibung der ganzen Person. Dies führt dazu, dass Patienten nach westlicher Diagnose mit dem gleichen Leiden, zum Beispiel einem Magengeschwür, in der TCM aufgrund eines individuell unterschiedlich ausgeprägten Harmonieungleichgewichts unterschiedlich behandelt werden. Genau dies ist auch das Ziel der neuen personalisierten Medizin. Hier sollen nach wissenschaftlichen Kriterien (Genom, Proteom, Metabolom, Lipidom etc.) die Menschen in unterschiedliche Kategorien unterteilt werden, um Patienten aus jeder Kategorie optimal medizinisch zu behandeln. Ziel ist es, die Vorteile der TCM, wie die individuelle Patientenbetrachtung, mit denen der modernen westlichen Medizin, wie therapeutisch sehr wirksame Medikamente, zukünftig zu kombinieren.

Dies macht die TCM aber nicht überflüssig, da es (i) noch lange dauern wird, bis Patienten in Kategorien eingeteilt werden können, falls es überhaupt gelingt. Ferner (ii) die resultierende Medizin mit diesen Untersuchungen auch sehr kostspielig sein wird und beispielsweise von vielen Menschen in Entwicklungsländern nicht bezahlt werden könnte. Es außerdem (iii) Krankheiten gibt, die mit der TCM scheinbar besser behandelbar sind als mit der westlichen Medizin. Und (iv) wir das Wissen der TCM über Arzneidrogen benötigen, um daraus Medikamente nach westlichen Muster zu produzieren, so wie vergleichbar in Europa mit Teilen der Klostermedizin verfahren wurde oder wie der Klassiker des in Wuppertal-Elberfeld entwickelten Medikaments Aspirin, dessen ursprünglicher Wirkstoff Salicylsäure der Weide (*Salix sp.*, Fam. *Salicaceae*) entstammt.

Der in den letzten Jahren in der westlichen Welt zu beobachtende drastische Anstieg an Behandlungen mit chinesischen Heilpflanzen führt zu dem Hauptanliegen dieses Buches, nämlich der Sensibilisierung über mögliche Gefahren der TCM, insbesondere ihrem Herzstück, der chinesischen Heilpflanzenmedizin (CHM, *Chinese Herbal Medicine*).

In weiten Teilen der Bevölkerung ist die Auffassung vertreten, dass chemisch-synthetisch hergestellte Arzneimittel der Pharmaindustrie viele Risiken bergen, wohingegen die Heilmittel der Natur unbedenklich für die Gesundheit seien. Dies liegt vielleicht an den für den Laien oftmals angsteinflößenden Beipackzetteln der westlichen Medizin, die der Gesetzgeber aus den Forschungsergebnissen langwieriger Untersuchungsstudien zur Aufklärung des Patienten vorschreibt und mit denen sich Pharmafirmen juristisch weitgehend gegen Schadenersatzklagen absichern können. Aber nur weil ein Produkt natürlichen Ursprungs ist, also nicht im Labor synthetisiert wurde, darf daraus noch lange kein Rückschluss auf das Gefährdungspotenzial geschlossen werden. Dies soll an einer Liste verschiedener Giftstoffe anhand ihrer LD_{50}-Werte veranschaulicht werden, welche man auf der Homepage des Bayerischen Landesamt für Gesundheit und Lebensmittelsicherheit findet, wobei hier nur die vier giftigsten aufgeführt sind. Demnach ist die giftigste vom Menschen hergestellte Substanz 2,3,7,8-Tetrachlordibenzodioxin (wissenschaftlich nicht ganz korrekt auch als Seveso-Dioxin bezeichnet), welche aber 10.000-mal weniger toxisch ist als das aus der Natur vom Bakterium *Clostridium tetani* stammende Tetanus-Toxin A.

Substanz	LD_{50}–Wert [μg/kg]
Tetanus-Toxin A	0,0001
Botulinum-Toxin (Botox)	0,0003
Diphtherie-Toxin	0,3
2,3,7,8-TCDD (Seveso-Dioxin)*	1,0

*synthetisch hergestellt

Daraus sollte ersichtlich sein, dass auch die Natur in der Lage ist, sehr giftige Substanzen herzustellen. Folglich kann es bei Verwechslungen von chinesischen Heilpflanzen, bei denen eine z. B. eine toxische oder kanzerogene Substanz enthält oder bei deren Überdosierung es durchaus zu ernsthaften gesundheitlichen Problemen kommen kann, was die große Bedeutung von Qualitätskontrolle chinesischer Heilpflanzen als auch ihre dringend notwendige Optimierung aufzeigt. Dem Großteil der Verbraucher in der Europäischen Union, in der Verbraucherschutz normalerweise groß geschrieben wird, ist vermutlich nicht bewußt, dass sie durch ihr Preisbewußtsein bei Bestellungen chinesischer Heilpflanzendrogen und deren Produkte im Internet vor allem in asiatischen Ländern i. d. R. nur von einer rudimentären oder überhaupt nicht durchgeführten Qualitätskontrolle der Ware ausgehen sollten. Sich dennoch für diese Quellen bzw. Handelswege zu entscheiden, kann somit möglicherweise zu einem sogenannten russisches Roulette-Spiel mit der eigenen Gesundheit werden.

Vor dem Hintergrund des globalen Klimawandels, immer noch stetig wachsender Weltbevölkerungszahlen und begrenzter Ressourcen möchten wir zum einen zu einer größeren Wertschätzung der Artenvielfalt unseres Planeten anregen. Zum anderen möchten wir an die Endverbraucher chinesischer Heilpflanzen besonders in westlichen Industrienationen appellieren, eine größere Bereitschaft zur Zahlung von höheren Preisen aufzubringen, um durchgehende Qualitätsstandards und Qualitätskontrollen einführen zu können und dies durch eine gerechte Entlohnung von Bauern, Erntehelfern und Wildsammlern zu untermauern. Hauptsächlich soll dieses

Buch der Leserschaft helfen, die Hintergründe und das Potential der Heilpflanzenkunde der Traditionellen Chinesische Medizin besser zu begreifen, gleichzeitig aber auch vor dem allzu sorglosen Umgang mit dieser zu sensibilisieren.

Essen, Deutschland
April 2019

Oliver Johannes Schmitz
Alexandra-Friederike von Trotha

Inhaltsverzeichnis

Teil I Grundlagen, Methoden und Wirkung

1 Historie und Grundlagen der traditionellen chinesischen Medizin 3
1.1 Traditionelle chinesische Medizin: Von den Anfängen bis heute – im Osten und Westen 6
1.2 Philosophie der TCM 11
1.3 Diagnosestellung in der TCM 13
1.4 Die Säulen der TCM 15
1.5 Fazit 20
Literatur 20

2 Wirtschaftlich globale Aspekte der CHM-Arzneimitteltherapie 27
2.1 Fazit 36
Literatur 36

3 Gewinnung und Rezepturen pharmakologisch wirksamer Arzneidrogen 41
3.1 Vorbehandlungsmethoden (*pàozhì* (炮制)) 42
3.2 Biodiversität der Pflanzen in China als Basis für den Naturschatz der CHM 45
3.3 Wirkung von *Pàozhì*-Verfahren am Beispiel der Toxizitätsminderung der hochgiftigen Eisenhutwurzel 47
3.4 Aktuelle Vorbehandlungsmethoden im Osten und Westen 50
3.5 Zusammensetzung und pharmakologische Wirkweise von Rezepturen 52
3.6 Zubereitungen und galenische Darreichungsformen 56
3.7 Fazit 59
Literatur 59

4 Vor- und Nachteile chinesischer Arzneidrogen im Vergleich zu westlichen Medikamenten 65
4.1 Fazit 68
Literatur 69

5 Die rechtliche Situation von CHM-Arzneidrogen ... 73
5.1 Fazit ... 75
Literatur ... 75

Teil II Qualitätskontrolle

6 Gründe für den Bedarf einer Qualitätskontrolle bei CHM-Heilmitteln ... 79
6.1 Ursachen für Schwankungen des chemischen Profils ... 80
6.2 Ursachen für minderwertige Arzneidrogenqualitäten ... 82
6.3 Ursachen für versehentliche und absichtliche Verfälschungen bzw. Substitutionen von Arzneipflanzendrogen ... 87
6.4 CHM-Heilpflanzen mit Pestiziden, Schwermetallen und mikrobieller Belastung ... 97
6.5 Fazit ... 100
Literatur ... 101

7 Qualitätskontrolle und ihre bisherige Durchsetzung ... 109
7.1 Empfohlene Angaben einer durchgeführten CHM-Qualitätskontrolle ... 112
7.2 Monographien pflanzlicher Arzneidrogen zur Unterstützung der Qualitätskontrolle ... 113
7.3 Methoden für die Qualitätskontrolle von CHM-Arzneidrogen und ihrer Produkte ... 116
7.4 Chromatographische Methoden ... 117
7.5 Weitere gängige Methoden: DNA-Fingerprinttechnik, NMR-, NIR-, MIR- und Raman-Spektroskopie ... 120
7.6 Analyse von chemischen Markern und Fingerprints für die CHM-Qualitätskontrolle ... 124
7.7 Fazit ... 128
Literatur ... 128

8 Definitionen ... 135
8.1 Pīnyīn (拼音), diakritische Zeichen und chinesische Schriftzeichen ... 135
8.2 Angabe von chinesischen Personennamen ... 136
8.3 Hepburn-Schreibweise für japanische Schriftzeichen ... 137
8.4 Heilkraut, Heil- bzw. Arzneipflanze sowie Arzneidroge ... 137
8.5 Rezeptur und Zubereitung ... 138
8.6 Angaben zu Namen von Heilpflanzen und Heilpilzen ... 139
Literatur ... 140

Fazit zu diesem Buch ... 141

Stichwortverzeichnis ... 143

Abkürzungsverzeichnis

Abb.	Abbildung
ABDA	Bundesvereinigung Deutscher Apothekerverbände
AMG	Arzneimittelgesetz (Deutschland)
AHP	*American Herbal Pharmacopoeia* (engl. für US-Amerikanische Pharmakopöe für traditionelle Arzneidrogen)
ApBetrO	Apothekerbetriebsordnung
BfN	Bundesamt für Naturschutz
ca.	zirka
CE	*Capillary Electrophoresis* (engl. für Kapillarelektrophorese)
CHM	*Chinese Herbal Medicine* (engl. für chinesische Heilpflanzenmedizin bzw. korrekter: chinesische Arzneidrogenmedizin)
ChP	Chinesische Pharmakopöe (Arzneimittelbuch der Volksrepublik China)
CIA	*Central Intelligence Agency* (engl. für amerikanischen Auslandsgeheimdienst)
COX-2	Cyclooxygenase 2
CRS	*Chemical Reference Standard* (engl. für Referenzstandardsubstanz für die chemische Analyse, die auf chemischer Synthese basiert)
1D-GC	eindimensionale Gaschromatographie
2D-GC	zweidimensionale Gaschromatographie
Da	Dalton (Molekülmasse)
DAB	Deutsches Arzneibuch
DAC	Deutscher Arzneimittel-Codex
DAD	Diodenarray-Detektor
DART	*Direct Analysis in Real Time*
DNA	*Deoxyribonucleic acid* (engl. für Desoxyribonukleinsäure)
Dtld.	Bundesrepublik Deutschland
engl.	englische Sprache
EDQM	*European Directorate for the Quality of Medicines & HealthCare* (engl. für Europäisches Direktorat für die Qualität von Arzneimitteln = Europäische Pharmakopöe-Kommission)
EMA	*European Medicines Agency* (engl. für Europäische Arzneimittelbehörde)

EFTA	*European Free Trade Association* (engl. für Europäische Freihandelsassoziation)
ELSD	*Evaporative Light Scattering Detector* (engl. für Lichstreudetektor)
ESCOP	*European Scientific Cooperative on Phytotherapy*
EU	Europäische Union
Fam.	Familie einer Pflanzen- bzw. Pilzart
FID	Flammenionisationsdetektor
FLD	Fluoreszenzdetektor
FDA	*Food and Drug Administration* (engl. für amerikanische Gesundheitsbehörde)
GACP	*Good Agricultural and Collection Practice* (engl. für Gute Praxis für den Anbau und die Sammlung von Arzneipflanzen)
GAP	*Good Agricultural Practice* (engl. für Gute landwirtschaftliche Praxis)
GC	Gaschromatographie
GC-FID	Gaschromatographie-Flammenionisationsdetektor
GCxGC	komprehensive zweidimensionale Gaschromatographie
GC-IR	Gaschromatographie-Infrarotspektroskopie
GC-MS	Gaschromatographie-Massenpektrometrie
GCP	*Good Clinical Practice* (engl. für Gute klinische Praxis)
Gerac	*German acupuncture trails* (engl. Name für eine spezielle medizinische Studie über Akupunktur)
GLP	*Good Laboratory Practice* (engl. für Gute Laborpraxis)
GMP	*Good Manufacturing Practice* (engl. für Gute Herstellungspraxis)
GSP	*Good Storage Practice* (engl. für Gute Lagerungs-, Transport- und Distributionspraxis)
HKCMMS	*Hong Kong Chinese Materia Medica Standards* (engl. für die Hong Konger CHM-Arzneibuch-Monographien)
HMPC	*Committee on Herbal Medicinal Products* (engl. für EU-Ausschuss für pflanzliche Arzneimittel)
HPLC	*High Performance Liquid Chromatography* (engl. für Hochleistungs-Flüssigchromtographie)
HRS	*Herbal Reference Standard* (engl. für Referenzstandardsubstanz für die chemische Analyse, die auf einem aus einer Heilpflanze isolierten Inhaltsstoff basiert)
HS	*Harmonized Commodity Description and Coding System* (HS-System), das auch als *Harmonized System Code* bezeichnet wird (engl. für internationale Nomenklatur zur Klassifizierung von Handelsgütern)
i. Allg.	im Allgemeinen
i. d. R.	in der Regel
i. p.	intraperitoneal (d. h. innerhalb des Bauchfellraums erfolgend)
i. v.	intravenös (d. h. in eine Vene hinein erfolgend)
IR	Infrarot(spektroskopie)

ISO	*International Organization for Standardization* (engl. für Internationale Organisation für Normung)
km	Kilometer
lat.	lateinisch
LD_{50}	letale Dosis, bei der 50 % der beobachteten Population bei der aufgeführten Applikationsform (z. B. intravenös) verstirbt
LC	*Liquid Chromatography* (engl. für Flüssigkeitschromtographie)
min	Minute
Mio.	Millionen
Mrd.	Milliarden
MIR	Mittelinfrarot(spektroskopie)
MS	*Mass Spectrometry* (engl. für Massenspektrometrie)
MS/MS	*Tandem mass spectrometry* (engl. für Tandem-Massenspektrometrie)
NIR	Nahinfrarot(spektroskopie)
NMR	*Nuclear Magnetic Resonance* (engl. für Kernspinresonanzspektroskopie)
n. Chr.	nach Christus
OTC	*Over the counter* (engl. für über die Ladentheke, frei verkäuflich)
PAK	polyzyklische aromatische Kohlenwasserstoffe
PCA	*Principal Component Analysis* (engl. für Hauptkomponentenanalyse)
PCB	polychlorierte Biphenyle
PCR	*Polymerase Chain Reaction* (engl. für Polymerase-Kettenreaktion)
Ph. Eur.	*Pharmacopoea Europaea* (lat. für Europäische Pharmakopöe bzw. Europäisches Arzneibuch; offizielle Abkürzung (European Directorate for the Quality of Medicines & HealthCare (EDQM) und Bundesinstitut für Arzneimittel und Medizinprodukte (BfArM) 2014))
PIC/S	*Pharmaceutical Inspection Co-operation Scheme* (engl. für Pharmazeutische Inspektionskonvention)
RAPD	*Random Amplified Polymorphic DNA* (engl. für zufällig vervielfältigte polymorphe DNA)
RFLP	*Restriction Fragment Length Polymorphism* (engl. für Restriktionsfragment-Längenpolymorphismus)
SAR	*Special Administrative Region* (engl. für Sonderverwaltungszone) als Status der Stadt Hong Kong in China
SCAR	*Sequence-Characterized Amplified Regions*
SOPs	*Standard Operation Procedures*
sp. bzw. *spp.*	lat. *species*, Art mit keiner näheren Bezeichnung, wobei *spp.* durch Verdopplung den Plural anzeigt
TCM	traditionelle chinesische Medizin
TD-GC-MS	*Thermal desorption-gas chromatography mass spectrometry* (engl. für Thermischdesorption-Gaschromatographie-Massenspektrometrie)

TLC	Dünnschichtchromatographie (engl. für *Thin Layer Chromatography*)
u. a.	unter anderem
UN	*United Nations* (engl. für Vereinte Nationen)
UNICEF	*United Nations Children's Fund* (engl. für Kinderhilfswerk der Vereinten Nationen)
USA	*United States of America* (engl. für Vereinigte Staaten von Amerika)
UV	ultraviolettes Licht
UV/VIS	ultraviolettes und sichtbares (engl. *visible*) Licht
var.	*varietas* (lat. für Varietät)
v. Chr.	vor Christus
vgl.	vergleiche
WHO	*World Health Organization* (engl. für Weltgesundheitsorganisation)
WTO	*World Trade Organization* (engl. für Welthandelsorganisation)
WWF	*World Wide Fund For Nature*
z. B.	zum Beispiel
ZNS	zentrales Nervensystem
z. T.	zum Teil

Teil I

Grundlagen, Methoden und Wirkung

1 Historie und Grundlagen der traditionellen chinesischen Medizin

Die traditionelle chinesische Medizin (TCM) und damit auch die Verwendung chinesischer Arzneidrogen und ihrer Zubereitungen erfreuen sich immer größerer Beliebtheit besonders in den westlichen Industrienationen als Alternative zur Schulmedizin (Ganzera 2009). Deshalb wird sie heutzutage in über 130 Staaten der Erde zu medizinischen Zwecken eingesetzt (Hsiao 2007). Doch auch allgemein hat weltweit der Trend für das Interesse von Arzneipflanzen in den letzten Jahrzehnten extrem zugenommen (Sahil et al. 2011). Zudem werden laut Angaben der Weltgesundheitsorganisation WHO (*World Health Organization*) 70–80 % der Weltbevölkerung, also ca. 5 Mrd. Menschen, die hauptsächlich in Entwicklungsländern leben, mit pflanzlichen Arzneimitteln als medizinische Erstversorgung behandelt (Ong et al. 2005). Allerdings gibt es laut WHO-Richtlinien besonders beim Thema Qualitätskontrolle weiterhin einen erhöhten Forschungsbedarf für alle weltweit traditionell eingesetzten Arzneidrogen und deren Zubereitungen, weshalb die WHO diesen durch diverse Förderungen auf allen Kontinenten der Erde unterstützt (Cheung 2011; World Health Organization (WHO) 2000, 2013). Wird nämlich beispielsweise in einer aus einer oder mehreren Heilpflanzen bestehende Arznei eine der Heilpflanzen versehentlich oder absichtlich mit einer anderen, die nicht in die Zubereitung gehört, verwechselt oder vertauscht, kann dies aufgrund möglicher giftiger Inhaltsstoffe der als Substitution eingesetzten Heilpflanze zu einer Gesundheitsgefahr für den Patienten führen. Regulierungsbehörden wie die WHO, die amerikanische Gesundheitsbehörde FDA (*Food and Drug Administration*) und die europäische Arzneimittelbehörde EMA (*European Medicines Agency*) sind sich einig, dass alles für eine sichere Identifikation, in der ähnliche Arten unterschieden werden können und damit Verfälschungen erkennbar werden, unternommen werden muss (Wang und Yu 2015). Um deshalb Sicherheit, Wirksamkeit und konstant hochwertige Qualität der Arzneien für den Patienten zu gewährleisten, ist eine Qualitätskontrolle unerlässlich. Diese erfordert jedoch meistens aufgrund der sehr komplexen Inhaltsstoffzusammensetzung von Arzneipflanzen eine hochleistungsfähige Analytik.

A.-F. von Trotha, O. J. Schmitz, *Qualitätskontrolle in der TCM*,
https://doi.org/10.1007/978-3-662-59256-4_1

Heilpflanzen nehmen schon seit frühsten Zeiten eine wichtige Stellung bei der Behandlung von Erkrankungen ein (Mukherjee und Wahile 2006). Auch wenn es keine schriftlichen Aufzeichnungen aus der Ur- und Frühgeschichte der Menschheit gibt, so belegen Fundstücke, dass Krankheiten schon fast so lange wie das Leben auf der Erde zu existieren scheinen. So sind Mikroorganismen wie zerstörerisch wirkende Parasiten an 350 Mio. Jahre alten versteinerten Muscheln sichtbar. Krankheiten, wie akut oder chronisch entzündliche Knochen- und Gelenkprozesse, Zahnkaries, Tumore oder lebensbedrohliche Infektionskrankheiten wie Hirnhautentzündungen können durch gefundene Knochen und Zähne der vor 200 Mio. Jahren lebenden Dinosaurier, der vor 60 Mio. Jahren dominierenden Säugetiere und auch der vor ca. 500.000 Jahren lebenden ersten Menschen belegt werden. Auch die später lebenden Neandertaler (*Homo sapiens Neanderthalensis*) sowie die Menschen in den Hochkulturen wurden nicht von derartigen Krankheiten verschont (Ackerknecht und Wieries 1967; Temkin 1936a). Damit reiht sich der heutige moderne Mensch bzgl. Erkrankungen in die Geschichte früher auf der Erde vorkommender Lebewesen sowie die seiner Ahnen ein (Ackerknecht und Wieries 1967). Es muss deshalb nur eine Frage der Zeit gewesen sein, dass sich seine Vorfahren der Verwendung von Arzneidrogen aus der Natur zur Linderung oder Heilung ihrer Krankheiten widmeten. Wer genau der erste Mensch war, der eine Heilpflanze zur Behandlung einer Erkrankung einsetzte, darüber kann nur spekuliert werden. Spätestens seit dem 20. Jahrhundert ist bekannt, dass Primaten (*Primates*), zu denen nach der biologischen Systematik auch der Mensch (*Homo sapiens*) gehört, Pflanzen zu medizinischen Zwecken kauen, die nicht auf dem Speiseplan ihrer herkömmlichen Ernährung stehen (Wadud et al. 2007; Huffman 1997). So konnten Huffman et al. in mehreren Studien beobachten, dass die nahen Verwandten des Menschen, die Schimpansen, Bonobos und Gorillas, sich nach Befall ihres Magen-Darm-Trakts durch schädliche Parasiten Abhilfe aus der Apotheke des afrikanischen Urwalds beschaffen. Dabei kauen sie zur Selbstmedikation bitteres Pflanzenmark der *Vernonia amygdalina* (Bitterblattbaum; Fam.: *Asteraceae*) und sind anschließend einige Stunden nach dem Verzehr wieder von diesen Parasiten befreit. Weltweit nutzt auch der Mensch zahlreiche bittere *Vernonia*-Arten gegen Magen-Darm-Erkrankungen sowie parasitäre Infektionen. Durch phytochemische Untersuchungen konnte mittlerweile bei diversen *Vernonia*-Arten u. a. ein wurmvertreibender und antibiotischer Charakter bestätigt werden (Huffman 1997, 2001; Jisaka et al. 1993). Schimpansen vermeiden i. d. R. die Aufnahme der Blätter und der Rinde der *Vernonia* und fressen nach Entfernung der Rinde nur das Mark (Huffman 2001), da dieses im Gegensatz zu den Blättern nicht das zytotoxische Vernodalin enthält (Huffman 1993). Im Gegensatz zu allen anderen Lebewesen auf der Erde eignete sich der Mensch mit der Beherrschung des Feuers etliche Zubereitungsformen wie das Kochen an, wodurch eventuell toxische Substanzen in Heilpflanzen oder Nahrungsmitteln unschädlich gemacht werden können (Huffman 1997, 2001). So verwenden Westafrikaner die weniger toxischen *Vernonia*-Kulturpflanzen und reduzieren deren Bitterkeit und Toxizität weiter durch mehrmaliges Einweichen der Blätter in Wasser und den anschließenden Kochprozess mit Fleisch für eine stärkende Mahlzeit (Huffman 1989, 2001). Im Gegensatz zu den Menschenaffen, bei denen das Wissen über Heilpflanzen durch Beobachtung des Nachwuchses am erkrankten Muttertier an die nächste Generation weitergegeben wird, konnte der Mensch sein Wissen über natürliche Heilmittel schon früh über die gesprochene Sprache und später dann auch über die Entwicklung der Schrift an seine Artgenossen und nachfolgende Generationen weitergeben (Huffman 1997, 2001).

Archäologische Beweise, dass die Vorfahren des heute lebenden Menschen (*Homo sapiens*) auch schon Heilpflanzen verwendeten, finden sich im Gegensatz zu Skeletten und Gebrauchs- oder Kunstgegenständen nur sehr selten aufgrund der mehr oder weniger schnellen Zersetzung des botanischen Materials. Eines der ältesten Funde für einen solchen möglichen Nachweis könnte sich jedoch in der Höhle von Shanidar im heutigen Nordirak befinden. Dort wurde Mitte der 1950er-Jahre eine 60.000 Jahre alte Begräbnisstätte von Neandertalern aus der Steinzeit entdeckt. Die Bodenproben eines darin befindlichen Grabes wiesen Pollen von mehreren Blütenpflanzen auf (Solecki 1975), die aufgrund ihrer mittlerweile nachgewiesenen entzündungshemmenden, desinfizierenden, blutstillenden, schleimlösenden, schweißtreibenden bzw. tonisierenden Wirkung vermutlich als Arzneipflanzen eingesetzt wurden (Solecki 1975; Lietava 1992). Einige von ihnen wie *Herba Ephedrae* (Ephedrakraut; Fam.: *Ephedraceae*) werden auch heute noch in der Volksmedizin Eurasiens sowie Nord- und Mittelamerikas als pflanzliche Heilmittel eingesetzt und sind damit keine spezifischen Arzneipflanzen der Neandertaler (Lietava 1992; Artschwager Kay 1996; Wolters 2000). So belegen erste Schriften der TCM, wie z. B. das *Shénnóng Běncǎojīng*, die frühe Verwendung von *Herba Ephedrae* (*máhuáng* (麻黄)) als Arzneipflanze in China (Lietava 1992), welche dort bis heute Bedeutung als Husten- und Fiebermittel sowie gegen Entzündungen hat (Hikino et al. 1983; Mehendale et al. 2004). Inzwischen konnte ihre erweiternde Wirkung auf verengte Bronchien auf ihr Alkaloid Ephedrin zurückgeführt werden, sodass der isolierte Wirkstoff in der westlichen Medizin zur Behandlung von Asthma eingesetzt wird (Bundesinstitut für Risikobewertung et al. 2012; World Health Organization (WHO) 1999).

Neben des Funds in der Shanidar-Höhle konnte mittlerweile auch im Zahnstein eines Neandertalers, der sich um ca. 49.000 v. Chr. gemeinsam mit anderen Artgenossen in der El-Sidrón-Höhle im heutigen Spanien aufhielt, der Verzehr von zwei Heilpflanzen mittels Nachweises der spezifischen Markersubstanzen (siehe Abschn 7.6) dieser Heilpflanzen durch verschiedene Analysenverfahren ((TD-GC-MS, *Thermal desorption-gas chromatography mass spectrometry*) und *Pyrolysis-gas chromatography mass spectrometry* (Pyrolysis-GC-MS, Pyrolyse-Gaschromatographie-Massenspektrometrie)) festgestellt werden. Der Zahnstein hatte diese nämlich neben Überresten damaliger Nahrung konserviert. Da beide Pflanzen aufgrund ihrer Inhaltsstoffe bitter schmecken und kaum nahrhaft sind, schließen Hardy et al. auf ihren Verzehr zu medizinischen Zwecken (Hardy et al. 2012). Einen weiteren extrem seltenen Fund, der die bedeutende Rolle von Pflanzen zu medizinischen Zwecken für den Menschen schon in der Frühzeit widerspiegelt, zeigen die Ablagerungen in Höhlen sowie an Felsübersprüngen im Norden Mexikos sowie Texas, die archäologisch in die Zeit von 8500 v. Chr. bis 400 n. Chr. datiert werden konnten. Dort wurden Reste von Psychopharmaka pflanzlichen Ursprungs mit halluzinogenen Wirkungen gefunden (Adovasio und Fry 1976; Wauer und

Scott 1999). Eine dieser Pflanzen ist *Lophophora williamsii* (Peyote-Kaktus; Fam.: *Cactaceae*), in der mittels Dünnschichtchromatographie und Gaschromatographie-Massenspektrometrie das Sinnestäuschungen bewirkende Alkaloid Mescalin (El-Seedi et al. 2005; Bruhn et al. 1978; Bornscheuer et al. 2015) sowie weitere strukturverwandte Alkaloide als Marker nachgewiesen wurden (Bruhn et al. 1978). Die Pflanzen scheinen für religiöse Kulthandlungen verwendet worden zu sein (Adovasio und Fry 1976). Auch der Fund der Gletschermumie eines in den Ötztaler Alpen gefundenen Mannes, der als *Ötzi the Iceman* bekannt wurde und um ca. 3300 bis 3200 v. Chr. gelebt haben soll, gibt eine weitere Bestätigung für die Verwendung von Heilpflanzen bzw. Heilpilzen durch unsere Vorfahren. *Ötzi* trug nämlich Früchte des Heilpilzes *Piptoporus betulinus* (Birkenporling; Fam.: *Polyporaceae*) mit sich. Vermutlich hat er damit – vergleichbar wie die eingangs genannten Regenwaldbewohner – den ihn befallenen Darmparasiten *Trichuris trichiura* (Peitschenwurm) bekämpfen wollen (Aspöck et al. 1996).

Einen immensen Schritt machte die Medizin, als sich in den Hochkulturen, den ersten Zivilisationen, ab ca. 3000 v. Chr. die Schrift entwickelte. Medizinisches Wissen, das vorher vermutlich mündlich von Generation zu Generation überliefert wurde, konnte nun durch die schriftliche Fixierung anwachsen und leichter verbreitet werden. So erfolgten erste Aufzeichnungen über das Wissen von Heilpflanzen in den Hochkulturen des Alten Mesopotamiens, Ägyptens, Mittel- und Südamerikas, Indiens sowie Chinas. Dies belegen u. a. etliche bis heute erhaltene in Keilschrift verfasste mesopotamische Tontafeln oder auch die wenigen noch existierenden Papyri aus dem Alten Ägypten, wie z. B. der Ebers-Papyrus (ca. 1500 v. Chr.). Ihre medizinischen Texte berichten u. a. auch über Arzneimittel pflanzlichen, tierischen oder mineralischen Ursprungs (Wadud et al. 2007; Ackerknecht und Wieries 1967; Temkin 1936b). Im Gegensatz zu allen anderen Hochkulturen sind nur die indische und die jüngste von ihnen, die chinesische, erhalten geblieben (Ackerknecht und Wieries 1967; Debelle et al. 2008). Das auf alten Hindutexten der vedischen Medizin basierende Ayurveda in Indien (Ackerknecht und Wieries 1967) sowie die innerhalb von Jahrhunderten entwickelten Techniken der TCM in China werden bis heute praktiziert (Abel-Wanek 2008; Toellner et al. 1983; Ackerknecht und Wieries 1967).

1.1 Traditionelle chinesische Medizin: Von den Anfängen bis heute – im Osten und Westen

Der Ursprung der traditionellen chinesischen Heilkunst geht auf die drei mythischen Kaiser Fúxī (伏羲), Shénnóng (神农) und Huángdì (黄帝) zurück, die bis heute als Begründer der TCM betrachtet werden (Toellner et al. 1983; Ackerknecht und Wieries 1967).

Fúxī (um 2900 v. Chr. (Ackerknecht und Wieries 1967)) wird die Organisation der himmlischen Ordnung über die drei Naturgewalten, nämlich Himmel, Mensch und Erde sowie das Basiswerk der chinesischen Lebensphilosophie, das I Ging (*Yìjīng* (易经), „Buch der Wandlungen"), zugeschrieben (Toellner et al. 1983; Ackerknecht und Wieries 1967; Hou und Jin 2005).

Kaiser Shénnóng (um 2800 bis 2700 v. Chr. (Huang 1999; Ackerknecht und Wieries 1967)) lehrte der Sage nach dem Menschen den Ackerbau und die Haltung von Nutztieren (Toellner et al. 1983; Huang 1999; Hou und Jin 2005) und trägt deshalb auch die Bezeichnung „göttlicher Landmann". Er gilt als Erfinder der Akupunktur und der Arzneimittellehre (Toellner et al. 1983; Ackerknecht und Wieries 1967) und soll hunderte von Pflanzen probiert (Toellner et al. 1983; Chen et al. 2004; Huang 1999) und sie als Heilpflanzen für bestimmte Erkrankungen identifiziert haben (Huang 1999). Das daraus gewonnene Wissen zur Verwendung und Zubereitung dieser Arzneipflanzen soll sich im Buch *Shénnóng Běncăojīng* ((神农本草经) „Klassische Abhandlung des göttlichen Landmanns über die *Materia Medica*" oder auch als „*Shénnóngs Materia Medica*" bekannt) befinden[1] (Toellner et al. 1983; Chen et al. 2004; Hou und Jin 2005; Huang 1999). Das Werk wurde allerdings vermutlich erst um 100 v. Chr. durch einen anonymen Schriftsteller niedergeschrieben (Huang 1999; Hou und Jin 2005). Dem Original des *Shénnóng Běncăojīng* werden 365 pflanzliche, tierische und mineralische Arzneidrogen zugeschrieben (Toellner et al. 1983; Chen et al. 2004; Hou und Jin 2005), von denen der überwiegende Teil pflanzlichen Ursprungs ist (Hou und Jin 2005). Die Arzneidrogen werden darin in einen höheren, mittleren und niederen Rang eingeteilt (Toellner et al. 1983; Chen et al. 2004; Zhou et al. 2015; Ploberger 2007; Hou und Jin 2005), um die Suche nach der bis heute erhofften Arzneidroge der Unsterblichkeit zu erleichtern (Toellner et al. 1983). Zu den Heilmitteln der ersten Kategorie gehören 120 Drogen, die dem Himmel zugeordnet werden. Sie werden als höchste oder unsterbliche Arzneidrogen bezeichnet, weil sie unabhängig von der Dosis stets ungiftig sind, keine oder nur geringe Nebenwirkungen aufweisen, hervorragende therapeutische Wirkung besitzen, den Alterungsprozess hinauszögern, langzeitlich eingenommen werden dürfen und damit sogar auch als Lebensmittel und zur Prävention eingesetzt werden können (Toellner et al. 1983; Chen et al. 2004; Zhou et al. 2015; Ploberger 2007; Hou und Jin 2005). Zur zweiten Kategorie zählen ebenfalls 120 Arzneidrogen, die nach Shénnóng den Menschen widerspiegeln. Sie weisen therapeutischen Nutzen aber auch mögliche Nebenwirkungen auf, wobei sie teilweise giftig sein können (Toellner et al. 1983; Chen et al. 2004; Zhou et al. 2015; Ploberger 2007; Hou und Jin 2005) bzw. eine relativ starke Wirkung aufzeigen (Ploberger 2007). Sie sollen die Körperfunktionen unterstützen und Mangelerscheinungen bzw. Störungen ausgleichen. Ihre Einnahme sollte beendet werden, wenn die Krankheit auskuriert ist (Toellner et al. 1983; Chen et al. 2004; Zhou et al. 2015; Ploberger 2007; Hou und Jin 2005). Die restlichen 125 der 365 Arzneidrogen werden in die dritte Kategorie, die niederen Heilmittel, einsortiert, da sie neben sehr starken Wirkungen auch Nebenwirkungen aufweisen. Einige von ihnen sind sogar giftig, weshalb sie mit Vorsicht nur in geringen Dosen bzw. nur in vorbehandelter Form (siehe Abschn. 3.1 und 3.3) verabreicht werden sollten. Wenn gleich sie als niedere Heilmittel eingeteilt sind, so besagt dies keine mindere pharmakologische Wertigkeit. Sie entsprechen laut Shénnóng der Erde (Toellner et al. 1983; Chen et al. 2004;

[1] *Materia Medica* (*Běncăo* (本草): lat. für Arzneidrogen pflanzlichen, tierischen und mineralischen Ursprungs (siehe auch Abschn. 1.4.2).

Tab. 1.1 Beispiele für die Klassifizierung von Arzneidrogen nach Shénnóng in hohen (hellblau), mittleren (türkis) und niedrigen (dunkelblau) Rang (Chen et al. 2004; Toellner et al. 1983; Herba-Sinica Hilsdorf GmbH (Hrsg.) und Zhong März 2010; Porkert 1978)

Arzneidroge	**Lateinischer Name der Arzneidroge**	***Pīnyīn-Name der* Arzneidroge**	**Familie**
Ginsengwurzel	*Radix Panacis ginseng*	*rénshēn*(人参)	*Araliaceae*
Süßholzwurzel	*Radix Glycyrrhizae*	*gāncǎo* (甘草)	*Fabaceae*
Kokospilz	*Poria cocos sclerotium*	*fúlíng* (茯苓)	*Polyporaceae*
chinesische Angelikawurzel	*Radix Angelicae sinensis*	*dāngguī* (当归)	*Apiaceae* (*Umbelliferae*)
Ingwerwurzel (frisch / getrocknet)	*Rhizoma Zingiberis (recens / -)*	*shēngjiāng* (生姜) / *gānjiāng* (干姜)	*Zingiberaceae*
Ephedrakraut	*Herba Ephedrae*	*máhuáng* (麻黄)	*Ephedraceae*
Herbsteisenhutwurzel (vorbehandelt)	*Radix lateralis Aconiti carmichaelii preparata*	*fùzǐzhì* (附子制)	*Ranunculaceae*
Pinellia-Rhizom	*Rhizoma Pinelliae*	*bànxià* (半夏)	*Araceae*
Hundertfüßler	*Scolopendra subspinipes*	*wúgōng* (蜈蚣)	*Scolopendridae*

Zhou et al. 2015; Ploberger 2007). Beispiele für Arzneidrogen dieser drei Kategorien finden sich in Tab. 1.1, wobei bis auf die tierische Arzneidroge des Hundertfüßlers alle restlichen und zugleich pflanzlichen Arzneidrogen in anderen Kapiteln des Buches weitere Erwähnung finden.

Der dritte sagenumwobene Kaiser Huángdì (um 2600 v. Chr (Ackerknecht und Wieries 1967; Hou und Jin 2005)), der auch als „Gelber Kaiser" bekannt ist, wird als Vater der chinesischen Medizin verehrt (Veith 2002). Er soll der Autor des *Huángdì Nèijīng* (黄帝内经 = „Buch des Gelben Kaisers zur Inneren Medizin") sein (Toellner et al. 1983; Ackerknecht und Wieries 1967; Huang 1999; Veith 2002). Dieses besteht aus den zwei Teilen *Huángdì Nèijīng Sùwèn* (黄帝内经素问) oder auch kurz *Sùwèn* (素问 = „Grundlegende Fragen") genannt, das in Form eines Dialogs zwischen dem Kaiser Huángdì und seinen sechs Beratern, allen voran Qí Bó (岐伯), geschrieben wurde und *Língshūjīng* (灵枢经 = „Spiritueller Pfeiler"), einem Bericht über Akupunktur. Dem *Huángdì Nèijīng* in seinen beiden Bänden kommt eine elementare Bedeutung als Quelle für die chinesische Medizin zu (Toellner et al. 1983; Ploberger 2007; Focks (Hrsg.), Al-Khafaji et al. 2010; Hou und Jin 2005; Unschuld 2003), da es Informationen zu Diagnosetechniken für Erkrankungen und deren Behandlung mit entsprechenden Arzneidrogen enthält (Huang 1999). Zudem verdeutlicht das Werk die Naturgesetze zwischen Mensch und Natur wie diejenigen von Yin und Yang und den „Fünf Elementen" (nähere Erläuterung in Abschn. 1.2), von denen der Mensch abhängig ist. Es zeigt auch auf, wie der Mensch sie durch Befolgung wieder harmonisieren und damit zu einer vollkommenen Gesundheit gelangen kann (Toellner et al. 1983; Hou und Jin 2005). Folglich scheint der Mensch sein Schicksal selbst in der Hand zu haben und ist nicht irgendwelchen Mächten schutzlos gegenübergestellt. Das *Huángdì Nèijīng* wurde vermutlich ca. 100 Jahre vor dem *Shénnóng Běncǎojīng* um 200 v. Chr. niedergeschrieben (Ackerknecht und Wieries 1967), welcher auch gleichzeitig der Zeitpunkt für den Beginn der eigentlichen Entwicklung der TCM war (Unschuld 2013). Beide bedeutenden Werke haben ihren Ursprung damit in der Zeit der Han-Dynastie (*Hàncháo* (汉朝): 206 v. Chr. bis 220 n. Chr.). Diese stellt nach bzw. neben der Zeit des Ersten Kaisers von China, Qín Shǐhuángdì (秦始皇帝), eine sehr prägende Phase für die chinesische Medizin, Kultur und Geschichte dar (Huard et al. 1968), sodass sich heute der Großteil aller lebenden Chinesen auch als Han-Chinesen (*hànzú* (汉族)) bezeichnet.

Bis heute sind zahlreiche TCM-Werke zu Diagnosen und deren Behandlungen erschienen. Dabei wurde die vielfältige Entwicklung der TCM im Laufe ihrer Historie durch verschiedene Impulse beeinflusst und geprägt. So sorgte die Entwicklung des eisernen Pflugschars in der Han-Dynastie für einen erleichterten Heilpflanzenanbau und der Kontakt mit anderen Kulturkreisen aufgrund kriegerischer Auseinandersetzungen, erweiterten Handelsbeziehungen (z. B. über die Seidenstraße) sowie der Christianisierungszüge aus Europa bis nach Zentralasien für einen Transfer medizinischer Erkenntnisse in die TCM (Toellner et al. 1983; Focks (Hrsg.), Al-Khafaji et al. 2010; Veith 2002). Im Gegenzug gelangte vermutlich schon seit dem Altertum, später durch die Berichte Marco Polos (1254–1324) und vermehrt Ende des 17. Jahrhunderts durch die aus Asien zurückkehrenden Händler und Ärzte der niederländischen und englischen Ostindienkompanie medizinisches Wissen (z. B. über chinesische Arzneidrogen und Akupunktur) aus dem Osten nach Europa (Stöger 2010; Chan 2005; Unschuld 2004). Das TCM-Wissen verbreitete sich aber auch im 5. Jahrhundert bzw. während der Tang-Dynastie (*Táng* (唐): 618 bis 907 n. Chr.) über die koreanische Halbinsel und das Japanische Meer nach Japan, so dass die TCM die ursprüngliche Basis der traditionell japanischen Medizin bildet (Hou und Jin 2005; Herbasin Hilsdorf GmbH, (Hrsg.) Januar 2007). Erst zum Ende des 15. Jahrhunderts wurde sie von der damals noch hauptsächlich einfachen chinesischen Form in die japanische, die Kampo-Medizin,[2] modifiziert. Wie eng TCM und Kampo-Medizin miteinander verwandt sind, lässt sich u. a. an einem Deklarationsproblem der Arzneimitteltherapie der TCM erkennen, auf das später noch näher eingegangen wird. Einen deutlich verstärkten Einfluss der Europäer auf die TCM durch die von ihnen mitgebrachte moderne Medizin gab es spätestens Anfang des 19. Jahrhunderts nach dem Eintreffen von englischen Missionaren in China (Cheung 2011). Dies wirkte sich besonders stark seit Anfang des 20. Jahrhunderts auf die medizinische Behandlung in China aus (Chan 2005). Nach dem Ende des chinesischen Kaiserreichs und

---

[2] Das japanische Wort „Kampo“ (Japanisch: *Kanpō* (漢方)) bedeutet übersetzt „chinesisches Rezept“. Das erste Zeichen 漢 ist gleichzeitig im Chinesischen auch das Langzeichen der traditionellen Schreibweise für das Han-Volk (*hàn*; Kurzzeichen: 汉) und verweist, wie in diesem Kapitel schon erläutert, damit nicht nur im Japanischen sondern auch im Chinesischen auf China. Das zweite Zeichen 方 (Chinesisch: *fāng*) bedeutet auch im Chinesischen „Methode“ bzw. „Rezept“. Während die Anzahl der wichtigsten Arzneipflanzendrogen in der CHM ca. 600 beträgt (siehe Abschn. 1.4.2), liegt sie in der Kampo-Medizin nur bei ca. 150 (Herbasin Hilsdorf GmbH, (Hrsg.). Januar 2007)).

des Aufrufs der Republik China am 01.01.1912 fokussierte sich der Staat auf die westlich geprägte wissenschaftliche Denkweise Focks (Hrsg.), Al-Khafaji et al. 2010), um sich ähnlich wie Japan von den westlichen Mächten wieder befreien zu können und daraus gestärkt als „Reich der Mitte" zurückzukehren (Unschuld 2013). Das ging sogar soweit, dass die TCM per Gesetz verboten werden sollte. Dies konnte jedoch durch heftige Proteste der Bevölkerung verhindert werden, wenn gleich die TCM im Gegensatz zur westlichen Medizin im Land bis zur Gründung der Volksrepublik China im Jahr 1949 unter Máo Zédōng (毛泽东) nun nicht mehr gefördert wurde (Focks (Hrsg.), Al-Khafaji et al. 2010; Unschuld 2013). Danach bekam sie wieder einen deutlich höheren Stellenwert durch die chinesische Regierung, da die westliche Medizin für die Volksmasse viel zu kostspielig war (Stone 2008; Chan 2005). Aufgrund wachsender Sympathie für die TCM durch das Ausland, wie z. B. der damaligen Sowjetunion, modernisierte China Anfang der 1950er-Jahre aufgrund seines wirtschaftlichen Interesses an einer weltweiten Kommerzialisierung die TCM. Dadurch sollte die TCM noch attraktiver werden und gleichzeitig sollte das chinesische Volk weiterhin seine Traditionen und Bedürfnisse darin wiederfinden (Unschuld 2004; Abel-Wanek 2013). Dazu wurde extra eine Kommission gebildet, die die Form der alten chinesischen Medizin überarbeitete, welche seit 1955 die englische Bezeichnung „*Traditional Chinese Medicine*" (TCM) trägt und in ihrer heute weltweiten Anwendung nicht mehr der chinesischen Urform gleicht (Unschuld 2004; Abel-Wanek 2013). Zudem begann kurz nach Gründung der Volksrepublik Anfang der 1950er-Jahre die Einrichtung staatlicher Stellen in den Provinzen und Städten, um den Anbau, die Produktion und den Handel chinesischer Arzneidrogen besser kontrollieren zu können (Hou und Jin 2005). Außerdem wurde die Möglichkeit einer universitären TCM-Ausbildung geschaffen, der finanzielle Investitionen in die phytopharmazeutische Erforschung der CHM (*Chinese Herbal Medicine*), sprich chinesischer Arzneidrogen und deren Zubereitungen, folgten. Die wissenschaftlichen Methoden dafür wurden bis heute immer moderner, so dass der seit Anfang des 20. Jahrhunderts bestehende zeitliche Forschungsvorsprung in Sachen TCM und ihrer pflanzlichen Arzneimittel von Japan und der damaligen Sowjetunion durch China ab den 1970er-Jahren deutlich überholt werden konnte (Focks (Hrsg.), Al-Khafaji et al. 2010). Ein entscheidender Impuls für den Beginn der weltweiten Verbreitung der TCM begann am 21.02.1972, als die Volksrepublik zum ersten Mal seit ihrer Staatsgründung vom amerikanischen Präsidenten Richard Nixon für eine Woche besucht wurde. Dies führte in den folgenden Jahren zu einer wirtschaftlichen Öffnung Chinas und zu verstärkten Handelsbeziehungen mit dem Westen (Stöger 2010; Unschuld 2013). Dadurch wurde anfangs besonders das Interesse des Westens für Akupunktur, einer Behandlungsform der TCM, geweckt (Unschuld 2013; Hou und Jin 2005; Ploberger 2007). Das ging sogar soweit, dass selbst der amerikanische Auslandsgeheimdienst CIA (*Central Intelligence Agency*) Interesse für Akupunktur in Bezug auf die Behandlung von Schmerzen zeigte. Heutzutage untersucht die CIA die Wirkung der Nadeln auf posttraumatische Stresserkrankungen ihrer weltweit im Einsatz stehenden Soldaten (Unschuld 2013). Aufgrund der schon im Eingang dieses Kapitels erwähnten steigenden Beliebtheit der TCM besonders in westlichen Staaten (Hohmann 2008; Abel-Wanek 2008; Focks (Hrsg.), Al-Khafaji et al. 2010;

Stöger 2010; Ploberger 2007; Hempen und Fischer 2009; Hou und Jin 2005; Cheung 2011) entstand z. B. in Europa eine wachsende Anzahl an Schulen für Akupunkturlehre (Scheid 1999). Mittlerweile hat eine weitere Säule der TCM, die Arzneimittellehre (*Chinese Herbal Medicine*, CHM), im Westen ebenfalls eine große Bedeutung erlangt (Ploberger 2007). Nach der Eröffnung des ersten europäischen TCM-Krankenhauses 1991 in Bad Kötzting, Dtld. (Scheid 1999; Chan 2005), folgten wenig später zahlreiche andere TCM-Kliniken in Europa. In diesen werden hauptsächlich chronische Beschwerden wie Schmerzerkrankungen behandelt (Chan 2005). Aufgrund weiter steigender Nachfrage nach CHM-Arzneimitteln in Europa wurde 1995 in London eine Filiale der ältesten Apotheke Pekings, der Tóngréntáng (同仁堂), eröffnet (Scheid 1999).

Da die chinesische Regierung das wirtschaftliche Potential erkannte, das sich nach der Reformierung der TCM in den 1950er-Jahren durch steigende Nachfrage nach TCM-Produkten aus dem Ausland in den folgenden Jahrzehnten zeigte, erstellte sie 1995/96 einen bis zum Jahr 2020 gültigen Projektplan zur Modernisierung und Internationalisierung der TCM (Lei et al. 2014; Xinhua [Nachrichtenagentur der chinesischen Regierung] 2010-08-07; Chan 2005; Unschuld 2013). Seine Auswirkungen besonders im Hinblick auf die CHM-Arzneimittel werden später behandelt.

1.2 Philosophie der TCM

Denkweise, Weltanschauung und Methodik der westlichen und der östlichen Kultur und ihrer jeweils zugehörigen Medizin sind teilweise grundlegend verschieden (Focks (Hrsg.), Al-Khafaji et al. 2010; Cheung 2011; Hou und Jin 2005). Während die westliche Medizin auf der kausal analytischen Denkweise der Naturwissenschaften basiert (Stöger 2010; Unschuld 2013; Chen et al. 2013), ist die östliche Betrachtungsweise von einer synthetischen Philosophie geprägt (Zinzius 2007). Bei Letzterer werden – ähnlich der Mengenlehre der Mathematik – alle realen und fiktiven Dinge mit gleichem Charakter der gleichen Gruppe zugeordnet und somit alle als gleichartig bzw. gleichwertig in der jeweiligen Gruppe betrachtet. Die einzelnen Gruppen und damit deren Elemente stehen zueinander in Relationen, für die dann jeweils die entsprechenden Gesetzmäßigkeiten gelten. Diese Vorstellung findet sich in der TCM z. B. in der Lehre von Yin und Yang sowie den „Fünf Elementen" (siehe weiter unten in diesem Kapitel) wieder (Unschuld 2013). Um die TCM von Seiten der Pharmakologie in westliche Vorstellungen zu übertragen, ist das Verständnis für ihre Theorie unerlässlich (Bauer 1994, 1995). Beste Voraussetzungen dafür haben chinesische Medizinstudenten, die sich in ihrer Ausbildung mit beiden Medizinrichtungen beschäftigen (Wang et al. 2007). Ein Problem für viele Anwender und Interessierte besteht jedoch noch immer in der Sprachbarriere der chinesischen Sprache, in der bis heute viele wissenschaftliche Ergebnisse verfasst werden, wenn gleich auch ein erheblicher Teil mittlerweile ins Englische oder andere westliche Sprachen übersetzt wurde bzw. wird (Bauer 1995).

Das Hauptaugenmerk der TCM richtet sich darauf, die Lebensenergie Qi (*qì* (气)) wieder ins Gleichgewicht zu bringen (Hohmann 2008; Ploberger 2007; Hou und Jin 2005). Das Konzept zu Qi ist in der westlichen Medizin unbekannt, wenngleich Einsteins Relativitätstheorie den Zusammenhang zwischen Materie und Energie bildet (Hou und Jin 2005). In der Vorstellung der TCM befindet sich der Mensch als Mikrokosmos zwischen dem Himmel und der Erde. Er ist somit Teil des Universums, des Makrokosmosses (Toellner et al. 1983), das genauso mit Qi durchströmt wird wie die Energiebahnen im Menschen, die sogenannten Meridiane. Auf der Grundlage von Taoismus und Konfuzianismus besteht Qi grundsätzlich aus dem sich gegenseitig ergänzenden weiblichen Yin (*yīn* (阴)) und dem männlichen Yang (*yáng* (阳)), welche in ständiger räumlicher und zeitlicher Wandlung zueinander stehen (Hohmann 2008; Abel-Wanek 2008; Stöger 2010; Hou und Jin 2005; Bauer 1995). Damit ist das Universum und der sich darin befindliche Mensch in Yin und Yang aufgeteilt. Ursprünglich leitet sich *yīn* von der Bezeichnung der schattigen Seite eines Hügels ab, während *yáng* die der Sonne zugewandten Seite meint. Dies spiegelt sich auch in den chinesischen Schriftzeichen wider. Das Schriftzeichen Yin bedeutete ursprünglich die schattige Seite eines Hügels, womit solche Qualitäten wie Kälte, Ruhe, Empfänglichkeit, Passivität, Dunkelheit, Abnahme etc. verbunden werden. Yang wird hingegen mit Hitze, Anregung, Bewegung, Aktivität, Erregung, Vitalität, Licht, Zunahme etc. assoziiert.

Auch die chinesischen Arzneidrogen können in diejenigen mit sogenanntem Yang-Charakter, also heiße, warme Mittel und diejenigen mit Yin-Charakter, die kalte bzw. kühlende Eigenschaft besitzen, eingeteilt werden (Stöger 2010; Hou und Jin 2005). Wie aus Abb. 1.1 erkennbar, ist in jedem Yin auch immer ein Teil von Yang enthalten und umgekehrt. Sind Yin und Yang im Menschen ausgeglichen und damit in Harmonie, strömt nach Vorstellung der TCM die Lebensenergie Qi ungehindert durch seinen Körper. Gibt es hingegen zu viel bzw. zu wenig von Yin bzw. Yang, ist das harmonische Gleichgewicht zwischen den beiden Polen gestört. Es herrscht dann Disharmonie vor und der Mensch läuft der Gefahr entgegen, krank zu werden (Hohmann 2008; Abel-Wanek 2008; Stöger 2010; Hou und Jin 2005). Die TCM kann durch Setzen von Akupunkturnadeln sowie durch die Aufnahme der richtigen Arzneidrogen Qi wieder zum harmonischen Fließen bringen (Stöger 2010). Neben der gegenseitigen Wechselwirkung von Yin und Yang spielen, wie schon erwähnt, in der TCM die sogenannten „Fünf Elementen" (*wǔxíng* (五行)) eine wichtige Rolle (Hou

Abb. 1.1 Darstellung von Yin und Yang. Symbol von Yin und Yang (links), Schriftzeichen für Yin (Mitte) und Yang (rechts). In grün ist das chinesische Schriftzeichen für Sonne, als Bestandteil von Yang, dargestellt

und Jin 2005), welche in der deutschsprachigen Literatur auch als „Fünf Wandlungsphasen“ bezeichnet werden (Stöger 2010). Sie finden sich schon in dem eingangs erwähnten Werk *Huángdì Nèijīng* wieder (Hou und Jin 2005) und werden als Feuer, Wasser, Holz, Metall und Erde aufgeführt (Stöger 2010; Ploberger 2007; Hou und Jin 2005; Toellner et al. 1983). Sie stehen im gegenseitig fördernden oder hemmenden Einfluss zueinander (Stöger 2010), lassen sich in Lebensmitteln, menschlichen Organen, Gerüchen, Farben, Tages- und Jahreszeiten sowie anderen Charakteristika und Gegebenheiten wiederfinden (Stöger 2010; Ploberger 2007; Hou und Jin 2005) und haben eine Wirkung auf den menschlichen Körper (Hou und Jin 2005).

Für diese – historisch betrachtet – nicht nur für die Medizin sondern für viele Belange des chinesischen Lebens wichtige Beziehung von Yin und Yang und den „Fünf Elementen“ wurden auch die sogenannten und mit dem bloßen Auge sichtbaren „sieben klassischen Planeten“ herangezogen, wobei auch Sonne und Mond als Planeten betrachtet wurden. Hierbei steht die Sonne für Yang, der Mond für Yin, der Mars für Feuer, der Merkur für Wasser, der Jupiter für Holz, die Venus für Metall und der Saturn für Erde. Von diesen „sieben klassischen Planeten“ wurden beispielsweise auch die Alchemisten inspiriert, sodass die damals bekannten sieben metallischen Elemente mit den Symbole dieser „Planeten“ beschrieben wurden (Sonne-Gold, Mond-Silber, Mars-Eisen, Merkur-Quecksilber, Jupiter-Zinn, Venus-Kupfer und Saturn-Blei)[3] (Kavoussi 2007).

Neben der Lebensenergie Qi kommt in der Philospophie der TCM dem Blut *xuè* (血) ebenfalls eine besondere Bedeutung zu. Beide sind eng miteinander gekoppelt, wobei Qi als funktionsbezogener Teil das Blut fördert und bewegt, während das Blut *xuè* als materialisierter Teil Qi wiederum nährt. Bildet sich zwischen beiden ein Ungleichgewicht aus, treten gesundheitliche Probleme beim Menschen auf (Stöger 2010).

1.3 Diagnosestellung in der TCM

Im Gegensatz zur westlichen Medizin erfolgt in der TCM durch Aufdeckung von ersten Anfangszeichen einer Erkrankung oft schon eine präventive Therapie, so dass der Patient gar nicht erst richtig krank wird (Stöger 2010; Bauer 1995). Während in

[3] Die Theorie der „Fünf Elemente“ findet sich als ein religiöses, himmlisches Symbol in Form eines Pentagramms schon um 3500 v. Chr. im Alten Mesopotamien und wurde dort spätestens um 3000–2500 v. Chr. mit den fünf echten Planeten der „sieben klassischen Planeten“, also Mars, Merkur, Jupiter, Venus und Saturn in Verbindung gebracht. Das Pentagramm war auch in der Gesundheitslehre des vorchristlichen Europas wie dem Alten Griechenland gebräuchlich. Es symbolisierte Gesundheit und göttliche bzw. kosmologische Harmonie. Zudem verband es fast die gleichen fünf Elemente wie die der TCM und wurde auch dort wie im Alten China mit einem Glauben an magische Verbindungen und Heilkräfte von Zahlen, geometrischen Formen, Geschmack, Farben und Klänge verwoben. Möglicherweise könnte sich hinter Qí Bó, dem Berater des Kaisers Huángdì, der griechische Arzt Hippokrates verbergen. Während die Lehre von Yin und Yang einzig und allein ihren Ursprung in China hat (Westliche Zhōu-Dynastie (西周, *Xīzhōu*): um 1000–711 v. Chr.), finden sich erste Belege für die Theorie der „Fünf Elemente“ erst in der Zeit der Streitenden Reiche (Zhànguó-Dynastie (战国): 476–221 v. Chr.). Somit könnte ein interkultureller Austausch des Alten Chinas mit dem Alten Griechenland oder dem Alten Mesopotamien stattgefunden haben (Kavoussi 2007).

der TCM immer der ganze Körper in die Behandlung eingeschlossen ist (Hou und Jin 2005; Abel-Wanek 2008), begrenzt die westliche Medizin eine Krankheit meist nur auf einen isolierten Bereich, wie z. B. Organe und behandelt das damit verbundene Symptom (Hou und Jin 2005; Abel-Wanek 2008; Hohmann 2008). Patienten mit den gleichen Symptomen erhalten in der westlichen Medizin auch die gleiche Behandlung, wohingegen in der TCM jeder Patient unterschiedlich und damit individuell behandelt wird, selbst wenn er die gleichen Krankheitssymptome aufweisen sollte. Zwar werden in beiden Medizinrichtungen physikalische Behandlungsmethoden wie Massagen, Kälte- und Wärmeanwendungen in vergleichbarer Weise eingesetzt, doch unterscheiden sich Diagnosestellung als auch die restliche Behandlung deutlich voneinander. Die westliche Medizin kennzeichnet sich diesbezüglich durch Geräte (z. B. Röntgenbestrahlung bei Krebserkrankungen) und ihre Behandlung erfolgt meist mittels chemisch-synthetischer Arzneimittel oder sogar Operationen (Hou und Jin 2005). In der TCM hingegen erfolgt die Diagnose des Patienten durch die Untersuchung seines Verhaltens und Ausdrucks, der Hautfarbe, des Zungenbelags, der Körpergeräusche (z. B. Husten, Schlucken), dem Klang der Stimme und der Körpergerüche. Das Verfahren wird ergänzt durch die Pulsdiagnose, das Abtasten des Körpers sowie die Befragung des Patienten zum Gesundheitszustand (Beschwerden, Appetit, Verdauung, Schlaf, Temperaturempfinden) (Focks (Hrsg), Al-Khafaji et al. 2010; Hohmann 2008; Stöger 2010; Hou und Jin 2005; Cheung 2011). Die Grundlagen für diese umfangreiche Diagnosestellung soll der berühmte Arzt Biǎn Què ((扁鹊) um 500 v. Chr.) aufgestellt haben (Focks (Hrsg), Al-Khafaji et al. 2010), der in China eine vergleichbare Bedeutung wie der einige Jahrzehnte später lebende Hippokrates in Europa hat (Ho und Lisowski 1993). Deshalb wird Ersterer auch als „Vater der chinesischen Pulslehre" bezeichnet. Nach seiner Lehre ist der menschliche Körper wie ein Saiteninstrument, dessen Puls Schwingungen darstellt, die den Gesundheitszustand widerspiegeln (Focks (Hrsg), Al-Khafaji et al. 2010). Auch im schon angesprochenem Schriftstück *Huángdì Nèijīng* sind vergleichbare Diagnosemethoden (*shùzhěn* (术诊)) aufgeführt (Hou und Jin 2005). Im Gegensatz zur westlichen Medizin, in der bei der Untersuchung des Patienten nur die Frequenz des Pulses ermittelt wird, kennt die TCM mehr als 30 Pulsqualitäten bei der Pulsuntersuchung, wobei diese Qualitäten dem TCM-Arzt Aussagen über den energetischen Zustand des Patienten geben (Hohmann 2008). Die wichtigste Untersuchung in der TCM ist die der Zunge. Da den menschlichen Organen bestimmte Lokalitäten auf der Zunge zugewiesen werden, kann durch Bestimmung von Farbe, Form, Beweglichkeit, Struktur und Belag der Zunge auf eine Veränderung der Qi-Energie in den Organen geschlossen werden (Hohmann 2008). Anhand der Ergebnisse der Diagnostik entscheidet dann der Arzt, welches therapeutische Verfahren für den Patienten am geeignetesten scheint, um das Energiegleichgewicht wieder in Einklang zu bringen (Stöger 2010; Cheung 2011). Neben Akupunktur, Moxibustion, Massagetechniken, Bewegungsübungen und Diätetik, welche im nächsten Kapitel näher betrachtet werden, kann der Arzt auch die sogenannten „Acht Methoden" (*bāfǎ* (八法)) zur Behandlung des Patienten wählen. Bei diesen handelt es sich um Therapieprinzipien, wie z. B. Kühlen (*qīngqingfǎ* (清法)) oder das Auslösen von Schwitzen (*hànfǎ* (汗法)), die von Chéng Zhōng-Líng

(程钟龄), einem Arzt der Qing-Dynastie (*Qīng* (清) 1644–1911 n. Chr.) stammen. Diese werden häufig je nach Komplexität des Krankheitsbilds parallel angewendet (Focks (Hrsg), Al-Khafaji et al. 2010; Ploberger 2007).

1.4 Die Säulen der TCM

Die TCM basiert auf mehreren Säulen, mit denen Prävention durchgeführt bzw. Heilung erreicht werden kann. Zu den äußerlich angewendeten Therapien (*wàiqì* (外气))[4] zählen Diätetik, Akupunktur, Moxibustion und die Bian-Stein-Therapie (*biān shí* (砭石)), die als Vorläufer der Akupunktur und der Moxibustion anzusehen ist. Daneben gehören zu den präventiven Methoden hauptsächlich das Tao Yin mit Bewegungs- bzw. Entspannungsübungen (Taiji und Qigong) als auch spezielle Massagetechniken. Die häufigste Therapieform ist allerdings die Arzneimitteltherapie, die CHM, die hauptsächlich den Bereich der inneren Medizin (*nèiqì* (内气)) [5] abdeckt (Hohmann 2008; Abel-Wanek 2008; Ploberger 2007; Hou und Jin 2005; Bauer 1995; Focks (Hrsg), Al-Khafaji et al. 2010).

1.4.1 Akupunktur, Moxibustion, Massage, Taiji, Qigong und Diätetik

Bei der Akupunktur handelt es sich um den historisch betrachtet ältesten Teil der TCM. Ihre Ursprünge liegen um 10.000 v. Chr., als sie zur Schmerzlinderung und Behandlung von Abszessen eingesetzt und mittels Nadeln aus Stein oder Knochen durchgeführt wurde. Ihre Verwendung in der Schmerztherapie wird im *Huángdì Nèijīng* bestätigt. Mit zunehmender Erfahrung der Bevölkerung des Alten Chinas mit der Metallverarbeitung wurden die Stein- bzw. Knochennadeln dann zwischen dem 6. und 2. Jahrhundert v. Chr. nach und nach vollständig gegen Nadeln aus Eisen, Gold und Silber ersetzt, was auch archäologisch belegt werden kann (Toellner et al. 1983; Focks (Hrsg), Al-Khafaji et al. 2010; Hou und Jin 2005). Wie schon erwähnt wurde, zirkuliert nach Vorstellung der TCM die kosmische Energie durch den menschlichen Körper auf gedachten Meridian-Bahnen in einem kompletten Zyklus von 24 Stunden (Toellner et al. 1983; Hou und Jin 2005). Ist dieser Fluss bei Krankheit gestört, soll die Lebensenergie Qi mittels Akupunktur, d. h. durch Einstechen von Nadeln durch die Hautoberfläche in die Meridiane und deren Knotenpunkte, beeinflusst und wieder in Harmonie und Gleichgewicht gebracht werden können (Toellner et al. 1983; Hohmann 2008; Hou und Jin 2005). Im Westen wird die Akupunktur von allen TCM-Behandlungsformen am meisten verwendet (Hohmann 2008; Focks (Hrsg), Al-Khafaji et al. 2010), zumal sie 1996 durch die

[4] *wàiqì* = *wài* (äußerlich) + *qì* (Lebensenergie) und bedeutet somit wortwörtlich „äußere Lebensenergie".

[5] *nèiqì* = *nèi* (äußerlich) + *qì* (Lebensenergie) und bedeutet somit wortwörtlich „innere Lebensenergie".

FDA als Alternative zur Ergänzung von konventioneller Medizin anerkannt wurde (Hou und Jin 2005). Außerdem wurde sie spätestens seit 2007 aufgrund der Ergebnisse der Gerac-Studien (Gerac: Abkürzung für *German acupuncture trails*) von den gesetzlichen Krankenkassen in Deutschland in ihren Leistungskatalog für die Behandlung von Knie- und Rückenschmerzen aufgeführt (Hou und Jin 2005; Hohmann 2008). Darüber hinaus wurden mittlerweile ihre Wirkmechanismen wissenschaftlich untersucht, wobei es dazu einige Erkenntnisse besonders bzgl. der Anwendung in der Schmerztherapie gibt (Focks (Hrsg), Al-Khafaji et al. 2010; Bäcker et al. 2004; Bäcker und Dobos 2006; Hammes et al. 2002; Hou und Jin 2005). Die Akupunkturpunkte können neben der Stimulation mit Nadeln auch über die sogenannte Moxibustion beeinflusst werden, die besonders bei Muskelschmerzerkrankungen Anwendung findet. Dazu werden auf das äußere Ende der eingestochenen Akupunkturnadeln die zu einer Kugel geformten *Folii Artemisiae argyi* (Blätter des Beifußkrauts, *aìyè* (艾叶) oder *àicǎo* (艾草); Fam.: *Asteraceae*) fixiert und angezündet. Durch die Verbrennung entsteht an diesen Punkten Rauch und heilende Wärme (Hohmann 2008; Hou und Jin 2005). Diese Technik wird häufiger noch von Hebammen in Deutschland an den Füßen der Schwangeren eingesetzt, um das Baby zu animieren, sich von der Steißlage in die richtige Geburtsposition, die Schädellage, zu drehen.

Bei der Tuina-Massage (*tuīná* (推拿), Chinesisch: schieben, greifen) können ebenfalls die Akupunkturpunkte, die Meridiane und der Blutfluss stimuliert sowie der Qi-Fluss des Patienten harmonisiert werden. Dazu werden verschiedene Griff- und Massagetechniken mit Fingern, Handgelenk und Ellbogen des Physiotherapeuten ausgeübt. Es handelt sich somit um Akupressur. Die Tuina-Massage ist besonders bei chronischen Schmerzerkrankungen wie Kopf- und Gliederschmerzen aber auch Schlafstörungen und Depressionen indiziert (Hohmann 2008; Hou und Jin 2005).

Eine mehr im Osten als im Westen bekannte Therapie ist das Schröpfen (*báguànfǎ* (拔罐法)). Dafür wird die Luft im sogenannten Schröpfglas mittels Verbrennung von Alkohol erwärmt und sofort mit der Öffnung des Glases auf ein ausgewähltes Hautareal des Patienten gesetzt. Die Luft im Glas kühlt sich anschließend wieder ab und bildet dadurch einen Unterdruck, so dass die behandelte Körperstelle in Richtung des Glases angesaugt wird und infolgedessen ein lokales Hämatom entsteht. Ähnlich wie die Moxibustion gibt das Schröpfen gute Therapieergebnisse bei lokalisierten muskulär schmerzhaften Erkrankungen (Hou und Jin 2005).

Taiji (*tàijíquán* (太极拳) oder kurz *tàijí* (太极)) und Qigong (*qìgōng* (气功)) stellen zusätzliche Therapieformen in der TCM dar. Diese kennzeichnen sich durch körperliche Übungen mit fließenden und ruhigen Bewegungen (siehe Abb. 1.2), bei denen die Konzentration auf den Atem gerichtet ist. Sie bewirken den Abbau von Nervosität und negativem Stress, stärken das Immunsystem und trainieren neben der Konzentration auch Balance, Ausdauer sowie den Bewegungsapparat (Hohmann 2008; Hou und Jin 2005; Abel-Wanek 2008). Sancier hat 1300 Berichte und Untersuchungen aus der Literatur studiert, die die zusätzliche Anwendung von Qigong bei Arzneimitteltherapien von Patienten mit Bluthochdruck, Atemwegs- oder Krebserkrankungen schilderten und konnte für alle drei Erkrankungen einen positi-

Abb. 1.2 Morgendliches Training in Hong Kong, China (2007)

ven Heilungseffekt für die Patienten feststellen, der auf Qigong zurückzuführen war (Sancier 1999). Aufgrund der Studienlage zur Gesundheitsprävention übernehmen heutzutage viele gesetzliche Krankenkassen in Deutschland die Kosten für einen Qigong- oder Taiji-Kurs (Hohmann 2008).

Eine unverzichtbare Säule in der TCM ist die Diätetik, deren große Bedeutung z. B. auch im Ayurveda Indiens oder der Medizin des Alten Griechenlands wiederzufinden ist. Lebensmittel können nämlich laut Aussagen des Werkes *Shénnóng Běncǎojīng Zhùjiě* (神农本草经注解 = „Kommentar zu Shénnóngs *Běncǎojīng*" oder „Kommentar zu Shénnóngs *Materia Medcia*") auch gleichzeitig Medikamente sein. Das Schriftstück stellt eines der wertvollsten Arzneidrogenbücher des Alten Chinas dar und entstammt der Feder des Mediziners Táo Hóngjǐng ((陶弘景) 452 bis 536 n. Chr.) (Hou und Jin 2005). Zudem wurden schon im *Shénnóng Běncǎojīng* die in die höhere Kategorie eingeordneten Arzneidrogen als mögliche Lebensmittel definiert. Lebensmitteln in der TCM werden genauso wie den Arzneidrogen fünf verschiedene Temperatur- bzw. Energieeigenschaften (heiß, warm, kühlend, kalt, neutral) sowie fünf verschiedene Geschmacksrichtungen (süß, sauer, bitter, scharf und salzig) zugeschrieben (Hou und Jin 2005). Außerdem soll jedes Lebensmittel eine andere Verteilung von Qi besitzen, sodass ein Lebensmittel bei richtiger Wahl das Qi im Körper des Patienten ausgleicht und dadurch die Heilung vorangetrieben wird (Hohmann 2008; Hou und Jin 2005).

1.4.2 CHM: Arzneimitteltherapie in der TCM

Wie schon anfangs bemerkt, ist die Arzneimitteltherapie, die CHM (*Chinese Herbal Medicine*), das Herzstück der TCM (Ploberger 2007; Hempen und Fischer 2009). Dies spiegelt sich auch in dem chinesischen Sprichwort „Die chinesische Medizin ist das Gewehr, die Drogen sind die Munition (*Zhongyi shi qiang, zhongyao shi dan*)“[6] (Zhong 2015) wider. Mit CHM werden bis zu ¾ aller Chinesen behandelt. Dafür werden hauptsächlich pflanzliche und im deutlich geringerem Maße mineralische und tierische Arzneidrogen verwendet (Hohmann 2008; Hou und Jin 2005). Deshalb ist statt der Bezeichnung „chinesische Heilpflanzenmedizin“ bzw. „chinesische Heilkräutermedizin“ für die Abkürzung CHM die Bezeichnung „chinesische Arzneidrogenmedizin“ umfänglicher und damit korrekter, wenn die komplette Arzneimitteltherapie der TCM betrachtet wird. Trotz der Fülle an CHM-Arzneidrogen haben in China heutzutage durchschnittlich ca. 600 Arzneipflanzendrogen die größte klinische Relevanz und werden deshalb regelmäßig gebraucht (herbasin® Hilsdorf GmbH (Hrsg.) et al. Dezember 2004; HerbaSinica Hilsdorf GmbH (Hrsg.) und Zhong November 2008; Stöger 2010; Huang und Oldfield 2015; Focks (Hrsg), Al-Khafaji et al. 2010). Dies kann durch die geplante Aufführung von 574 als wichtigste unbehandelten Arzneidrogen in den Monographien des *Hong Kong Chinese Materia Medica Standards* (HKCMMS) untermauert werden (Chan 2005). Genau genommen sind in der Ausgabe der ChP (Chinesische Pharmakopöe) des Jahres 2005 (The State Chinese Pharmacopoeia Commission of the People’s Republic of China 2005) insgesamt 582 Arzneidrogen mit Beschreibungen und Informationen aufgeführt, die größtenteils pflanzlichen Ursprungs entstammen. Werden zusätzlich noch weitere häufig genutzte sowie regional unterschiedlich verwendete Arzneidrogen miteinbezogen, sind derzeit rund schätzungsweise 13.000 CHM-Arzneidrogen in China in Gebrauch, von denen 11.300 d. h. ca. 87 % Heilpflanzen, 12 % tierische Drogen und knapp 1 % Mineralien sind (Chan 2005; herbasin® Hilsdorf GmbH (Hrsg.) et al. Dezember 2004). Hingegen liegt in Europa bzw. den USA die Zahl der gebräuchlichsten CHM-Heilpflanzendrogen bei 300–400 (herbasin® Hilsdorf GmbH (Hrsg.) et al. Dezember 2004; HerbaSinica Hilsdorf GmbH (Hrsg.) und Zhong November 2008; Stöger 2010). Im Gegensatz zu Deutschland, in dem das komplette Angebot an Phytotherapeutika nur 3,5 % des Umsatzes für den gesamten deutschen Arzneimittelmarkt ausmachen, beträgt dieser Anteil in China ca. 30 % des inländischen Arzneimittelmarkts. Dies verdeutlicht aufgrund von Tradition und Kostenersparnis gegenüber westlichen Arzneimitteln die große Bedeutung von CHM-Arzneipflanzen (Heuberger et al. 2015).

Chinesische Arzneidrogen sind in der *Materia Medica* (*Běncǎo* (本草)) sowie in der ChP aufgeführt. Die *Běncǎo* ist die systematische Aufführung natürlicher Heilmittel, die in den letzten 5000 Jahren von Ärzten und staatlichen Behörden studiert und klassifiziert wurden. Es handelt sich dabei um eine Kombination aus Pharmakognosie, Pharmakologie und Pharmakopöe. Seit der Qin-Dynastie (*Qín* (秦): 255 bis 209 v. Chr.) bis zur Mitte des 19. Jahrhunderts n. Chr. wurden mehr als 50 unterschiedliche Versionen der *Běncǎo* von medizinischen Fachleuten verfasst, sodass die TCM die reichste Wissensquelle der Welt über Arzneidrogen darstellt (Hou und Jin 2005). Eine davon, die *Běncǎo Gāngmù* (本草纲目), wurde vom berühmtesten Pharmakologen und Arzt der chinesischen Geschichte, Dr. Lǐ Shízhēn (李时珍 1518 bis 1593 n. Chr.), verfasst. Das Ergebnis seiner 30-jährigen Reisetätigkeit von insgesamt mehreren tausend Kilometern unter den Umständen der da-

[6] Aufgrund des Zitats enthält hier die *Pīnyīn*-Schreibweise keine diakritischen Zeichen.

maligen Zeit sowie einem zusätzlich sehr umfangreichen Literaturstudium stellt eine 52-bändigen Enzyklopädie mit umfassenden Informationen über 1892 Arzneidrogen und 11.892 Rezepten dar, die aufgrund der großen Bedeutung ab dem 17. Jahrhundert ins Lateinische und in jede wichtige östliche und westliche Sprache übersetzt wurde. Somit ist es vermutlich auch nicht erstaunlich, dass die *Běncǎo Gāngmù* nicht nur in China sondern auch weltweit eine sehr große Anerkennung bis heute findet (Hou und Jin 2005). Ferner scheint sie einen wichtigen Stellenwert für die medizinische Verwendung von *Bryophyta* (Moose) zu haben, da diese darin vermutlich zum ersten Mal schriftlich aufgeführt wurden (Ma und Shevock 2015). Danach erschienen kaum noch bedeutende Arzneibücher über CHM-Arzneidrogen. Die erste neue ChP mit insgesamt 531 natürlichen Heilmitteln und synthetischen Arzneimitteln wurde 1953, also vier Jahre nach Gründung der Volksrepublik China, aufgelegt. Die ChP wird alle paar Jahre durch die Experten des ChP-Kommittees überarbeitet und neu herausgegeben (Hou und Jin 2005).

Damit der TCM-Arzt nach Bestimmung des Symptommusters mit den unterschiedlichen Diagnosemethoden genau die richtigen Arzneidrogen für den Patienten auswählt, wurden diese im Laufe der historischen Entwicklung der TCM mit der auch in der westlichen Medizin bekannten *Trial-and-Error*-Methode untersucht. Anschließend wurden den CHM-Arzneidrogen bestimmten Charaktergruppen zugeordnet, die sich in der vom TCM-Arzt aufgestellten Diagnose widerspiegeln (Chen et al. 2004; Stöger 2010; Hempen und Fischer 2009). Diese Arzneidrogen-Eigenschaften (*yàoxìng* (药性)) geben dem Arzt Aussagen zu ihren Wirkungen (Sahil et al. 2011), wobei hier im Folgenden die für eine Behandlung wichtigsten aufgeführt sind:

- Temperaturverhalten (kalt, kühl, neutral, warm oder heiß)
- Geschmacksrichtung (süß, sauer, bitter, salzig, scharf, neutral)
- Wirkung auf bestimmte Meridiane bzw. Organ-Funktionskreise (z. B. Leber/Galle)
- Wirkrichtung auf Qi in einem bestimmten Körperbereich
- Wirkungsstärke (mild, ungiftig, stark, toxisch)
- Wirkung und Indikation

Unter dem Temperaturverhalten wird die sogenannte energetische Kraft einer Arzneidroge verstanden. Leidet der Patient beispielsweise unter sogenannten „Kälte-Syndromen" (bzw. „Wärme-Syndromen"), wird der Arzt dem Patienten Arzneidrogen mit warmen oder sogar heißen (bzw. kühlen oder kalten) Charakter verschreiben. Dadurch wird nicht ausreichend vorhandenes Yang (bzw. Yin) wieder aufgefüllt und somit der Gesundheitszustand ausbalanciert. Die Temperatureigenschaft einer Arzneidroge ist allerdings keine absolut festgelegte Größe, sondern kann teilweise durch entsprechende Vorbehandlungen (*Pàozhì*-Verfahren) der Arzneidroge verändert werden. Von den fünf Geschmacksrichtungen (*wǔwèi* (五味)) entspricht jede einer entsprechenden Wirkungsfunktion. Der Geschmack hat aber auch für die sensorische Qualitätskontrolle eine Bedeutung. Genauso wie für eine einzelne Arzneidroge mehrere Geschmacksrichtungen möglich sind, gibt es auch bei der Zuordnung zu den

Meridianen bzw. den sogenannten Organ-Funktionskreisen mehrere Wirkungsoptionen. Zusätzlich zur Aufführung der Wirkungsstärke können darüber hinaus in modernen chinesischen Arzneibuchmonographien Angaben zu Wirkung und Indikation, Dosierung sowie Warnhinweise (Inkompatibilitäten, Anwendung in der Schwangerschaft) gefunden werden. Von all diesen Charakteristika ist die wichtigste Information die Indikation, da damit die Arzneidroge ausgewählt werden kann, die für die Behandlung der gestellten Diagnose die geeignetste ist. Jede Arzneidroge kann bis zu acht unterschiedliche therapeutische Wirkungen aufweisen (Chen et al. 2004; Stöger 2010; Hempen und Fischer 2009; Focks (Hrsg), Al-Khafaji et al. 2010; Hou und Jin 2005; Ploberger 2007).

1.5 Fazit

Die Menschheit nutzt schon seit vielen Tausenden von Jahren Pflanzen zur Bekämpfung von Krankheiten. In China wird die traditionelle chinesische Medizin (TCM) und der darin enthaltene Gebrauch von Heilpflanzen (CHM, *Chinese Herbal Medicine*) schon seit über 2500 Jahren praktiziert. In der TCM wird der Patient ganzheitlich betrachtet und anders als in der westlichen Medizin nicht nur ein isolierter Bereich, wie z. B. ein Organ, das nicht in Takt ist, betrachtet. Dadurch können durchaus zwei Personen mit identischen Beschwerden völlig anders behandelt werden. Dieses Vorgehen birgt viele Vorteile hinsichtlich Behandlungserfolg und Kosten für das Gesundheitssystem, weshalb auch aktuell seit einigen Jahren ein Umdenken in der westlichen Medizin stattfindet. Zukünftig will man die Patienten für jede Art einer Erkrankung in verschiedene Klassen aufteilen und so mehr oder weniger individuell behandeln zu können. Diese Klassen sollen durch Untersuchungen des Genoms, Proteoms, Metaboloms etc. bestimmt werden. Mit dieser sogenannten personalisierten Medizin sollen zukünftig die Vorteile beider Medizinrichtungen, also individuell auf die zugehörige Klasse angepasste und damit therapeutisch sehr wirksame Medikamente mit ganzheitlicher Patientenbetrachtung kombiniert werden, die hohe Bedeutung der ganzheitlichen Patientenbetrachtung kann durch den einfachen Gebrauch von Heilpflanzen aus der Apotheke natürlich nicht gewährleistet werden, weshalb eine klare Unterscheidung zwischen TCM und ein auf chinesische Heilpflanzen basierendes Medikament von Nöten ist.

Literatur

Abel-Wanek U (2008) TCM-Museum: Traditionelle Medizin im Netz. Pharm Ztg online (32). ISSN 0031-7136. www.pharmazeutische-zeitung.de/index.php?id=6364. Zugegriffen am 24.03.2019

Abel-Wanek U (2013) TCM: Im Westen was Neues. Pharm Ztg online (35). ISSN 0031-7136. https://www.pharmazeutische-zeitung.de/ausgabe-352013/im-westen-was-neues/. Zugegriffen am 24.03.2019

Ackerknecht EH, Wieries J (1967) Kurze Geschichte der Medizin. Durchgesehene Ausgabe der, 1. Aufl. Ferdinand Enke, Stuttgart. ISBN 9783432006673

Adovasio JM, Fry GF (1976) Prehistoric psychotropic drug use in Northeastern Mexico and Trans-Pecos Texas. Econ Bot 30(1):94–96. ISSN 0013-0001. https://doi.org/10.1007/BF02866788

Artschwager Kay M (1996) Healing with plants in the American and Mexican West, 1. Aufl. The University of Arizona Press Tucson, Arizona, S 16–17. ISBN 9780816516469

Aspöck H, Auer H, Picher O (1996) *Trichuris trichiura* eggs in the neolithic glacier mummy from the Alps. Parasitol Today 12(7):255–256. ISSN 0169-4758. https://doi.org/10.1016/0169-4758(96)30008-2

Bäcker M, Dobos GJ (2006) Psychophysiologische Wirkmechanismen von Akupunktur in der Schmerztherapie. Deutsche Zeitschrift für Akupunktur 49(3):6–17. ISSN 0415-6412. https://doi.org/10.1078/0415-6412-00197

Bäcker M, Gareus IK, Knoblauch NT, Michalsen A, Dobos GJ (2004) Acupuncture in the treatment of pain – hypothesis to adaptive effects. Forsch Komplementarmed Klass Naturheilkd 11(6):335–345. ISSN 1424-7364. https://doi.org/10.1159/000082815

Bauer R (1994) Chinesische Arzneidrogen als Quelle neuer Arzneistoffe für die westliche Medizin. PharmuZ 23(5):291–300. ISSN 0048-3664. https://doi.org/10.1002/pauz.19940230507

Bauer R (1995) Chinesische Arzneidrogen und ihr Potential für die westliche Medizin. Pharm Ztg 140:1929–1941. ISSN 0031-7136

Bornscheuer U, Streit W, Dill B, Heiker FR, Kirschning A, Eisenbrand G, Faupel F, Fugmann B, Pohnert G, Dingerdissen U, Gamse T (2015) Römpp online. Georg Thieme, Stuttgart. https://roempp.thieme.de. Zugegriffen am 19.08.2015

Bruhn JG, Lindgren J-E, Holmstedt B, Adovasio JM (1978) Peyote alkaloids: identification in a prehistoric specimen of *Lophophora* from Coahuila, Mexico. Science 199(4336):1437–1438. ISSN 0036-8075. https://doi.org/10.1126/science.199.4336.1437

Bundesinstitut für Risikobewertung, Klenow S, Latté KP, Wegewitz U, Dusemund B, Pöting A, Schauzu M, Schumann R, Lindtner O, Appel KE, Großklaus R, Lampen A (2012) Risikobewertung von Pflanzen und pflanzlichen Zubereitungen. 2., ergänzte Aufl. BfR Wissenschaft, Berlin. ISBN 9783943963083. ISSN 1614-3795. https://www.bfr.bund.de/cm/350/risikobewertung-von-pflanzen-und-pflanzlichen-zubereitungen.pdf. Zugegriffen am 08.04.2019

Chan K (2005) Chinese medicinal materials and their interface with Western medical concepts. J Ethnopharmacol 96(1–2):1–18. ISSN 0378-8741. https://doi.org/10.1016/j.jep.2004.09.019

Chen JK, Chen TT, Crampton L (2004) Chinese medical herbology and pharmacology. Art of Medicine Press City of Industry, California. ISBN 9780974063508

Chen X, Pei L, Lu J (2013) Filling the gap between traditional Chinese medicine and modern medicine, are we heading to the right direction? Complement Ther Med 21(3):272–275. ISSN 0965-2299. https://doi.org/10.1016/j.ctim.2013.01.001

Cheung F (2011) TCM: made in China. Nature 480(7378):S82–S83. ISSN 1476-4687. https://doi.org/10.1038/480S82a

Debelle FD, Vanherweghem J-L, Nortier JL (2008) Aristolochic acid nephropathy: a worldwide problem. Kidney Int 74(2):158–169. ISSN 0085-2538. https://doi.org/10.1038/ki.2008.129

El-Seedi HR, De Smet PAGM, Beck O, Possnert G, Bruhn JG (2005) Prehistoric peyote use: Alkaloid analysis and radiocarbon dating of archaeological specimens of *Lophophora* from Texas. J Ethnopharmacol 101(1–3):238–242. ISSN 0378-8741. https://doi.org/10.1016/j.jep.2005.04.022

Focks C (Hrsg), Al-Khafaji M et al (2010) Leitfaden Chinesische Medizin, 6. Aufl. Elsevier, Urban & Fischer, München. ISBN 9783437564833

Ganzera M (2009) Recent advancements and applications in the analysis of traditional Chinese medicines. Planta Med 75(7):776–783. ISSN 0032-0943. https://doi.org/10.1055/s-0029-1185686

Hammes MG, Flatau B, Bäcker M, Ehinger S, Conrad B, Tolle TR (2002) Wirkung der Akupunktur auf die affektive und sensorische Schmerzbewertung. Schmerz 16(2):103–113. ISSN 0932-433X. https://doi.org/10.1007/s00482-002-0147-0

Hardy K, Buckley S, Collins MJ, Estalrrich A, Brothwell D, Copeland L, Garcia-Tabernero A, Garcia-Vargas S, de la Rasilla, Marco L-FC, Huguet R, Bastir M, Santamaria D, Madella M, Wilson J, Cortes AF, Rosas A (2012) Neanderthal medics? Evidence for food, cooking, and medicinal plants entrapped in dental calculus. Naturwissenschaften 99(8):617–626. ISSN 0028-1042. https://doi.org/10.1007/s00114-012-0942-0

Hempen C-H, Fischer T (2009) A *Materia Medica* for Chinese medicine – Plants, minerals, and animal products. 1. Aufl publiziert in Englisch. Churchill Livingstone Elsevier Edinburgh, UK, London/New York/Oxford/Philadelphia/St Louis/Sydney/Toronto. ISBN 9780443100949

Herbasin Hilsdorf GmbH (Hrsg) (Januar 2007) Herbasin Kurier. Nr. 21, Rednitzhembach. http://www.herbasinica.de/down/kur200701.pdf. Zugegriffen am 10.02.2016

herbasin® Hilsdorf GmbH (Hrsg) Hilsdorf E, Zhong W (Dezember 2004) Herbasin-Kurier. Nr. 8, Rednitzhembach. http://www.herbasinica.de/down/kur200412.pdf. Zugegriffen am 20.11.2015

HerbaSinica Hilsdorf GmbH (Hrsg) Zhong W (November 2008) Herbasinica Kurier. Nr. 33, Rednitzhembach. http://www.herbasinica.de/down/kur200811.pdf. Zugegriffen am 05.02.2016

HerbaSinica Hilsdorf GmbH (Hrsg) Zhong W (März 2010) HerbaSinica Kurier. Nr. 36, Rednitzhembach. http://www.herbasinica.de/down/Kurier-36.pdf. Zugegriffen am 23.11.2015

Heuberger H, Rinder R, Seidenberger R (2015) Anbau von Arzneipflanzen in China. In: Verein für Arznei- und Gewürzpflanzen SALUPLANTA e. V. Bernburg (Hrsg) 25. Bernburger Winterseminar Arznei- und Gewürzpflanzen, Bernburg, 17.02.–18.02.2015. Eigenverlag Bernburg, S 12–14. http://www.saluplanta.de/Tagungsbroschuere%2025.Winterseminar.pdf. Zugegriffen am 13.08.2015

Hikino H, Ogata K, Konno C, Sato S (1983) Hypotensive actions of ephedradines, macrocyclic spermine alkaloids of *Ephedra* roots. Planta Med 48(4):290–293. ISSN 0032-0943. https://doi.org/10.1055/s-2007-969936

Ho PY, Lisowski FP (1993) Concepts of Chinese science and traditional healing arts: a historical review. World Scientific, Singapore/River Edge/London, S 10. ISBN 9789810214968

Hohmann C (2008) Chinesische Medizin – Östliche Traditionen im Westen. Pharm Ztg online (32). ISSN 0031-7136. www.pharmazeutische-zeitung.de/index.php?id=6368. Zugegriffen am 07.04.2019

Hou JP, Jin Y (2005) The healing power of Chinese herbs and medicinal recipes. Haworth Integrative Healing Press Binghamton, New York. ISBN 9780789022011

Hsiao JI-H (2007) Patent protection for Chinese herbal medicine product invention in Taiwan. J World Intellec Prop 10(1):1–21ISSN 1422-2213. https://doi.org/10.1111/j.1422-2213.2007.00311.x

Huang KC (1999) The pharmacology of Chinese herbs, 2. Aufl. CRC Press, Boca Raton. ISBN 9780849316654

Huang H-W, Oldfield S, Qian H (2015) Chapter 2: Global significance of plant diversity in China. In: Hong D-Y, Blackmore S (Hrsg) The plants of China – a companion to the flora of China. Cambridge University Press, New York, S 7–34. ISBN 9781107070172

Huard P, Wong M, Schoeller HWA (1968) Chinesische Medizin (Titel der französischen Originalausgabe: La médicine des Chinois). Kindlers Universitäts-Bibliothek Falkenberg H-G, Fassmann K. Kindler, München

Huffman MA (1989) Observations on the illness and consumption of a possibly medicinal plant *Vernonia amygdalina* (Del.), by a wild chimpanzee in the Mahale Mountains National Park, Tanzania. Primates 30(1):51–63. ISSN 0032-8332. https://doi.org/10.1007/BF02381210

Huffman MA (1993) Further observations on the use of the medicinal plant, *Vernonia amygdalina* (Del), by a wild chimpanzee, its possible effect on parasite load, and its phytochemistry. Afr Stud Monogr 14(4):227–240. ISSN 0285-1601

Huffman MA (1997) Current evidence for self-medication in primates: a multidisciplinary perspective. Am J Phys Anthropol 104(25):171–200. ISSN 0002-9483. https://doi.org/10.1002/(SICI)1096-8644(1997)25+<171:AID-AJPA7>3.0.CO;2-7

Huffman MA (2001) Self-medicative behavior in the African great apes: an evulutionary perspective into the origins of human traditional medicine. Bioscience 51(8):651–661. ISSN 0006-3568. https://doi.org/10.1641/0006-3568(2001)051[0651:SMBITA]2.0.CO;2

Jisaka M, Ohigashi H, Takegawa K, Huffman MA, Koshimizu K (1993) Antitumoral and antimicrobial activities of bitter sesquiterpene lactones of *Vernonia amygdalina*, a possible medicinal plant used by wild chimpanzees. Biosci Biotechnol Biochem 57(5):833–834. ISSN 0916-8451. https://doi.org/10.1271/bbb.57.833

Kavoussi B (2007) Chinese medicine: a cognitive and epistemological review. Evid Based Complement Alternat Med 4(3):293–298. ISSN 1741-427X. https://doi.org/10.1093/ecam/nem005

Lei X, Chen J, Liu C-X, Lin J, Lou J, Shang H-C (2014) Status and thoughts of Chinese patent medicines seeking approval in the US market. Chin J Integr Med 20(6):403–408. ISSN 1672-0415. https://doi.org/10.1007/s11655-014-1936-0

Lietava J (1992) Medicinal plants in a middle paleolithic grave Shanidar IV? J Ethnopharmacol 35:263–266. ISSN 0378-8741. https://doi.org/10.1016/0378-8741(92)90023-K

Lutz H, Niemöller A, Wolters F (2013) NIRS für die Qualitäts- und Prozesskontrolle in der pharmazeutischen Industrie. TechnoPharm 3(3):156–163. ISSN 2191-8341

Ma W-Z, Shevock JR (2015) The moss family *Erpodiaceae* in Yunnan province, China. Bryophyt Divers Evol 37(1):12–22. ISSN 2381-9677. https://doi.org/10.11646/bde.37.1.2

Magan N, Hope R, Cairns V, Aldred D (2003) Post-harvest fungal ecology: impact of fungal growth and mycotoxin accumulation in stored grain. Eur J Plant Pathol 109(7):723–730. ISSN 0929-1873. https://doi.org/10.1023/A:1026082425177

Marriott PJ, Shellie R, Cornwell C (2001) Gas chromatographic technologies for the analysis of essential oils. J Chromatogr A 936(1–2):1–22. ISSN 0021-9673. https://doi.org/10.1016/S0021-9673(01)01314-0

Martena MJ, van der Wielen J, Laak LF, Konings EJ, Groot HN, Rietjens IMC (2007) Enforcement of the ban on aristolochic acids in Chinese traditional herbal preparations on the Dutch market. Anal Bioanal Chem 389(1):263–275. ISSN 1618-2642. https://doi.org/10.1007/s00216-007-1310-3

McKinsey & Company (Hrsg) Le Deu F, Ma L, Wang J (July 2014) China Healthcare – an essential strategy for the essential drug list. Shanghai/Beijing. http://www.mckinseychina.com/wp-content/uploads/2014/09/McKinsey-An-essential-strategy-for-the-essential-drug-list.pdf?bd0bde. Zugegriffen am 13.04.2019

Mehendale SR, Bauer BA, Yuan C-S (2004) *Ephedra*-containing dietary supplements in the US versus *Ephedra* as a Chinese medicine. Am J Chin Med 32:1):1–1)10. ISSN 0192-415X. https://doi.org/10.1142/S0192415X04001680

Mengs U (1983) On the histopathogenesis of rat forestomach carcinoma caused by aristolochic acid. Arch Toxicol 52(3):209–220. ISSN 0340-5761. https://doi.org/10.1007/BF00333900

Mengs U, Lang W, Poch J-A (1982) The carcinogenic action of aristolochic acid in rats. Arch Toxicol 51(2):107–119. ISSN 0340-5761. https://doi.org/10.1007/BF00302751

Mesch K (2011) Klimawandel und die Frage der Gerechtigkeit. Reihe Nachhaltigkeit, Bd 40. Diplomica, Hamburg, S 40. ISBN 9783842855465

Ministry of Health of People's Republic of China, Standardization Administration of China (Hrsg) (Date of issue: 2012-06-29; Date of implementation: 2012-10-01) GB/T 16159-2012: Basic rules of the Chinese phonetic alphabet orthography (Description in Chinese, translated in English) – classification of international standard: 01.140.10; Classification of Chinese standard: A14. http://yuyan.shou.org.cn/_upload/article/files/20/32/01c4ed3946488a2ad0540dc4ee07/a61c6aa9-ebff-467b-be9e-a6819e6ee78e.pdf. Zugegriffen am 13.04.2019

Mishler BD (2001) The biology of bryophytes – bryophytes aren't just small tracheophytes. Am J Bot 88(11):2129–2131. ISSN 0002-9122

Miyazawa M, Kameoka H (1989) Volatile flavor components of *Sinomeni Caulis et Rhizoma* (*Sinomeniuam acutuni* Rehder *et* Wilson). Agric Biol Chem 53(6):1713–1716. ISSN 0002-1369. https://doi.org/10.1080/00021369.1989.10869502

Mora C, Tittensor DP, Adl S, Simpson AGB, Worm B (2011) How many species are there on Earth and in the ocean? PLoS Biol 9(8):e1001127ISSN 1545-7885. https://doi.org/10.1371/journal.pbio.1001127

Möse JR (1966) Weitere Untersuchungen über die Wirkung der Aristolochiasäure. Arzneimittelforschung 16(2):118–122. ISSN 0004-4172

Möse JR (1974) Weitere Studien über Aristolochiasäure – 2. Mitteilung. Arzneimittelforschung 24(2):151–153. ISSN 0004-4172

Möse JR, Porta J (1974) Weitere Studien über Aristolochiasäure – 1. Mitteilung. Arzneimittelforschung 24(1):52–54. ISSN 0004-4172

Mukherjee PK, Wahile A (2006) Integrated approaches towards drug development from Ayurveda and other Indian system of medicines. J Ethnopharmacol 103(1):25–35. ISSN 0378-8741. https://doi.org/10.1016/j.jep.2005.09.024

Mullard A (2012) 2011 FDA drug approvals. Nat Rev Drug Discov 11(2):91–94. ISSN 1474-1776. https://doi.org/10.1038/nrd3657

Mutke J, Barthlott W (2005) Patterns of vascular plant diversity at continental to global scales. Biol Skr 55(01):521–537. ISSN 0366-3612

Normile D (2003) The new face of traditional Chinese medicine. Science 299(5604):188–190. ISSN 0036-8075. https://doi.org/10.1126/science.299.5604.188

Nortier JL, Muniz Martinez MC, Schmeiser HH, Arlt VM, Bieler CA, Petein M, Depierreux MF, de PL, Abramowicz D, Vereerstraeten P, Vanherweghem JL (2000) Urothelial carcinoma associated with the use of a Chinese herb (*Aristolochia fangchi*). N Engl J Med 342(23):1686–1692. ISSN 0028-4793. https://doi.org/10.1056/NEJM200006083422301

Nyirimigabo E, Xu Y, Li Y, Wang Y, Agyemang K, Zhang Y (2015) A review on phytochemistry, pharmacology and toxicology studies of *Aconitum*. J Pharm Pharmacol 67(1):1–19. ISSN 0022-3573. https://doi.org/10.1111/jphp.12310

Ong CK, Bodeker G, Grundy C, Burford G, Shein K (2005) WHO global atlas of traditional, complementary and alternative medicine. World Health Organization, the WHO Centre for Health Development, Kobe. ISBN 9789241562867. http://apps.who.int/iris/bitstream/10665/43108/1/9241562862_map.pdf. Zugegriffen am 13.04.2019

OVG Lüneburg 11. Senat Urteil vom 24.10.2002, 11 LC 207/02 Arzneimittel; Pflanzenteil; arzneiliche Zweckbestimmung. http://www.rechtsprechung.niedersachsen.de/jportal/portal/page/bsndprod.psml?doc.id=MWRE008220300&st=null&showdoccase=1. Zugegriffen am 13.04.2019

Ploberger F (2007) Das TCM-Rezeptierbuch – Arzneimittelkombinationen verstehen und lernen, 1. Aufl. Elsevier, Urban & Fischer, München/Jena. ISBN 9783437578403

Porkert M (1978) Klinische chinesische Pharmakologie. Verlag für Medizin Fischer, Heidelberg. ISBN 9783921003589

Sahil K, Sudeep B, Akanksha M (2011) Standardization of medicinal plant materials. Int J Res Ayurveda Pharm 2(4):1100–1109. ISSN 2229-3566

Sancier KM (1999) Therapeutic benefits of *qigong* exercises in combination with drugs. J Altern Complement Med 5(4):383–389. ISSN 1075-5535. https://doi.org/10.1089/acm.1999.5.383

Scheid V (1999) The globalization of Chinese medicine. Lancet 354(Supplement 4):SIV10. ISSN 0140-6736. https://doi.org/10.1016/S0140-6736(99)90353-7

Solecki RS (1975) Shanidar IV, a Neanderthal flower burial in northern Iraq. Science 190(4217):880–881. ISSN 0036-8075. https://doi.org/10.1126/science.190.4217.880

Stöger E (2010) Drogen der Traditionellen Chinesischen Medizin in westlichen Ländern. In: Hänsel R, Sticher O (Hrsg) Pharmakognosie – Phytopharmazie. Springer-Lehrbuch, 9., überarb und aktual Aufl. Springer Science+Business Media, Berlin, S 387–414. ISBN 9783642009624

Stone R (2008) Lifting the veil on traditional Chinese medicine. Science 319(5864):709–710. ISSN 0036-8075. https://doi.org/10.1126/science.319.5864.709

Temkin O (1936a) Recent publications on Egyptian and Babylonian medicine, I. Egypt. Bull Hist Med 4:247–256. ISSN 0007-5140

Temkin O (1936b) Recent publications on Egyptian and Babylonian medicine, II. Baylonia. Bull Hist Med 4:341–347. ISSN 0007-5140

The State Chinese Pharmacopoeia Commission of the People's Republic of China (2005) Pharmacopoeia of the People's Republic of China, Bd 1. Englischsprachige Fassung. People's Medical Publishing House, Beijing. ISBN 9787117069823

Toellner R, Sournia J-C, Poulet J, Martiny M, Dastugue J, Wong M, Zaragoza JR, Leca A-P, Mazars G, Baissette G, Bourgey L, Medioni G (1983) Historia Medicinae – Heilkunde im Wandel der Zeit (Titel der französischen Originalausgabe: Histoire de la Médicine, de la Pharmacie, de l'Art Dentaire et de l'Art Vétérinaire; Verlag: Société francaise d'éditions professionnelles, médicales et scientifiques, Albin Michel-Laffont-Tchou: Paris, 1978). Deutsche Ausgabe, gekürzte Sonderausgabe der „Illustrierten Geschichte der Medizin" in 9 Bänden. Andreas & Andreas, Verlagsbuchhandel Salzburg, Österreich. ISBN 3850122298 (Normalausgabe)

Unschuld PU (2003) *Huang Di Nei Jing Su Wen* – Nature, knowledge, imagery in an ancient Chinese medical text, with an appendix, the doctrine of the five periods and six qi in the *Huang Di Nei Jing Su Wen.*, S 8. University of California Press, Berkeley/Los Angeles. ISBN 0520233220

Unschuld PU (2004) Chinesische Medizin. Reihe C. H. Beck Wissen (2056), 2. Aufl. C. H. Beck, München. ISBN 9783406410567

Unschuld P (2013) Die erstaunliche Rückkehr der TCM. Spektrum Wiss 3:56–61. ISSN 0170-2971

Veith I (2002) *Huang Ti Nei Ching Su Wen* – The Yellow Emperor's classic of internal medicine. University of California Press, Berkeley/Los Angeles. ISBN 9790520229364

Wadud A, Prasad PVV, Rao MM, Narayana A (2007) Evolution of drug: a historical perspective. Bull Indian Inst Hist Med Hyderabad 37(1):69–80. ISSN 0304-9558

Wang P, Yu Z (2015) Species authentication and geographical origin discrimination of herbal medicines by near infrared spectroscopy: a review. J Pharm Anal 5(5):277–284. ISSN 2095-1779. https://doi.org/10.1016/j.jpha.2015.04.001

Wang J, Kushner K, Frey JJ III, Du XP, Qian N (2007) Primary care reform in the Peoples' Republic of China: implications for training family physicians for the world's largest country. Fam Med 39(9):639–643. ISSN 0742-3225

Wauer RH, Scott R (1999) Herolds of spring in Texas, Louise Lindsey Merrick natural environment series (book 30), 1. Aufl. Texas A&M University Press/Texas A & M University Press College Station, Texas, S 147. ISBN 9780890968796

Wolters B (2000) Zur Entwicklung der altsteinzeitlichen Phytotherapie im westlichen Eurasien und der indianischen Medizin in Sibirien und Nordamerika – (with English and Spanish summary). Düsseldorfer Institut für amerikanische Völkerkunde e.V., Düsseldorf. https://publikationsserver.tu-braunschweig.de/servlets/MCRFileNodeServlet/dbbs_derivate_00001102/Document.pdf. Zugegriffen am 14.04.2019

World Health Organization (WHO) (1999) Monographs on selected medicinal plants, Bd 1. World Health Organization, Geneva. ISBN 9789241545174

World Health Organization (WHO) (2000) General guidelines for methodologies on research and evaluation of traditional medicine. World Health Organization, Geneva. http://whqlibdoc.who.int/hq/2000/WHO_EDM_TRM_2000.1.pdf. Zugegriffen am 13.04.2019

World Health Organization (WHO) (2013) WHO traditional medicine strategy 2014–2023 (Languages: Arabic, Chinese, English, French, Russian, Spanish). WHO Press, Geneva. ISBN 9789241506090. http://www.who.int/medicines/publications/traditional/trm_strategy14_23/en/. Zugegriffen am 14.04.2019

Xinhua [Nachrichtenagentur der chinesischen Regierung] China Daily 1st patent TCM passes US FDA clinical trials. http://www.chinadaily.com.cn/business/2010-08/07/content_11115579.htm. Zugegriffen am 14.04.2019 (letzte Aktualisierung: 2010-08-07)

Zhong W (2015) Wie minderwertige Drogen der chinesischen Medizin schaden. Chinesische Medizin 30(2):110–115. ISSN 0930-2786. https://doi.org/10.1007/s00052-015-0063-x

Zhou G, Tang L, Zhou X, Wang T, Kou Z, Wang Z (2015) A review on phytochemistry and pharmacological activities of the processed lateral root of Aconitum carmichaelii Debeaux. J Ethnopharmacol 160:173–193. ISSN 0378-8741. https://doi.org/10.1016/j.jep.2014.11.043

Zinzius B (2007) China-Handbuch für Manager: Kultur, Verhalten und Arbeiten im Reich der Mitte. Springer Science+Business Media, Berlin, S 28–29. ISBN 9783540313168

Wirtschaftlich globale Aspekte der CHM-Arzneimitteltherapie

2

Derzeit wird über ¼ der Weltbevölkerung bei medizinischem Bedarf mit TCM behandelt (Stöger 2010). Davon besteht der Großteil aus über 1,3 Milliarden Chinesen, die entweder in der Volksrepublik China oder im Ausland leben (Hou und Jin 2005). Wie schon erwähnt, werden dabei bis zu ¾ aller Chinesen mit CHM (*Chinese Herbal Medicine, chinesische Heilpflanzenmedizin*) behandelt (Hohmann 2008; Hou und Jin 2005). Obwohl die chinesische Regierung heutzutage die westliche Medizin mit 60 % etwas stärker unterstützt als die TCM mit 40 % und beide Medizinrichtungen in chinesischen Apotheken (siehe Abb. 2.1) sowie in Krankenhäusern angeboten werden (Chan 2005), werden schätzungsweise ca. 80 (Chan 2005) bis 90 % (Vasisht et al. 2002) der chinesischen Landbevölkerung bzw. 40 % (Vasisht et al. 2002) der Stadtbevölkerung bei der medizinischen Erstbehandlungen anstelle von westlichen Arzneimitteln mit CHM-Arzneidrogen versorgt. Die Gründe der chinesischen Bevölkerung für die Bevorzugung der TCM gegenüber der westlichen Medizin liegen vermutlich darin, dass 2/3 von ihnen (Grossmann 2008) – also ebenfalls ca. 80 % der Landbevölkerung und ca. 45 % der Stadtbevölkerung (International Business Publications, USA (Hrsg.) 2011) – keine Krankenversicherung besitzen, die Kosten im Gesundheitssystem jährlich steigen und CHM-Arzneidrogen gegenüber westlichen Medikamenten meist deutlich kostengünstiger sind (Grossmann 2008). Doch auch die durch das chinesische Wirtschaftswachstum reicher gewordenen Chinesen besinnen sich heutzutage immer stärker zurück auf TCM-Behandlungsmöglichkeiten (HerbaSinica Hilsdorf GmbH (Hrsg.) und Zhong Juli 2015) und etliche jüngere TCM-Ärzte beschäftigen sich sogar immer mehr wieder mit den alten, ursprünglichen TCM-Ideen (Focks, (Hrsg.), Al-Khafaji et al. 2010). Trotz der heutigen westlichen Ausrichtung Chinas (Unschuld 2004) wäre China nämlich nicht China, wenn die Chinesen sich nicht an alte Traditionen zurückerinnern würden. Traditionen aus der Vergangenheit gehören im Gegensatz zu vielen anderen Kulturen auf der Erde bis heute zum Wertesystem der Chinesen (Toellner et al. 1983). Su und Kettelhut bringen das mit der Aussage „Bei Chinas Traditionen handelt es sich nicht um Vergangenes, sondern um etwas Andauerndes –

A.-F. von Trotha, O. J. Schmitz, *Qualitätskontrolle in der TCM*,
https://doi.org/10.1007/978-3-662-59256-4_2

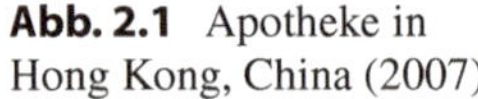

Abb. 2.1 Apotheke in Hong Kong, China (2007)

einen Prozess, der Vergangenheit, Gegenwart und Zukunft miteinander verbindet“ am besten auf den Punkt (Su und Kettelhut 2008).

Der schon kurz erwähnte und Mitte der 1990er-Jahre in China gefasste Projektplan für die Zukunft zur Modernisierung und Internationalisierung der TCM ging aufgrund weltweiter Veränderungen besonders durch die Entwicklung und den Ausbau mit leistungsfähigeren Kommunikationstechniken (z. B. Internet, Mobilfunknetze), Transportmitteln (z. B. Flugzeuge, Containerschiffe und LKWs mit dichterer Transporttaktung bzw. größeren Frachträumen) und Logistikverfahren (z. B. Automatisierung des Löschens und Beladens von Containern wie im Hamburger Hafen) und die parallel immer stärker vernetzten weltweiten Wirtschafts- und Handelsbeziehungen zu Beginn des 21. Jahrhunderts in einen Globalisierungsgedanken über. Somit wird seitdem von der Globalisierung der TCM gesprochen. Zur Koordinierung dieses Plans wurden in China speziell nationale Institute eingerichtet (Lei et al. 2014; Xinhua [Nachrichtenagentur der chinesischen Regierung] 2010-08-07; Chan 2005; Unschuld 2013). Aktuell erleben die TCM-Modernisierungspläne durch die Initiierung einer Gesundheitsreform unter dem amtierenden chinesischen Staatspräsidenten Xí Jìnpíng (习近平) eine Intensität, die an die Zeit der Kulturrevolution unter Máo Zédōng (毛泽东) erinnert und die sich besonders stark auf den Ausbau der TCM im Ausland fokussieren (HerbaSinica Hilsdorf GmbH (Hrsg.) und Zhong Juli 2015). Neben der Förderung durch die chinesische Regierung (Focks (Hrsg.), Al-Khafaji et al. 2010) findet der Globalisierungsgedanke für die TCM besonders in Hong Kong SAR (SAR: *Special Administrative Region* (engl. für Sonderverwaltungszone)) und Taiwan durch hohe finanzielle Investitionen von staatlicher als auch privatwirtschaftlicher Seite Anklang (Normile 2003) und zeigt sich z. B. in den noch relativ neuen Hong Konger CHM-Arzneibuch-Monographien namens *Hong Kong Chinese Materia Medica Standards* (HKCMMS). Die damit verbundene umfangreiche Erforschung der TCM auf wissenschaftlicher Grundlage findet jedoch heutzutage nicht nur verstärkt in China, Japan, Korea und Russland sondern auch in westlich geprägten Regionen wie Australien, USA und Europa statt. In letzteren Regionen erscheint Forschungsarbeit schon allein aufgrund der innerstaatlichen Nachfrage von CHM-Arzneidrogen und den daran gebundenen wachsenden Importen aus China seit den 1990er-Jahren notwendig (Focks, (Hrsg.), Al-Khafaji et al. 2010; Ploberger 2007). Da innerhalb der letzten 10 Jahre kein signifikanter Anstieg an neu zugelassenen pharmakologisch aktiven Substanzen bei der FDA erfolgt ist (Mullard 2012) und weiterhin das Bestreben für die Entwicklung von neuen Wirkstoffen und Arzneimitteln für die moderne Medizin seitens der Pharmaindustrie besteht, liegt besonders nach Auflegen der „Leitlinie für die industrielle Produktion von pflanzlichen Arzneimitteln" 2004 durch die FDA (U. S. Department of Health and Human Services et al. June 2004) ein großes Interesse von vielen großen internationalen Pharmafirmen an den Heilpflanzen der TCM vor (Chen et al. 2013). Besagte Leitlinie beabsichtigt eine Erleichterung der behördlichen Zulassung von pflanzlichen Arzneimitteln. So sind in den vergangenen Jahren diverse im Westen beheimatete Pharmaunternehmen wie Bayer (Bayer HealthCare Pressecenter 03.11.2014; Redaktion der Nachrichten aus der Chemie 2014), GlaxoSmithKline (Cheung 2011; Deloitte Touche Tohmatsu (Hrsg.), Chen et al. 2011), Pfizer, Novartis, Merck, AstraZeneca (Brand 2014), Sanofi, Johnson & Johnson (Deloitte Touche Tohmatsu (Hrsg.), Chen et al. 2011) sowie die kleine britische Firma mit nicht zu unterschätzendem Konkurrenzpotential namens Phynova (Burn-Callander 3:28PM BST (British Summer Time) 13 Jun 2015) in den Markt mit in China produzierten CHM-Arzneimitteln eingestiegen. Auch westlich orientierte Unternehmensberatungsfirmen wie McKinsey oder Deloitte haben profitable Möglichkeiten im asiatischen Markt erkannt und beschäftigen sich besonders an ihren Standorten in China mit pharmazeutischen Aspekten der TCM Deloitte Touche Tohmatsu (Hrsg.), Chen et al. 2011; McKinsey & Company (Hrsg.), Le Deu et al. July 2014). Dies zeigt, was für ein wirtschaftliches und gewinnbringendes Potential hinter dem heutigen Geschäft mit der TCM liegt. Bevor dies mit Handelsdaten untermauert werden soll, muss beachtet werden, dass der Markt für Pflanzendrogen dynamisch und komplex ist und deshalb Handelsstatistiken und Zollangaben meist unzureichend sind (Kuipers 1997, Neuaufl 1999, 2003; Vasisht et al. 2002). Dafür kann es unterschiedliche Gründe geben. Häufig liegt der Handelsplatz einer Pflanzendroge weit vom Produktions- oder auch Verarbeitungsort entfernt bzw. in anderen Ländern. Zudem können Pflanzendrogen auch auf unbekannten Handelswegen transportiert werden und dabei ihren Besitzer wechseln, ohne dass deren gehandelten Mengen und ihr finanzieller Wert bekannt sind, wie beispielsweise der Handel von Ayurveda-Arzneipflanzen auf den Routen zwischen dem Himalaya, Nepal und Indien. Darüber hinaus ist mit dem Handel nicht immer auch die Weitergabe von spezifischen Informationen zu den jeweiligen Pflanzenarten gewährleistet (Vasisht et al. 2002). Ferner erfolgt nicht immer eine klare Trennung zwischen der Verwendung als Medizin, Nahrungsmittel, Gewürz oder Aroma (Kuipers 1997, Neuaufl 1999, 2003; Vasisht et al. 2002). Allerdings wurden für den internationalen Handel internationale Nomenklaturen zur Klassifizierung von Handelsgütern eingeführt wie das *Harmonized Commodity Description and Coding*

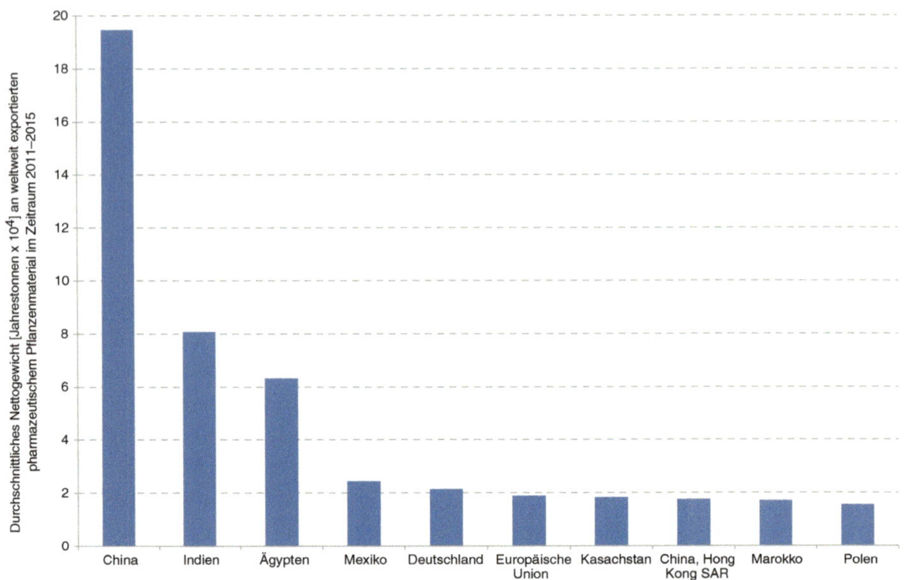

Abb. 2.2 Die weltweit 10 größten Exportregionen für Pflanzendrogenmengen (*Harmonized System* (HS) *Commodity Code*: 1211 (Erläuterungen des Codes siehe Fließtext dieses Kapitels) im Jahreszeitraum 2011–2015. Die Mengen für Export und Reexport wurden aus (United Nations Department of Economic and Social Affairs (Statistic Division) 2016) entnommen, für den jeweiligen Staat bzw. die Europäische Union summiert und anschließend entsprechend für 2011–2015 gemittelt. Die Europäische Union umfasste in diesem Zeitraum 28 Mitgliedsstaaten.

System (HS-System) (United Nations Department of Economic and Social Affairs (Statistic Division) December 2016), welches von der Welthandelsorganisation WTO (*World Trade Organization*) akzeptiert wird. Einer der darin enthaltenen *Commodity Codes* mit der Nummer 1211 steht stellvertretend für Pflanzendrogen und wurde zur Aufstellung der Daten in Abb. 2.2, 2.3 und 2.4 und Tab. 2.1 aus den dort aufgeführten Quellen verwendet. Der Code 1211 kann sich auf sämtliche Pflanzenteile beziehen, welche frisch oder getrocknet, ganz, zerkleinert oder pulverisiert sein können und zur pharmazeutischen als auch industriellen Verwendung (z. B. für Duftstoffe, Insektizide, Fungizide u ä.) dienen können (United Nations Department of Economic and Social Affairs (Statistic Division) 2016). Da *Radix Panacis ginseng* (Ginsengwurzel, *rénshēn* (人参); Fam.: *Araliaceae*), im Folgenden kurz Panax ginseng genannt und *Radix Glycyrrhizae* (Süßholzwurzel, *gāncǎo* (甘草); Fam.: *Fabaceae*) von allen Arzneipflanzendrogen weltweit am häufigsten nachgefragt werden, wurde der Code 1211 in drei Gruppen mit spezifischen Codierungsnummern aufgeteilt: *Panax ginseng*, *Radix Glycyrrhizae* und restliche Arzneipflanzendrogen. Beim Preisvergleich von Arzneipflanzendrogen muss beachtet werden, dass der Preis nicht nur von Angebot und Nachfrage sondern auch von Ursprung, Aussehen und bioaktiver Wirksamkeit abhängig sein kann. So kann beispielsweise der Preis für *Panax ginseng* aus Wildsammlung oder *natural fostering* (siehe Ab-

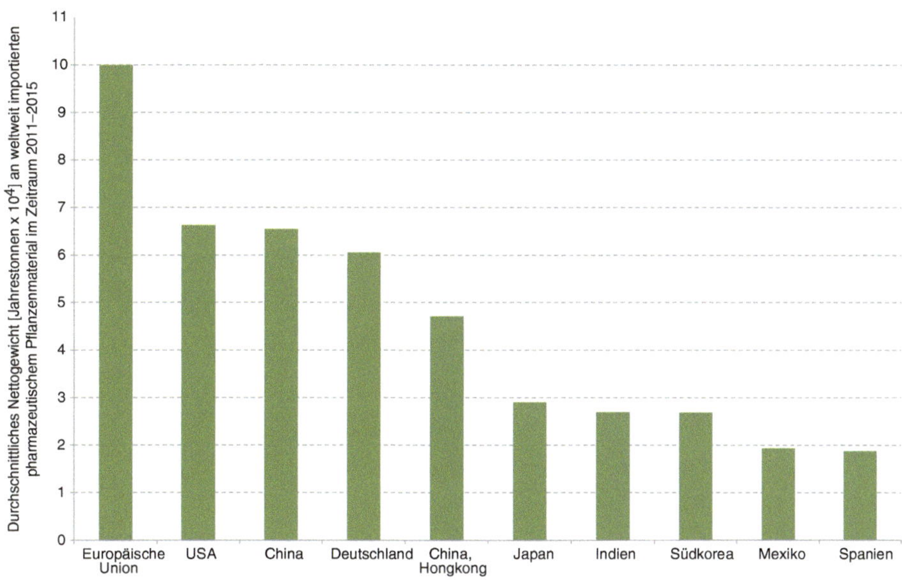

Abb. 2.3 Die weltweit 10 größten Importregionen für Pflanzendrogenmengen (*Harmonized System* (HS) *Commodity Code*: 1211 (Erläuterungen des Codes siehe Fließtext dieses Kapitels) im Jahreszeitraum 2011–2015. Die Mengen für Import und Reimport wurden aus (United Nations Department of Economic and Social Affairs (Statistic Division) 2016) entnommen, für den jeweiligen Staat bzw. die Europäische Union summiert und anschließend entsprechend für 2011–2015 gemittelt. Die Europäische Union umfasste in diesem Zeitraum 28 Mitgliedsstaaten.

schn. 6.2) 10-mal höher sein als aus Kulturanbau (Vasisht et al. 2002). Durch das lukrative Geschäft mit CHM-Arzneidrogen und -Zubereitungen wird mittlerweile ein Umsatz von 40 Mrd. US$ (Li et al. 2015) bzw. 36,8 Mrd. € (Kaiser 2016) pro Jahr auf dem Weltmarkt erreicht, der eine jährliche Steigerungsrate von 10 % verzeichnet (Li et al. 2015). Für das Jahr 2025 wird deshalb als Voraussage ein Umsatz von 96,2 Mrd. € geschätzt (Kaiser 2016). Der jährliche Export Chinas mit chinesischen Arzneidrogen erreichte im Jahreszeitraum von 2003 bis 2011 sogar eine Wachstumsrate von 36 % (Heuberger et al. 2014). In die EU (Europäische Union) wurden dabei im Zeitraum von 2010 bis 2014 CHM-Arzneidrogen und -Zubereitungen im Wert von 12 Mio. US$ pro Jahr aus China importiert (Wang und Franz 2015). Das mag zwar gegenüber dem Weltmarktwert erheblich weniger sein, da aufgrund der historischen Tradition der Großteil an CHM-Waren in China und seinen asiatischen Nachbarländern verbraucht wird, wie dies die weiter unten in diesem Abschnitt aufgeführte (Tab. 2.1) mit konkreten Gewichtsmengen belegt, doch ist die EU dafür der größte Abnehmer der traditionell westlich geprägten Wirtschaftsräume und zeigt eine immer größer werdende finanzielle Einnahmequelle für China. Welches wirtschaftliche Potential diese Produkte im TCM-Mutterland China haben, zeigt sich u. a. daran, dass chinesische Regulierungsbehörden ungefähr 700 Arzneimittel pflanzlichen Ursprungs im Wert von ca. 5 Mrd. US$ pro Jahr nach

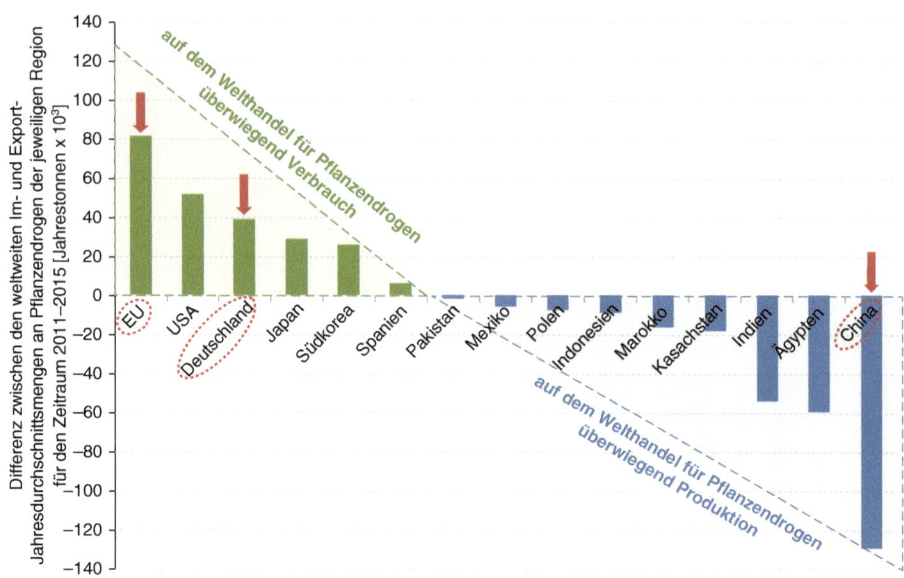

Abb. 2.4 Weltweit größte Produzenten bzw. Verbraucher von Pflanzendrogen (*Harmonized System* (HS) *Commodity Code*: 1211) auf dem globalen Handelsmarkt im Zeitraum 2011–2015. Die Basisdaten dafür wurden aus (United Nations Department of Economic and Social Affairs (Statistic Division) 2016) entnommen, für alle dort aufgeführten Regionen bzw. Staaten jeweils durch Subtraktion der jährlichen Import- von den Exportmengen der betreffenden Region ermittelt, entsprechend über den Jahreszeitraum gemittelt und anschließend daraus die größten Produzenten bzw. Verbraucher bestimmt. Als Vorlage der generellen Idee für diese Art der Darstellung diente eine Abb. von Lange für den Zeitraum 1991–2003 (Lange 2006).

Evaluierungsprüfungen durch chemische, pharmakologische und klinische Studien für den heimischen Markt freigeben (Jia et al. 2004). Handelsstatistiken zu CHM-Arzneidrogen und -Zubereitungen liefern häufig Angaben zu finanziellen Kenngrößen wie Umsatz, Wachstumsraten und Gewinnen und sind nicht selten nur gegen mehrere tausend US$ bzw. Euro von diversen privatwirtschaftlichen Unternehmen, die diese Daten verwalten und aufbereiten, einsehbar. Hingegen sind Daten zu Mengenangaben von Produktionen und besonders Exporten als auch Importen nur rar oder gar nicht in der Literatur zugänglich bzw. aufgeführt. Da sich dieses Buch jedoch nur am Rande mit wirtschaftlichen Aspekten beschäftigt, soll an dieser Stelle ein Einblick in die Mengen der globalen Produktionen und der Märkte von Pflanzendrogen im allgemeinen als auch Pflanzendrogen und deren Zubereitungen aus der TCM gegeben werden. Das Ziel dieser Angaben soll den Grad der Bedeutung von chemisch-analytischer Qualitätskontrolle hervorheben.

So listet Tab. 2.1 die durchschnittlichen Quantitäten an Jahresexporten und -importen von Pflanzendrogen für die weltweit größten Ein- und Ausfuhrregionen auf. Wie schon Lange (Lange 2006) bei den weltweiten Exportregionen für Pflanzendrogen für den Jahreszeitraum 1991–2003 für China den ersten Platz ermitteln konnte,

Tab. 2.1 Von China exportierte durchschnittliche Jahresmengen an Pflanzendrogen an die weltweit 12 größten Exportpartner Chinas für den Zeitraum 2011–2015 (Die Massen der Pflanzendrogen (*Harmonized System* (HS) *Commodity Code*: 1211) wurden aus (United Nations Department of Economic and Social Affairs (Statistic Division) 2016) entnommen und für alle weltweit aufgeführten Handelspartner Chinas berechnet und miteinander verglichen.

Exportpartner Chinas	Mengen an von China exportierten Pflanzendrogen pro Jahr [t]	prozentualer Anteil am weltweiten Export Chinas für Pflanzendrogen pro Jahr [%]
Welt ohne China	194.547	100
1. Hong Kong SAR	88.372	45 ⎤
2. Vietnam	23.070	12 ⎥
3. Südkorea	24.537	13 ⎬ Σ 80 %
4. Japan	19.337	10 ⎦
5. Europäische Union	11.109	6
6. Malaysia	4.773	2
7. Deutschland	3.107	2
8. USA	2.978	2
9. Frankreich	2.170	1
10. Thailand	1.913	1
11. Singapur	1.548	1
12. Niederlande	1.338	1

so bestätigt sich dies auch für den Zeitraum 2011–2015. Dabei konnte China zwischen letzterem und ersterem Zeitraum sogar noch einen Anstieg um 44.000 t pro Jahr verzeichnen (Lange 2006). Während im Zeitraum 1991–1998 der durchschnittliche Jahresexport bei 140.000 t an botanischen Arzneidrogen lag (Vasisht et al. 2002), beträgt der weltweite Jahresexport Chinas für Arzneipflanzendrogen laut Tab. 2.1 und Literatur derzeit ca. 200.000 t. Damit ist die Volksrepublik heutzutage der größte Lieferant von Pflanzendrogen, sodass auf ihr die Verantwortung einer nachhaltigen Nutzung von Arzneipflanzen ganz besonders lastet (WWF Deutschland & TRAFFIC Europe-Germany 17. März 2008; Kaiser 2016). Im Jahr 2004 z. B. wurde in China mit 400.000 t die doppelte Menge des Arzneipflanzenexports auf einer Anbaufläche von 20.234 km^2 von insgesamt 600 landwirtschaftlichen Betrieben geerntet (Jia et al. 2004). In Anbetracht dieser Größenordnung an Erntemengen im Kulturanbau und des immer noch recht hohen Zugriffs auf Wildbestände gegenüber Kulturbestände dürfte hier zum Schutz gegen starke Dezimierung bzw. Ausrottung der wilden Arzneipflanzen weiterhin dringender Handlungsbedarf bestehen. Auch in Abb. 2.4, in der rechts die weltweit wichtigsten Lieferanten (blau markiert) und links die weltweit wichtigsten Verbraucher (grün markiert) von Pflanzendrogen dargestellt sind, wird die herausragende Stellung Chinas als globaler Lieferant aber auch der Europäischen Union als Verbraucher auf dem Weltmarkt sichtbar. Während sich Abb. 2.2, 2.3 und 2.4 auf Pflanzendrogen i. Allg. beziehen, sind in Tab. 2.1 die Ausfuhrmengen von China an seine 12 wichtigsten Exportpartner von Pflanzendrogen aufgeführt, bei denen es sich vermutlich ausschließlich um CHM-Pflanzendrogen handelt. Die Tabelle lässt erkennen, dass 80 % dieses chinesischen Exports an seine ost- bzw. südostasiatischen Nachbarn Hong Kong SAR, Südkorea, Vietnam und Japan geliefert werden. Der größte Abnehmer dieser vier Handelspartner Chinas ist eine der Sonderverwaltungszonen der Volksrepublik China und zwar Hong Kong SAR, dessen Pflanzendrogenimporte laut eigener Berechnung auf Basis der UN-Comtrade-Daten (UN, United Nations, engl. für Vereinte Nationen) (United Nations Department of Economic and Social Affairs (Statistic Division) 2016) zu rund 90 % aus dem Mutterland China stammen. Spätestens seitdem Hong Kong im Jahr 1997 wieder offiziell zu China gehört, hat sich der Fokus auf die Forschung aber auch die Anwendung von TCM bzw. ihrer zugehörigen CHM wieder verstärkt und der Dialog und Wissensaustausch mit dem Mutterland als auch auf internationaler Ebene intensiviert (Chinese Medicine Council of Hong Kong (Hrsg.)).

Während China im Zeitraum 2011–2015, wie erwähnt, seinen CHM-Jahresexport steigerte, musste Hong Kong laut Berechnung auf Basis der UN-Comtrade-Daten (United Nations Department of Economic and Social Affairs (Statistic Division) 2016) seinen 2. Platz der Exportregionen für Pflanzendrogen von 1991–2003 aufgrund seiner um ca. 37.500 t zurückgegangen Jahresausfuhr an Indien abgeben, blieb aber wie Deutschland weiterhin unter den 10 größten Exportregionen von Pflanzendrogen. Als weltweit achtgrößter Wirtschaftsraum (Hong Kong Trade Development Council (HKTDC) (Hrsg,) 26 Jan 2016) exportiert Hong Kong SAR zu CHM-Zubereitungen verarbeitete CHM-Arzneidrogen ins Mutterland, in andere Länder Ost- bzw. Südostasiens und aufgrund seiner gesetzlichen Möglichkeiten (z. B. PIC/S-Mitglied seit 2016 (Erläuterungen zu PIC/S siehe Kap. 7) auch in den Westen (InvestHK – The Governement of the Hong Kong Special Administrative Region 2012). Zumindest könnte dies neben der relativ hohen Einwohnerzahl Hong Kongs von 7,3 Mio. (Stand: 2015) (Kaneda et al. August 2015) und damit theoretisch hohen Anzahl an CHM-Verbrauchern die immens hohe Exportmenge Chinas an Hong Kong erklären.

Mitte der 1990er-Jahre produzierte China 1,6 Mio. t Pflanzendrogen zusammen aus Wildsammlungen und Anbaukulturen (Kuipers 1997, Neuaufl 1999, 2003). Es konnten zwar keine Angaben über aktuelle Werte dieser Produktionsmengen in der Literatur gefunden werden, aufgrund der jedoch gerade geschilderten deutlichen Zunahme an den Exportmengen Chinas für Arzneidrogen und der in der Literatur

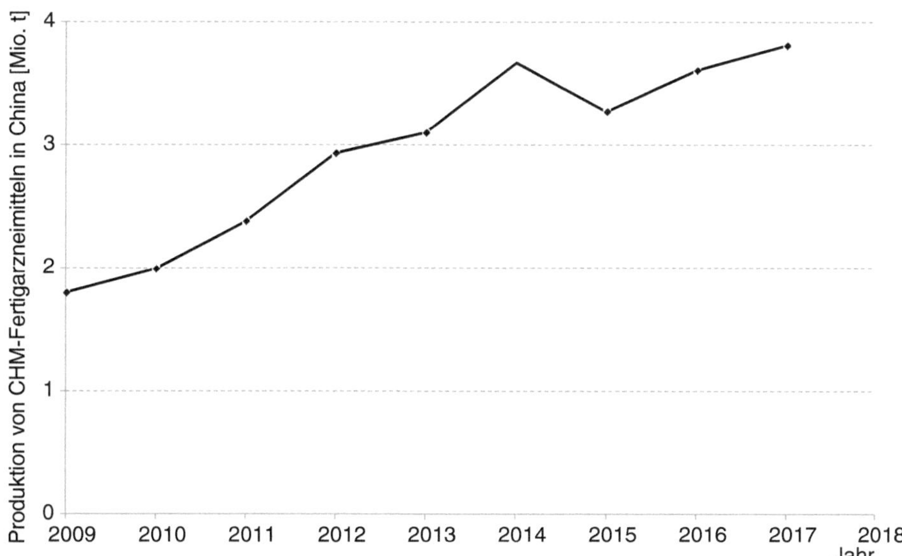

Abb. 2.5 Entwicklung der Jahresproduktionsmengen von CHM-Fertigarzneimitteln in China für den Zeitraum 2009–2017 (People's Government of Jilin Province 2015/03/26; ReportsnReports (Hrsg.) und Huidian Research (Hrsg.) September 2014; Westdollar.com November 20, 2017)

fehlenden Aussage einer theoretisch möglichen Abnahme der Nachfrage nach CHM-Arzneidrogen innerhalb der chinesischen Bevölkerung dürfte die heutige Gesamtjahresproduktionsmenge an CHM-Pflanzendrogen deutlich über 1,6 Mio. t liegen. Damit müsste selbst bei ausschließlicher Untersuchung von Stichproben zur Sicherheit des Patienten eine gewaltige Menge an CHM-Waren für die Qualitätskontrolle untersucht werden.

Zusätzlich führt China jährlich 40.000 t an Zubereitungen aus (Kaiser 2016), wobei die Produktionsmenge an Fertigarzneimitteln seit mindestens 2009 bis heute fast stetig angewachsen ist (siehe Abb. 2.5). Diese Mengen dürften damit die wirtschaftliche Bedeutung von CHM-Arzneidrogen und -Zubereitungen aufzeigen. Auch die steigende Zahl an CHM-Herstellerfirmen und die Zunahme an produzierten unterschiedlichen Zubereitungen sind ein Indiz sowohl für gesteigerte Nachfrage als auch für einen lukrativen Markt. Während beispielsweise im Jahr 2001 in China 1175 CHM-Pharmafirmen gezählt wurden, die mehr als 5000 Zubereitungen in über 40 unterschiedlichen Darreichungsformen angeboten haben (Jia et al. 2004), berichtete Liu et al. im Jahr 2011 von einem Anstieg dieser Firmen auf 1200, die ca. 8000 CHM-Zubereitungen produzierten (Liu et al. 2011).

2.1 Fazit

China ist weltweit führend beim Export von Heilpflanzen, während die EU der größte Importmarkt für Heilpflanzen jeglicher Art ist. Der Großteil der chinesischen Heilpflanzen wird gemäß der Tradition in China und seinen asiatischen Nachbarländern weiterverarbeitet bzw. verbraucht. Außerhalb dieses asiatischen Gebiets ist die EU der größte Abnehmer der traditionell westlich geprägten Wirtschaftsräume. Die hier aufgeführten Zahlen machen deutlich, dass es sich bei der chinesischen Heilpflanzenmedizin (CHM) um ein äußerst lukratives Geschäft mit jeweils riesigen Chargen an Heilpflanzen handelt. Somit stellt nicht nur die Komplexität der Zusammensetzung einer Rezepturen mit maximal bis zu 13 verschiedenen Heilpflanzen sondern auch die Quantität der verarbeiteten Heilpflanzen bzw. ihrer fertig gestellten Rezepturen ein enormes Problem bei der Organisation und Durchführung einer Qualitätskontrolle dar.

Literatur

Bayer HealthCare Pressecenter Bayer hat Übernahme von Dihon Pharmaceutical in China abgeschlossen. https://www.bayer.at/de/medien/pressenews/bayer-hat-uebernahme-von-dihon-pharmaceutical-in-china-abgeschlossen.php. Zugegriffen am 08.04.2019 (letzte Aktualisierung: 03.11.2014)

Brand E (2014) When big pharma meets Chinese medicine. Acupunct Today 15(10). ISSN 1526-7784. http://www.acupuncturetoday.com/mpacms/at/article.php?id=32935. Zugegriffen am 08.04.2019

Burn-Callander R The Telegraph New over-the-counter drugs based on Chinese medicine to hit UK chemists. http://www.telegraph.co.uk/finance/newsbysector/pharmaceuticalsandchemicals/11671942/New-over-the-counter-drugs-based-on-Chinese-medicine-to-hit-UK-chemists.html. Zugegriffen am 08.04.2019 (letzte Aktualisierung: 3:28PM BST (British Summer Time) 13 Jun 2015)

Chan K (2005) Chinese medicinal materials and their interface with Western medical concepts. J Ethnopharmacol 96(1–2):1–18. ISSN 0378-8741. https://doi.org/10.1016/j.jep.2004.09.019

Chen X, Pei L, Lu J (2013) Filling the gap between traditional Chinese medicine and modern medicine, are we heading to the right direction? Complement Ther Med 21(3):272–275. ISSN 0965-2299. https://doi.org/10.1016/j.ctim.2013.01.001

Cheung F (2011) TCM: made in China. Nature 480(7378):S82–S83. ISSN 1476-4687. https://doi.org/10.1038/480S82a

Chinese Medicine Council of Hong Kong (Hrsg) Development of Chinese Medicine in Hong Kong, Hong Kong. http://www.cmchk.org.hk/pcm/eng/#./eng/main_deve.htm oder alternativ: http://www.cmchk.org.hk/eng/main_deve.htm. Zugegriffen am 08.04.2019

Deloitte Touche Tohmatsu (Hrsg), Chen L, Qu J, Huang V, Robinson D, Hillis WE, Rask C (2011) The next phase: opportunities in China's pharmaceutical market (National Industry Program). http://www2.deloitte.com/content/dam/Deloitte/ch/Documents/life-sciences-health-care/ch_Studie_Pharmaceutical_China_05052014.pdf. Zugegriffen am 09.04.2019

Focks C (Hrsg), Al-Khafaji M et al (2010) Leitfaden Chinesische Medizin, 6. Aufl. Elsevier, Urban & Fischer München, Dtld. ISBN 9783437564833

Grossmann U (2008) Kooperation: Deutsch-chinesische Beziehungen. Pharm Ztg online (32). ISSN 0031-7136. www.pharmazeutische-zeitung.de/index.php?id=6366. Zugegriffen am 09.04.2019

HerbaSinica Hilsdorf GmbH (Hrsg), Zhong W (Juli 2015) Herbasinica Kurier. Nr. 50, Rednitzhembach. https://www.herbasinica.de/app/download/7419980881/HerbaSinica+Kurier+50.pdf?t=1534953750. Zugegriffen am 14.04.2019

Heuberger H, Bauer R, Friedl F, Heubl G, Holzapfel C, Hummelsberger J, Nikles S, Nögel R, Rinder R, Seidenberger R, Torres-Londono P (2014) Chinesische Heilpflanzen in Bayern: Qualität vom Saatkorn bis zur Apotheke. Chinesische Medizin 1:43–49. ISSN 0930-2786

Hohmann C (2008) Chinesische Medizin – Östliche Traditionen im Westen. Pharm Ztg online (32). ISSN 0031-7136. www.pharmazeutische-zeitung.de/index.php?id=6368. Zugegriffen am 07.04.2019

Hong Kong Trade Development Council (HKTDC) (Hrsg) Import and export trade industry in Hong Kong, Hong Kong. http://hong-kong-economy-research.hktdc.com/business-news/article/Hong-Kong-Industry-Profiles/Import-and-Export-Trade-Industry-in-Hong-Kong/hkip/en/1/1X000000/1X006NJK.htm. Zugegriffen am 31.01.2017 (letzte Aktualisierung: 26 Jan 2016)

Hou JP, Jin Y (2005) The healing power of Chinese herbs and medicinal recipes. Haworth Integrative Healing Press, Binghamton. ISBN 9780789022011

International Business Publications, USA (Hrsg) (2011) China – medical and pharmaceutical industry handbook: Strategic information and regulations Bd 1, S 51. International Business Publications, Washington, D. C. ISBN 143870884X

InvestHK – The Governement of the Hong Kong Special Administrative Region Traditional Chinese medicines made and marketed in Hong Kong – Mainland TCM company *Tong Ren Tang* celebrated another milestone in Hong Kong with the recent opening of its flagship store in Central, Hong Kong. http://www1.investhk.gov.hk/wp-content/uploads/2012/02/2010.11-tong-ren-tang-en.pdf. Zugegriffen am 31.01.2017 (letzte Aktualisierung: 2012)

Jia W, Gao W-Y, Yan Y-Q, Wang J, Xu Z-H, Zheng W-J, Xiao P-G (2004) The rediscovery of ancient Chinese herbal formulas. Phytother Res 18(8):681–686. ISSN 0951-418X. https://doi.org/10.1002/ptr.1506

Kaiser H New market study, market report, market research, market analysis, market forecast: Traditional Chinese Medicine (TCM) – In China and worldwide (2014–2015–2016–2017–2018–2019–2020–2025 with history 2012–2013) – markets, products, companies, developments, technologies and sciences, Tübingen/Beijing. http://www.hkc22.com/ChineseMedicine.html. Zugegriffen am 13.04.2019 (letzte Aktualisierung: 2016)

Kaneda T, Bietsch K, Behrends C, Stallmeister U, Schmidt S (2015) Datenreport 2015 der Stiftung Weltbevölkerung – Soziale und demografische Daten weltweit. Deutsche Stiftung Weltbevölkerung, Hannover. ISBN 3930406101

Kuipers SE (1997, Neuaufl 1999, 2003) Trade in medicinal plants. In: Bodeker G, Bhat KK, Burley J, Vantomme P, Global Initiative For Traditional Systems (Gifts) of Health, Food and Agriculture Organization of the United Nations (FAO) (Hrsg) Medicinal plants for forest conservation and health care. Reihe: non-wood forest products Bd 11. FAO, Rome, S 45–59. ISBN 925104063X. ISSN 1020-3370. http://www.fao.org/3/a-w7261e.pdf. Zugegriffen am 25.01.2019

Lange D (2006) International trade in medicinal and aromatic plants – actors, volumes and commodities. In: Bogers RJ, Craker LE, Lange D (Hrsg) Medicinal and aromatic plants: agricultural, commercial, ecological, legal, pharmacological, and social aspects. Reihe: Wageningen UR frontis series, Bd 17. Springer, Dordrecht, S 155–170. ISBN 9781402054488

Lei X, Chen J, Liu C-X, Lin J, Lou J, Shang H-C (2014) Status and thoughts of Chinese patent medicines seeking approval in the US market. Chin J Integr Med 20(6):403–408. ISSN 1672-0415. https://doi.org/10.1007/s11655-014-1936-0

Li X, Chen Y, Lai Y, Yang Q, Hu H, Wang Y (2015) Sustainable utilization of traditional Chinese medicine resources: Systematic evaluation on different production modes. Evid Based Complement Alternat Med:218901. https://doi.org/10.1155/2015/218901. ISSN 1741-427X. Zugegriffen am 13.04.2019

Liu C, Yu H, Chen S-L (2011) Framework for sustainable use of medicinal plants in China. Plant Diversity and Resources (= Zhíwù Fēnlèi Yǔ Zīyuán Xuěbào (植物分类与资源学报)) 33(1):65–68. ISSN 2095-0845. https://doi.org/10.3724/SP.J.1143.2011.10249

McKinsey & Company (Hrsg), Le Deu F, Ma L, Wang J (July 2014) China Healthcare – an essential strategy for the essential drug list, Shanghai/Beijing. http://www.mckinseychina.com/wp-content/uploads/2014/09/McKinsey-An-essential-strategy-for-the-essential-drug-list.pdf?bd0bde. Zugegriffen am 13.04.2019

Mullard A (2012) 2011 FDA drug approvals. Nat Rev Drug Discov 11(2):91–94. ISSN 1474-1776. https://doi.org/10.1038/nrd3657

Normile D (2003) The new face of traditional Chinese medicine. Science 299(5604):188–190. ISSN 0036-8075. https://doi.org/10.1126/science.299.5604.188

People's Government of Jilin Province Chinese herbal medicine planting base and deep processing project, Changchun. http://english.jl.gov.cn/Investment/Opportunities/Industry/MedicineandBiotechnology/201503/t20150326_1962417.html. Zugegriffen am 13. 04.2019 (letzte Aktualisierung: 2015/03/26)

Ploberger F (2007) Das TCM-Rezeptierbuch – Arzneimittelkombinationen verstehen und lernen, 1. Aufl. Elsevier/Urban & Fischer, München/Jena. ISBN 9783437578403

Redaktion der Nachrichten aus der Chemie (2014) Wirtschaft: Bayer will Dihon. Nachr Chem 62(4):405. ISSN 1439-9598

ReportsnReports (Hrsg), Huidian Research (Hrsg) Research and development trend forecast of Chinese patent medicine in China, 2014–2018, Pune. http://www.reportsnreports.com/reports/311971-research-and-development-trend-forecast-of-chinese-patent-medicine-in-china-2014-2018.html. Zugegriffen am 13.04.2019 (letzte Aktualisierung: September 2014)

Stöger E (2010) Drogen der Traditionellen Chinesischen Medizin in westlichen Ländern. In: Hänsel R, Sticher O (Hrsg) Pharmakognosie – Phytopharmazie. Springer-Lehrbuch, 9., überarb und aktual Aufl. Springer Science+Business Media, Berlin, S 387–414. ISBN 9783642009624

Su S, Kettelhut S (2008) China – Eine Einführung in Geschichte, Kultur und Zivilisation. Sonderausgabe. Chronik, Gütersloh/München. ISBN 9783577143806

Toellner R, Sournia J-C, Poulet J, Martiny M, Dastugue J, Wong M, Zaragoza JR, Leca A-P, Mazars G, Baissette G, Bourgey L, Medioni G (1983) Historia Medicinae – Heilkunde im Wandel der Zeit (Titel der französischen Originalausgabe: Histoire de la Médicine, de la Pharmacie, de l'Art Dentaire et de l'Art Vétérinaire; Verlag: Société francaise d'éditions professionnelles, médicales et scientifiques, Albin Michel-Laffont-Tchou: Paris, 1978). Deutsche Ausgabe, gekürzte Sonderausgabe der „Illustrierten Geschichte der Medizin" in 9 Bänden. Andreas & Andreas, Verlagsbuchhandel Salzburg, Österreich. ISBN 3850122298 (Normalausgabe)

U.S. Department of Health and Human Services, Food and Drug Administration (FDA), Center for Drug Evaluation and Research (Hrsg) (June 2004) Guidance for industry – botanical drug products, Rockville. http://www.fda.gov/downloads/drugs/guidancecomplianceregulatoryinformation/guidances/ucm070491.pdf. Zugegriffen am 16.02.2016

United Nations Department of Economic and Social Affairs (Statistic Division) UN Comtrade Database – welcome to the trade data extraction interface! New York City. https://comtrade.un.org/data/. Zugegriffen am 03.09.2016 (letzte Aktualisierung: 2016)

United Nations Department of Economic and Social Affairs (Statistic Division) United Nations international trade statistics knowledgebase – harmonized commodity description and coding systems (HS). http://unstats.un.org/unsd/tradekb/Knowledgebase/Harmonized-Commodity-Description-and-Coding-Systems-HS. Zugegriffen am 20.12.2016 (letzte Aktualisierung: December 2016)

Unschuld PU (2004) Chinesische Medizin. Reihe C. H. Beck Wissen (2056), 2. Aufl. C. H. Beck, München. ISBN 9783406410567

Unschuld P (2013) Die erstaunliche Rückkehr der TCM. Spektrum Wiss 3:56–61. ISSN 0170-2971

Vasisht K, Kumar V, United Nations Industrial Development Organization and the International Centre for Science and High Technology (Hrsg), Italian Ministry of Foreign Affairs (Supporter) (2002) Trade and production of herbal medicines and natural health products, Trieste. https://institute.unido.org/wp-content/uploads/2014/11/119.-Trade-and-Production-of-Herbal-Medicines-and-Natural-Health-Products.pdf. Zugegriffen am 13.04.2019

Wang M, Franz G (2015) The role of the European Pharmacopoeia (Ph Eur) in quality control of traditional Chinese herbal medicine in European member states. World J Tradit Chin Med 1(1):5–15. ISSN 2311-8571. https://doi.org/10.15806/j.issn.2311-8571.2014.0021

Westdollar.com January–October 2017 China's proprietary Chinese medicine production analysis and forecast: Chinese patent medicine production rose 7.9 %. http://westdollar.com/sbdm/finance/news/1355,20171120804044810.html. Zugegriffen am 13.04.2019 (letzte Aktualisierung: November 20, 2017)

WWF Deutschland & TRAFFIC Europe-Germany (17.März 2008) Hintergrundinformation – Artenhandel in China, Frankfurt. http://www.wwf.de/fileadmin/fm-wwf/Publikationen-PDF/Artenhandel_in_China.pdf. Zugegriffen am 14.04.2019

Xinhua [Nachrichtenagentur der chinesischen Regierung] China Daily 1st patent TCM passes US FDA clinical trials. http://www.chinadaily.com.cn/business/2010-08/07/content_11115579.htm. Zugegriffen am 14.04.2019 (letzte Aktualisierung: 2010-08-07)

3 Gewinnung und Rezepturen pharmakologisch wirksamer Arzneidrogen

Ein kleiner Teil (ca. 10 %) der CHM-Arzneipflanzendrogen (CHM: *Chinese Herbal Medicine*) wird, wie dies i. d. R. ebenfalls bei den Heilpflanzen der westlichen Medizin der Fall ist, in ihrer natürlichen nur von Fremdmaterial wie Sand gereinigten unbehandelten Form, den sogenannten Rohdrogen (*shēngyào* (生藥)), eingesetzt. Rohdrogen liegen entweder frisch vor oder wurden bei normaler Temperatur getrocknet (Herbasin Hilsdorf GmbH und Zhong 2007b; HerbaSinica Hilsdorf GmbH und Zhong 2012a; HerbaSinica Hilsdorf GmbH und Zhong Dezember 2012b; Zhao et al. 2010). Hingegen müssen 20 % der CHM-Arzneipflanzendrogen unbedingt aufgrund einer zu starken Wirkung oder ihrer Toxizität nach genau vorgegebenen Angaben, den sogenannten Vorbehandlungsmethoden (*Pàozhì* (炮制)), präpariert werden. Am Beispiel der stark giftigen *Aconitum*-Wurzel (Eisenhutwurzel) soll das Potential der *Pàozhì*-Verfahren anschaulich verdeutlicht werden (siehe Abschn. 3.3). Den weitaus größeren Anteil mit 60 % bilden hingegen die CHM-Arzneipflanzendrogen, die sowohl je nach beabsichtigter medizinischer Wirkung roh als auch vor dem eigentlichen Einsatz zur Herstellung einer Zubereitung vorbehandelt werden (Focks et al. 2010; Stöger 2010; Zhao et al. 2010; Chen et al. 2004; HerbaSinica Hilsdorf GmbH und Zhong Dezember 2012b; HerbaSinica Hilsdorf GmbH und Zhong Juli 2012a; Herbasin Hilsdorf GmbH und Zhong 2007b). Während in der westlichen Naturheilkunde häufig Heilpflanzen in Einzelform verschrieben werden (Hou und Jin 2005), werden diese in der CHM nur bei einer klaren Diagnose ohne Komplikationen eingesetzt. Meist reicht jedoch nach Ansicht der CHM eine einzelne Arzneidroge für die Behandlung nicht aus, da die meisten Erkrankungen in der TCM als komplex betrachtet werden (Chen et al. 2004; Ploberger 2007). Deshalb werden häufig Rezepturen aus einer Mischung von unterschiedlichen Arzneidrogen zusammengestellt. Welche Vorteile damit verbunden sind und auf welchen Grundlagen die Zusammenstellung einer Rezeptur erfolgt, wird in Abschn. 3.5 näher beleuchtet. Abschließend soll Abschn. 3.6 einen Einblick in die Mannigfaltigkeit sowie die Bedeutung der Darreichungsformen von einzelnen Arzneidrogen bzw. der häufiger stattdessen eingesetzten Rezepturen geben.

A.-F. von Trotha, O. J. Schmitz, *Qualitätskontrolle in der TCM*,
https://doi.org/10.1007/978-3-662-59256-4_3

3.1 Vorbehandlungsmethoden (*pàozhì* (炮制))

Bei den *Pàozhì* handelt es sich um eine traditionelle Kunst und Wissenschaft. Die Behandlung sollte sofort nach der Ernte erfolgen, da frisch geerntete Arzneipflanzen bzw. Arzneipilze schnell durch Verfall an Wert verlieren können (Hou und Jin 2005). *Pàozhì* können grob unterteilt werden in die Vorsortierung, Reinigung, Zerkleinerung und Trocknung, also physikalische bzw. mechanische Verfahren sowie in die eigentliche Vorbehandlung (Zhao et al. 2010; Hou und Jin 2005), welche sich durch physikalisch-chemische bzw. meist thermische Prozesse kennzeichnet. Dazu gibt es zahlreiche Möglichkeiten, zu denen vor allem das Rösten in der Pfanne unter Rühren (*chǎo* (炒)) bis die Arzneidroge gelbbraun, angebrannt oder verkohlt ist, das Backen (*hōngbèi* (烘焙)), Flämmen (*liǎo* (燎)), Dämpfen (*zhēng* (蒸)), Kochen (*zhǔ* (煮)) und Kalzinieren (*duàn* (煅)) gehören. Dies kann ohne oder mit diversen Zusatzstoffen wie Wasser, Wein, Essig, Honig, Fetten, Salz, Sand o. ä. erfolgen. Dass Wein als Hilfsstoff auf jeden Fall in den Anfängen der TCM eine wichtige Bedeutung besessen haben muss, kann mit der traditionellen Schreibweise der chinesischen Schriftzeichen für Medizin (*yī*) belegt werden (siehe Abb. 3.1). In diesem Schriftzeichen ist nämlich das Schriftzeichen für Wein (酒 (*jiǔ*)) enthalten. In Abb. 3.1 ist in der historisch älteren Schreibweise für TCM (*zhōngyī*) sogar statt der idealisierten Darstellung der aktuellen Schreibweise des Hochchinesischen eine bauchförmige Weinflasche deutlich erkennbar. Als *Pàozhì* kann ferner auch eine Fermentation (*fājiào* (发酵)) eingesetzt werden (Focks et al. 2010; Stöger 2010; Zhao et al. 2010; Hou und Jin 2005; Chen et al. 2004; Huang 1999). Vermutlich weniger bekannt ist, dass einige wenige Arzneipflanzendrogen der CHM weder frisch noch nach der Vorbehandlung zu therapeutischen Zwecken sofort eingesetzt werden können, sondern vor der Vorbehandlung bzw. Verwendung traditionell längere Zeit gelagert werden. Mittlerweile ist der Grund dafür bekannt. Die betreffenden Heilpflanzendrogen enthalten anfangs kurz nach der Ernte zu stark wirkende bzw. toxische Inhaltsstoffe, die sich während der Lagerung abbauen, sodass ihre Anwendung später deutlich angenehmer für den Patienten ist. Diese Heilpflanzendrogen werden nach der Lagerung als alt (*chén* (陈)) bezeichnet (HerbaSinica Hilsdorf GmbH und Zhong 2015). Außerdem werden Heilpflanzen, Heilpilze oder Tierdro-

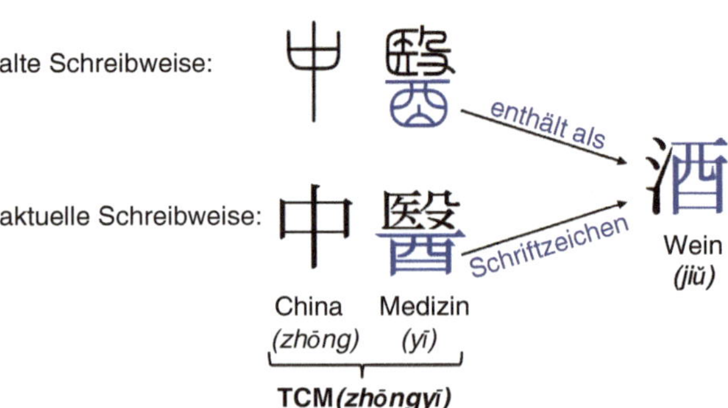

Abb. 3.1 Bedeutung von Wein in der traditionellen chinesischen Medizin (TCM) anhand alter und aktueller chinesischer Schriftzeichen (Erläuterung siehe Text)

gen der CHM heutzutage bei der industriellen Herstellung von Zubereitungen nicht selten der Konservierung durch Schwefeln ausgesetzt. Bei diesem Prozess verbrennt der Schwefel mit O_2 zu SO_2, das anschließend mit dem Wasser in den Arzneidrogen zu geringen Anteilen zu H_2SO_3 (schweflige Säure) weiterreagiert. Auch wenn diese Behandlung billig, leicht handhabbar und effektiv zur Trocknung und gegen Insekten, Mikroben und Schimmelpilze eingesetzt werden kann, zeigt dieses Verfahren auch seine Nachteile. Der eingesetzte elementare Schwefel weist nämlich abhängig von seiner Herkunft einen gewissen Anteil an gesundheitsschädlichen Schwermetallen auf, sodass diese während des Prozesses in die Arzneidrogen gelangen können. Des Weiteren werden die Arzneidrogen eine gewisse Zeit einer reduzierend wirkenden SO_2- bzw. H_2SO_3-Atmosphäre ausgesetzt, wodurch möglicherweise Reaktionen einsetzen, die bestimmte bioaktive Inhaltsstoffe mehr oder weniger stark abbauen und die Bildung neuer Substanzen ermöglichen. Ein Beispiel dazu wäre der beobachtbare Abbau von Paeoniflorin in der *Radix Paeoniae* (Pfingstrosenwurzel; Fam.: *Ranunculaceae*). Es kann nicht ausgeschlossen werden, dass sich auch andere Inhaltsstoffe durch das Schwefeln umformen. Dies könnte am Ende eine teilweise so starke Veränderung des Zusammensetzungsprofils bewirken, dass die später daraus erhaltenen CHM-Produkte mit den traditionellen und lang erprobten Zubereitungen deutlich weniger Ähnlichkeit haben als vor dem Konservierungsprozess. Doch auch optisch kann sich das Erscheinungsbild der CHM-Arzneidrogen bzw. -zubereitungen verändern. Bespielsweise sehen verdorbene Heilpflanzendrogen nach dem Schwefeln wie frische aus, sodass dadurch weitere Möglichkeiten entstehen, die Fälscher anlocken könnten (Jiang et al. 2013).

Durch die entsprechenden *Pàozhì*-Verfahren können bestimmte in den Arzneidrogen schon vorhandene chemische Inhaltsstoffe in ihrem Gehalt erhöht, reduziert oder komplett entfernt werden (Zhao et al. 2010). Es können sich dabei aber auch genauso gut neue chemische Substanzen bilden (Zhao et al. 2010; Chen et al. 2004). Das kann zur Folge haben, dass Nebenwirkungen oder auch eine mögliche Toxizität minimiert werden (Nyirimigabo et al. 2015; Zhao et al. 2010; Chen et al. 2004; Ploberger 2007; Hou und Jin 2005; Heuberger et al. 2014; Shaw 2010). Auch eine bessere Verträglichkeit in der Therapie für den Patienten kann dadurch erreicht werden (HerbaSinica Hilsdorf GmbH und Zhong 2008). Eine Veränderung der therapeutischen Wirkung oder die Erhöhung der medizinischen Wirksamkeit (Focks et al. 2010; Zhao et al. 2010; Huang 1999; Hou und Jin 2005; Heuberger et al. 2014; Chen et al. 2004) ist ebenfalls nicht ausgeschlossen. Beispielsweise steigt die analgetische Wirkung der unbehandelten Form von *Rhizoma Corydalis* (Lerchenspornwurzelstock, *yánhúsuǒ* (延胡索); Fam.: *Fumariaceae*) durch Pfannenrühren mit Essig deutlich an (Dou et al. 2012), was auf die Erhöhung des Alkaloidgehalts seiner bioaktiven Hauptkomponente Tetrahydropalmatin zurückzuführen sein müsste (Dou et al. 2012; Zhao et al. 2010). Dieses greift nämlich in die Regulierung des Neurotransmitters Dopamin im zentralen Nervensystem (ZNS) ein und bewirkt dadurch einen analgetischen Effekt (Chu et al. 2008). Wird *Rhizoma Corydalis* hingegen in Essig nicht pfannengerührt sondern gekocht, sinkt der Gehalt an Tetrahydropalmatin (Zhao et al. 2010), da dieses vermutlich durch den Essig in ein

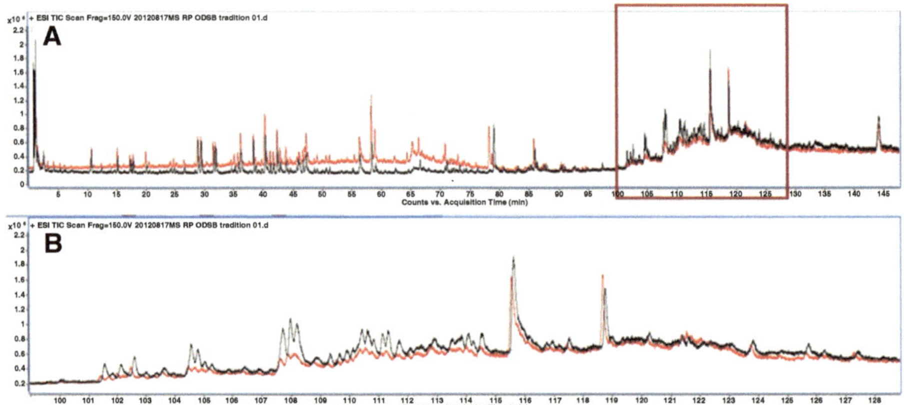

Abb. 3.2 HPLC-Analyse eines Heilpflanzenextraktes aus *Scutellaria barbata* (SB) und *Hedyotis diffusa* Willdenow (HD). Abb. A: Schwarze Spur: 0,3 g SB + 0,3 g HD wurden in jeweils 30 mL Wasser aufgenommen, 15 min aufgeweicht, dann 45 min gekocht und danach wurden beide Lösungen vereint. Rote Spur: Mischung aus 0,15 g SB + 0,15 g OD wurde in 30 mL Wasser aufgenommen, 15 min aufgeweicht und dann 45 min gekocht. Abb. B: Vergrößerte Darstellung der schwarzen und roten Spur im roten Rechteck von Abb. A

lösliches Salz überführt und anschließend durch das Kochwasser aus dem Rhizom geschwemmt wird (Zhu 1998).

Ein anderes Beispiel ist in Abb. 3.2 gezeigt. Dabei handelt es sich um die HPLC-Analyse eines Heilpflanzenextraxtes aus *Scutellaria barbata* (SB) (Helmkraut, *bànzhīlián* (半枝莲); Fam. *Lamiaceae*) und *Hedyotis diffusa* Willdenow (HD) (Oldenlandia-Kraut, *báihuāshéshécǎo* (白花蛇舌草); Fam. *Rubiaceae*), der in China in vielen Kliniken bei der Krebstherapie eingesetzt wird, dabei zeigt die rote Spur das Analysenergebnis des nach Vorschrift hergestellten Tee-Extraktes, bei dem beide Pflanzen gemeinsam gekocht wurden. Die schwarze Spur hingegen zeigt das Analysenergebnis, wenn beide Pflanzen separat gekocht und anschließend beide Extrakte vereint werden. Der rot eingerahmte und im Teil B der Abb. 3.2 vergrößert dargestellte Bereich weist deutliche Unterschiede beider Vorbereitungstechniken auf. So ist deutlich zu sehen, dass bei der richtigen Anwendung (gemeinsames Kochen, rote Spur) einige Signale verschwinden. Eventuell wird somit die Verträglichkeit des Tee-Extraktes erhöht bzw. die Nebenwirkungen reduziert.

Neben der erwähnten Erhöhung bzw. Erniedrigung eines Wirkstoffgehalts oder des kompletten Verschwindens eines Wirkstoffs sowie einer Wirkstoffneubildung besteht allerdings bei den Vorbehandlungsmethoden auch die Möglichkeit, dass analytisch kein Unterschied zwischen unbehandelter und behandelter Heilpflanzendroge besteht (z. B. bei *Semen Ziziphi spinosae* (Samen der Stacheljujube, *suānzǎorén* (酸枣仁); Fam.: *Rhamnaceae*)) (Zhao et al. 2010). Für diese Fälle wären wissenschaftliche Untersuchungen sinnvoll, um die Sinnhaftigkeit der Vorbehandlung näher zu untersuchen (Zhao et al. 2010) und damit eventuell Geld und Zeit einsparen zu können.

3.2 Biodiversität der Pflanzen in China als Basis für den Naturschatz der CHM

Mora et al. schätzen, dass derzeit ca. 10 Millionen unterschiedliche Arten von Lebewesen die Erde bevölkern (Mora et al. 2011). Davon gehören laut Chapman vermutlich nur maximal 3,9 % zum Pflanzenreich bzw. 3,7 % zu den *Tracheophyta* (Gefäßpflanzen) (Chapman 2009). Gleichwohl ist deren Vorkommen als Grundlage für Nahrung, Kleidung, dem Hausbau sowie Arzneien von immens großer Bedeutung für den Menschen (Barthlott et al. 2014) und sollte zur Aufrechterhaltung ihrer Biodiversität, wie z. B. in China, nur in nachhaltiger Weise vom Menschen genutzt werden (Barthlott et al. 2007, 2014). Wie in Abb. 3.3 erkennbar, gibt es nämlich weltweit betrachtet besonders in China eine relativ hohe Biodiversität der *Tracheophyta* (Blackmore et al. 2015; Huang et al. 2015; Barthlott et al. 2005, 2007, 2014; Mutke und Barthlott 2005), deren höchste Rate sich im Süden Chinas in der Provinz Yunnan befindet (Barthlott et al. 2005). China weist zum einen mit seiner maximalen Nord-Süd-Ausdehnung von 5500 km bzw. Ost-West-Ausdehnung von 5200 km (Weggel 2002; Lopez-Pujol und Zhao 2004) eine relativ große Landfläche auf, welche auf europäische Massstäbe übertragen einer Nord-Süd-Reichweite von Kopenhagen bis zur Südsahara bzw. einer Ost-West-Breite von Lissabon nach Moskau entsprechen würde (HerbaSinica Hilsdorf GmbH und Zhong Mai 2009). Zum anderen zeigen sich in den Weiten Chinas sogar fünf Klimazonen, diverse Topographien, Landschaften und Böden (Hong und Blackmore 2015; Lopez-Pujol und Zhao 2004), in denen es im Gegensatz zum verglichenen europäischen Areal Tundren, Steppen und Regenwälder sowie das höchste Gebirge der Welt, den Himalaya und die zweitgrößte Sandwüste der Welt, die Taklamakan, gibt (HerbaSinica Hilsdorf GmbH und Zhong Mai 2009; Heubl 2013; Lopez-Pujol und Zhao 2004). Wenn gleich die Daten, mit denen Abb. 3.3 erstellt wurde, aus heutiger Zeit stammen, so ähnelt die heutige Vegetation Chinas sehr der Vegetation des bisherigen gesamten Holozäns (Zhou 2015). Das Holozän ist das jüngste Erdzeitalter, das die Warmzeit nach der letzten Eiszeit von ca. 11.000 v. Chr. bis heute umschließt. Trotz seiner unterschiedlich ausgeprägten Phasen (Mesch 2011), die auch China erfassten (Zhou 2015), zeichnet es sich nämlich durch ein relativ stabiles Klima aus (Mesch 2011). Diese Zeit schließt auch die gesamte Entstehungs- und Entwicklungszeit der TCM mit ein, sodass vermutlich die hohe Pflanzenvielfalt vor Ort die Komplexizität der pflanzlichen CHM-Arzneimittel gefördert hat. Abb. 3.3 zeigt auch eine relativ große Pflanzenvielfalt in Indien, welches ebenfalls über unterschiedlich topographische (Chand und Puri 1983, Neuaufl 2013) und klimatische (Peel et al. 2007) Gegebenheiten verfügt und in seinen traditionellen Medizinrichtungen insgesamt etwas mehr als 7500 (Mukherjee und Wahile 2006; Debelle et al. 2008) verwendete Arzneipflanzenarten aufweist. In der CHM hingegen sind es, wie schon aufgeführt, 11.300 (Chan 2005)[1] Heilpflanzenarten und damit fast genau 50 % mehr als in der traditionellen Medizin Indiens. Auch für die *Bryophyta* (Moose), die zusammen mit

[1] (Huang und Oldfield 2015) geben mit 11.000 Heilpflanzenarten in China eine ähnliche Größenordnung an.

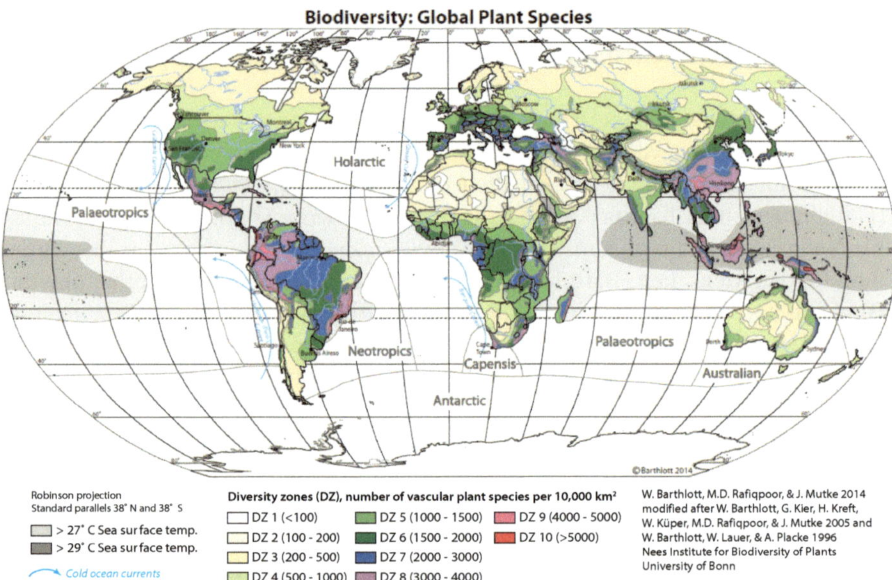

Abb. 3.3 Globale Biodiversität der *Tracheophyta* (Gefäßpflanzen) (Barthlott et al. 2014) (mit freundlicher Genehmigung von Prof. Wilhelm Barthlott und Dr. M. Daud Rafiqpoor (Nees-Institut Bonn, Dtld.))

den *Tracheophyta* (Gefäßpflanzen) das Reich der *Embryophyta* (Landpflanzen) bilden (Mishler 2001), besteht in China beim weltweiten Vergleich eine je nach chinesischer Region mittlere bis recht hohe Biodiversität (Mutke und Barthlott 2005). Obwohl *Bryophyta* aufgrund ihrer deutlich geringeren Biomasse als *Tracheophyta* möglicherweise einen unbedeutenden Eindruck bei vielen Menschen erwecken könnten und über ihre pharmakologischen Eigenschaften bisher auch nur wenig bekannt ist, verfügen sie weltweit über einen hohen Stellenwert in traditioneller Medizin wie der CHM (Chandra et al. 2016; Harris 2008). Dies kann u. a. durch das eingangs erwähnte umfangreiche Werk *Běncǎo Gāngmù* belegt werden, das seinen medizinischen Fokus auch auf *Bryophyta* wirft (Ma und Shevock 2015). Dabei dürfte eine höhere Biodiversität in einigen Landesregionen förderlich für eine höhere Wahrscheinlichkeit ihres therapeutischen Einsatzes sein.

Da China mit wenigen anderen Regionen der Erde nicht nur bei den *Tracheophyta* sondern eben auch bei den *Bryophyta* und damit bei *Embryophyta* einen der höchsten Ränge der Biodiversität belegt, stellt es folglich einen „Hotspot" dar (Mutke und Barthlott 2005). Dies dürften die besten Voraussetzungen dafür sein, dass sich in solchen Regionen über einen längeren Zeitraum hinweg bei kaum veränderter Quantität als auch Qualität der Flora eine traditionelle Medizin mit einem hohen Schatz an Heilpflanzendrogen bildet, wie es bei der CHM der Fall ist. Diese These kann z. B. damit untermauert werden, dass die in China beheimateten 200 *Aconitum*-Arten (Eisenhut-Arten; Fam.: *Ranunculaceae*) 2/3 der global vorkommenden Arten der Gattung *Aconitum* bilden und von diesen zahlreiche Arten in der CHM Verwendung finden.

3.3 Wirkung von *Pàozhì*-Verfahren am Beispiel der Toxizitätsminderung der hochgiftigen Eisenhutwurzel

Einer der wichtigsten Gründe für *Pàozhì*–Verfahren ist die Minderung der Toxizität von Arzneidrogen bzw. letztendlich deren Zubereitungen. Nicht nur der Gehalt an giftigem Strychnin im analgetisch wirkenden *Semen Strychni* (*Nux vomica*, Samen der Brechnuss, *mǎqiánzǐ* (马钱子); Fam.: *Loganiaceae*) kann dabei deutlich reduziert werden (Zhao et al. 2010; Choi et al. 2004; Cai et al. 1996), sondern auch die Toxizität der giftigsten CHM-Arzneidroge, *Aconitum carmichaelii* Debeaux (Herbsteisenhut; Fam.: *Ranunculaceae*) (Focks et al. 2010; Zhou et al. 2015). Diese weist ebenfalls wie *Semen Strychni* den Effekt eines Schmerzmittels auf (Zhou et al. 2015; Bisset 1981; Singhuber et al. 2009). *Aconitum carmichaelii* gehört zu den weltweit 300 bekannten *Aconitum*-Arten, deren Pflanzenteile alle giftig sind, wobei ihre Wurzeln und Blüten die giftigsten Bestandteile darstellen (Nyirimigabo et al. 2015). *Aconitum napellus* L. (Abb. 3.4) ist in Europa die wichtigste Eisenhutart (Singhuber et al. 2009) und gehört zu den 200 in China beheimateten *Aconitum*-Arten, die, wie schon in Abschn. 3.2 erwähnt, folglich 2/3 der global vorkommenden Arten bilden und von denen in der CHM zahlreiche Arten eingesetzt werden (Schneider und Hiller 1999). In der ChP (Ausgabe 2010 (The State Chinese Pharmacopoeia Commission of the People's Republic of China 2010)) sind von diesen jedoch nur die Wurzeln von zwei Arten aufgeführt, welche in der CHM auch am meisten eingesetzt werden. Bei diesen handelt es sich zum einen um *Aconitum carmichaeli* Debeaux in Form von *Radix Aconiti carmichaelii* (allgemeine Bezeichnung der Wurzeln: *chuānwū* (川乌); Hauptwurzel: *chuānwūtóu* (川乌头)) bzw. *Radix lateralis Aconiti carmichaelii* (*fùzǐ* (附子)) für die Bezeichnung der Seitenwurzeln. Bei der anderen für die CHM wichtigen *Aconitum*-Art handelt es sich um die Arzneidroge *Radix Aconiti kusnezoffii var.* Rchb (Kusnezoff-Eisenhut Varietät Reichenbach, *cǎowū* (草乌))[2] (Nyirimigabo et al. 2015; Csupor et al. 2009; Singhuber et al. 2009; The State Chinese Pharmacopoeia Commission of the People's Republic of China 2010). Auch wenn in China nur die Einnahme der *Aconitum*-Wurzeln in vorbehandelter Form erlaubt ist (Singhuber et al. 2009; Nyirimigabo et al. 2015), so sind aus Asien und Europa einige Vergiftungsfälle mit *Aconitum* durch unzureichende oder sogar fehlende *Pàozhì* bekannt (Nyirimigabo et al. 2015). Vergiftungserscheinungen können aber auch durch andere unsachgemäße Verwendungen wie Überdosierung, unvorschriftsmäßige Dekokt-Zubereitung oder falsche Kombination mit anderen Arzneidrogen hervorgerufen werden (Zhou et al. 2015; Ploberger 2007). Sie kennzeichnen sich je nach Schwere und Dauer der körperlichen Einwirkung von leichten Sensibilitätsstörungen bis hin zu Bewusstseinsverlust, Atemstillstand und Herzversagen (Zhou et al. 2015; Ploberger 2007). Um *Aconitum* nicht nur in homöopathischen Dosen (Schneider und Hiller 1999) sondern auch in größeren Mengen für medizinische Zwecke einsetzen zu können, haben sich über die Jahrhunderte in der CHM fünf unterschiedliche traditionelle Entgiftungsverfah-

[2] Die entsprechenden Arzneidrogen nach erfolgten *Pàozhì* enthalten in ihren lateinischen Bezeichnungen den Zusatz *preparata* bzw. in der *Pīnyīn*-Schreibweise *zhì* (制).

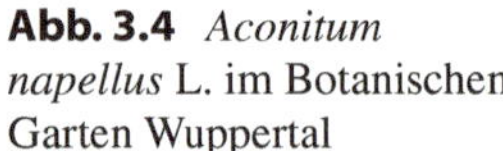

Abb. 3.4 *Aconitum napellus* L. im Botanischen Garten Wuppertal

ren für *Radix Aconiti carmichaelii* entwickelt, in denen die Hauptwurzel oder auch die lateralen Wurzeln in kochsalzhaltigem Wasser eingeweicht, gekocht, gedämpft oder auch geröstet werden (Zhou et al. 2015; The State Chinese Pharmacopoeia Commission of the People's Republic of China 2005; Hänsel et al. 1992; Singhuber et al. 2009; Zhao et al. 2010). In der Neuzeit konnte mittlerweile der chemische Hintergrund der Jahrhunderte alten klassischen *Pàozhì* zur Entgiftung der *Aconitum*-Wurzeln wissenschaftlich aufgeklärt werden. Die hohe Toxizität der *Aconitum*-Arten beruht auf der Anwesenheit der neurologisch wirkenden Diester-Alkaloide Aconitin, Hypaconitin und Mesaconitin (Focks et al. 2010; Zhou et al. 2015; Schneider und Hiller 1999), die nach Csupor et al. (Csupor et al. 2009) den Hauptanteil der Alkaloide in *Radix Aconiti carmichaelii* bilden. Diese werden, wie in Abb. 3.5 verdeutlicht, während der *Pàozhì* an der C8- bzw. C14-Position hydrolytisch zu den Monoestern Benzoylaconin, Benzoylhypaconin und Benzoylmesaconin bzw. den unveresterten Alkaloiden Aconin, Hypaconin und Mesaconin gespalten. Dabei reduziert sich mit abnehmenden Veresterungsgrad die Toxizität erheblich (Focks et al. 2010; Zhou et al. 2015; Singhuber et al. 2009), was durch die entsprechenden LD_{50}-Werte (LD_{50}: letale Dosis bei 50 % der untersuchten Lebewesen) der jeweils überwiegenden Alkaloide untermauert werden kann (siehe Tab. 3.1). Wird *Radix Aconiti carmichaelii* thermisch behandelt, kann auch die C8-Acetoxygruppe

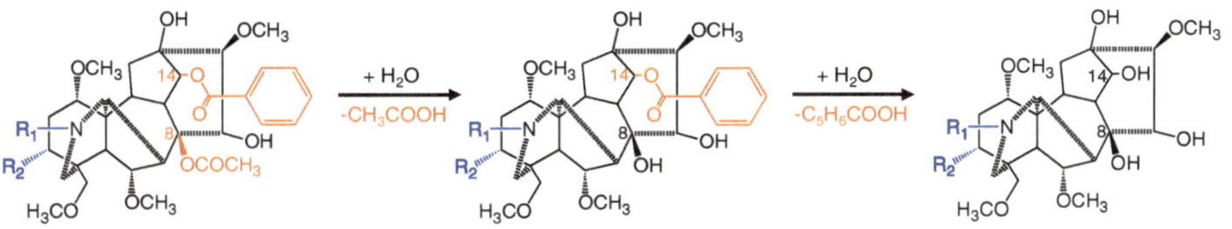

R^1	R^2	I	II	III
C_2H_5	OH	Aconitin	Benzoylaconin	Aconin
CH_3	OH	Mesaconitin	Benzoylmesaconin	Mesaconin
CH_3	H	Hypaconitin	Benzoylhypaconin	Hypaconin

Abb. 3.5 Schema der hydrolytischen Spaltung der Diester-Alkohole des Eisenhuts (Singhuber et al. 2009; Nyirimigabo et al. 2015; Zhou et al. 2015)

Tab. 3.1 LD_{50}-Werte [mg/kg Körpergewicht] für einige *Aconitum*-Alkaloide für die intravenöse (i. v.) bzw. intraperitoneale (i. p.) Applikation bei der Maus (k. a.: keine Angabe in der Literatur, wenn gleich nach Becker (Becker 2013) Aconin, Mesconin und Hypaconin ca. 1000-fach weniger giftig sein sollen als die Alkaloide von Gruppe I)

	I	II	III
	Aconitin	**Benzoylaconin**	**Aconin**
i. v.[1, 2]	0,12	23	120
i. p. [1, 2]	0,3	70	k. A.
	Mesaconitin	**Benzoylmesaconin**	**Mesaconin**
i. v.[1]	0,10–0,13	21	k. A.
i. p.[1, 3]	0,2–0,3	40–50; 240	300–330
	Hypaconitin	**Benzoylhypaconin**	**Hypaconin**
i. v.[1]	0,47	23	k. A.
i. p.[1]	1,10	120	k. A.

[1](Bisset 1981); [2](Wada et al. 2005); [3](Goto 1956)

der Diester-Alkaloide durch funktionelle Fettsäuregruppen ausgetauscht werden. Dadurch entstehen Lipo-Alkaloide wie Lipoaconitin, Lipohypaconitin oder Lipomesaconitin, die ebenfalls eine deutlich geringere Toxizität aufweisen als die Ausgangsstoffe (Zhou et al. 2015; Hänsel et al. 1992; Csupor et al. 2009). Bei korrekt durchgeführter Vorbehandlung kann sich die Toxizität gegenüber der unbehandelten und giftigen Wurzel um das 20.000- bis 40.000-fache reduzieren (Chen et al. 2004). Das Kochwasser sollte nach der Vorbehandlung verworfen werden, da es laut Csupor et al. neben den weniger toxischen Benzoylmesaconin, Aconin und Lipo-Alkaloiden auch aus der Wurzel ausgewaschenes sehr giftiges Aconitin enthält (Csupor et al. 2009). Wird die in Salzwasser eingelegte und danach gekochte Herbsteisenhutwurzel anschließend noch als Dekokt weiterverarbeitet, ist die Resttoxizität ihrer vorbehandelten Form (Nyirimigabo et al. 2015; Csupor et al. 2009; Singhuber et al. 2009) beseitigt, sodass sie komplett ungiftig geworden ist (Zhou et al. 2015). Falls sie jedoch nicht abschließend als Dekokt zubereitet wird, sollte die Wahl ihrer Dosierung mit einer gewissen Vorsicht durch einen seriösen TCM-Arzt erfolgen. Ferner sollte für eine gute Qualitätskontrolle bei *Aconitum*-Arzneidrogen mindestens eine Quantifizierung der Diester-Alkaloide vom Aconitin-Typ sozusagen als chemischer Marker durchgeführt werden, um den Grad der Toxizität sicher deklarieren zu können (Nyirimigabo et al. 2015; Csupor et al. 2009; Singhuber et al. 2009). Neben der Reduzierung der Toxizität bleibt der antinozizeptive Effekt der *Aconitum*-Wurzeln durch die *Pàozhì* erhalten bzw. erfolgt sogar noch ein leichter Anstieg der COX-2-Hemmung (COX-2: Cyclooxygenase 2) (Csupor et al. 2009; Zhou et al. 2015; Zhao et al. 2010). In einigen TCM-Schriften wird statt der eben beschriebenen *Pàozhì* zur Entgiftung der *Aconitum*-Wurzeln der Zusatz von anderen Heilpflanzen wie *Radix Glycyrrhizae*, *Panax ginseng*, *Rhizoma Pinelliae* (Pinellien-Rhizom, *bànxià* (半夏); Fam.: *Araceae*) oder *Rhizoma Zingiberis recens* (frische Ingwerwurzel, *shēngjiāng* (生姜); Fam.: *Zingiberaceae*) vorgeschlagen (Du 2008; Ploberger 2007; Chen et al. 2004). Wissenschaftlich erklärbar dafür scheint mittlerweile zumindest der giftigkeitsmindernde Effekt einiger Inhaltsstoffe von *Radix Glycyrrhizae*, die im Körper in Form einer Art Gegenspieler zu den hochtoxischen Diester-Alkaloiden wirken (Zhou et al. 2015; Zhang et al. 2013). Während *Rhizoma Pinelliae praeparatae* (Pinellien-Rhizom in vorbehandelter Form) die Hydrolyse der *Aconitum*-Diester-Alkaloide zu den Monoestern begünstigt und dadurch die Giftigkeit der *Aconitum*-Wurzel im Dekokt reduziert (Du 2008), erniedrigt das nicht vorbehandelte *Rhizoma Pinelliae* den pH-Wert des *Aconitum*-Dekokts (Shaw 2010) und hemmt dadurch die Hydrolyse der Alkaloide zu den ungiftigeren Abkömmlingen (Du 2008; Singhuber et al. 2009; Shaw 2010). Somit kann eine Arzneidroge nicht nur einen positiven pharmakologischen Effekt auf eine andere Arzneidroge bewirken, sondern auch Nebenwirkungen verstärken (Zhou et al. 2015). Deshalb führt die TCM-Literatur 18 Arzneidrogen auf, die laut den Angaben der CHM auf keinen Fall miteinander kombiniert werden sollten („Achtzehn Unverträglichkeiten") und zu denen z. B. die Kombination von *Rhizoma Pinelliae* mit *Aconitum* gehört. Allerdings stehen wissenschaftlich fundierte Begründungen für mögliche Wechselwirkungen dieser untereinander bisher größtenteils noch aus (Zhou et al. 2015; Shaw 2010).

3.4 Aktuelle Vorbehandlungsmethoden im Osten und Westen

Zwar wurden schon in klassischen Schriften *Pàozhì*–Verfahren für unbehandelte Arzneidrogen aufgeführt, aber erst in der von Léi Xiào (雷敩, 420 bis 479 n. Chr.) niedergeschriebenen Schrift *Léi Gōng Pàozhì Lùn* (雷公炮炙论, „Leis Abhandlung über Arzneidrogenpräparationen") wurde eine systematische Angabe zu den *Pàozhì*–Verfahren aufgestellt. Später folgten weitere Werke zu dem Thema, wie z. B. die ChP (Focks et al. 2010; Zhao et al. 2010). Dadurch sind zahlreiche *Pàozhì*–Verfahren bekannt, zu denen noch eine Fülle an weiteren Methoden dazu gezählt werden müssen, die nicht schriftlich fixiert worden sind. Außerdem gibt es von diesen

Methoden je nach Provinz oder Bezirk in China zahlreiche Varianten sowohl für die Verfahren selbst als auch für ihre Zusätze (Zhao et al. 2010). Da die traditionellen *Pàozhì* oft zeitaufwendig, arbeitsintensiv und manchmal auch kostenintensiv sind und meist nicht mit der Schnelllebigkeit heutiger westlicher Einflüsse einer Gesellschaft in Einklang zu bringen sind, werden sie mittlerweile in China oft nur in vereinfachter, billigerer und zeitlich kürzerer Art und Weise durchgeführt. Dies führt nicht selten zu einer schlechteren Qualität der vorbehandelten Arzneidroge. Es ist auch möglich, dass einige Arzneidrogen aufgrund ihrer aufwendigeren *Pàozhì* nur noch selten käuflich zu erwerben sind. Aufgrund der niedrigen Gewinnmarge für die Durchführung der traditionellen *Pàozhì* finden sich immer weniger interessierte Auszubildende für diese Handwerkskunst. Des Weiteren können die Methoden so raffiniert und kriminell verfälscht werden, dass die Arzneidrogen äußerlich den Anschein wie das höherwertige Original haben, das mit der richtigen *Pàozhì* behandelt wurde. In solchen Fällen kann nur eine chemisch-analytische Methode, wie z. B. die Dünnschichtchromatographie (*Thin Layer Chromatography*, TLC) oder die Hochleistungs-Flüssigchromatographie (HPLC, *High Performance Liquid Chromatography*), das Produkt als Fälschung entlarven (Zhong 2015; HerbaSinica Hilsdorf GmbH und Zhong 2014). Da es bisher allerdings noch zu wenig ausreichende Untersuchungen zu chemischen und pharmakologischen Veränderungen von chinesischen Heilpflanzendrogen durch die entsprechenden Vorbehandlungsverfahren gibt, sollten diese nach modernen wissenschaftlichen Techniken untersucht werden. Zudem weist die ChP (Ausgabe 2010 (The State Chinese Pharmacopoeia Commission of the People's Republic of China 2010)) für vorbehandelte Heilpflanzendrogen keine ausreichenden Angaben für einen Qualitätsstandard auf. Deshalb sollten zur Aufklärung und Qualitätskontrolle geeignete chemische Markersubstanzen der jeweiligen Heilpflanzendroge bestimmt werden, die die optimalen Bedingungen (z. B. richtige Wahl von Temperatur, Behandlungszeit, Menge der Hilfsstoffe wie z. B. Essig u. a.) einzelner Vorbehandlungsmethoden für die entsprechende Heilpflanzendroge widerspiegeln. Im Vorfeld sollten dazu pharmakologische Untersuchungen durchgeführt werden, um das Optimum des Vorbehandlungsprozesses, das die beste pharmakologische Wirkung bzw. damit auch verbunden die geringste Toxizität im fertigen Arzneimittel aufweist, zu ermitteln (Zhao et al. 2010). Da die Zufuhr von Hitze mittels Feuer für die Vorbehandlung relativ individuell vom Ausübenden abhängig ist, sollten zukünftige Verfahren mit Wärmezufuhr zur Reproduzierbarkeit Ferninfrarot oder Mikrowellen verwenden, da damit die Stärke und die Einwirkzeit der Wärmezufuhr leicht regelbar sind und es den Vorteil der Zeit- und Arbeitsersparnis gibt (Zhao et al. 2010). So können durch flächendeckende Einführung von GMP-Richtlinien (GMP, *Good Manufacturing Practice*), Dokumentationen, Standardisierungen, Aufführung der *Pàozhì* in den entsprechenden Arzneibuch-Monographien, eine staatliche Überwachung zur Unterbindung der kriminellen Handlungen mit CHM-Arzneipflanzendrogen sowie die Einführung regelmäßiger Kontrollen (z. B. durch Behörden) absichtlich hergestellte Nachahmungen leichter entdeckt und vom Markt genommen und damit die Sicherheit und Wirksamkeit der CHM für den Patienten erhöht werden (Zhong 2015; HerbaSinica Hilsdorf GmbH und Zhong 2014).

Im Westen können Großhändler, die die sogenannten TCM-spezialisierten Apotheken beliefern, nicht alle Heilpflanzen- und Heilpilzdrogen in allen möglichen aufbereiteten Zuständen bereitstellen. Die Durchführung von *Pàozhì* und die anschließende Qualitätskontrolle der oft relativ kleinen Mengen würden dem Großhändler nämlich deutlich höhere Kosten verursachen. Deshalb müssten die von ihm in der gewünschten vorbehandelten Form nicht lieferbaren Arzneidrogen in den Apotheken selbst vorbehandelt werden. Dies würde aber eine zusätzliche Schulungsbelastung und einen deutlichen Mehraufwand der Apotheken bedeuten. Da das Endergebnis einer durch *Pàozhì* aufbereiteten Arzneidroge aber möglicherweise durch die Parameter Temperatur und Dauer der Behandlung sowie Art und Konzentration eines eventuell eingesetzten Hilfsstoffs beeinflusst werden kann und um reproduzierbare Ergebnisse für die bis heute nicht normierten *Pàozhì*–Verfahren zu erhalten, sollte ihre Durchführung zwingend dem sachkundigem Personal überlassen werden (Herbasin Hilsdorf GmbH und Zhong 2007b; HerbaSinica Hilsdorf GmbH und Zhong Juli 2012a; HerbaSinica Hilsdorf GmbH und Zhong Dezember 2012b).

Obwohl eine Heilpflanzendroge nach unterschiedlichen Verfahren behandelt wird, wird die therapeutische Wirkung oft als gleichwertig betrachtet und wird für alle Varianten der gleiche lateinische pharmakologische Name verwendet (z. B. *Radix et Rhizoma Rhei preparata)* (vorbehandelte Rhabarberwurzel und -wurzelstock, *dàhuáng* (大黄); Fam.: *Polygonaceae*) für *jiǔdàhuáng* (酒大黄, Rhabarber pfannengerührt mit Wein), *dàhuángshú* (大黄熟, Rhabarber geschmort oder gedämpft mit Wein) oder *dàhuángtàn* (大黄碳, Rhabarber verkohlt) (Zhao et al. 2010). Somit sollte der lateinische Name entsprechend mit der Art der Vorbehandlung ergänzt werden. Ob die unterschiedlich verarbeiteten Heilpflanzendrogen wirklich alle therapeutisch gleichwertig sind, müsste genauer untersucht werden. Es kann nämlich nicht ausgeschlossen werden, dass sich durch unterschiedliche *Pàozhì*–Verfahren unterschiedliche Inhaltsstoffe neu bilden, abgebaut werden oder chemisch verändern können. Für Aussagen zur therapeutischen Gleichwertigkeit bzw. Unterschiedlichkeit der ursprünglich gleichen aber jeweils anders vorbehandelten Arzneipflanzendroge müssen genauere Untersuchungen bzw. Langzeitstudien in der ärztlichen Praxis durchgeführt werden, wobei Namensverwechslungen bei Verwendung von lateinischen anstelle chinesischer Heilpflanzennamen ausschließbar sein dürften. Eine Ergänzung mit dem latenischen Namenszusatz des jeweiligen durchgeführten *Pàozhì*–Verfahrens scheint sinnvoll.

3.5 Zusammensetzung und pharmakologische Wirkweise von Rezepturen

Da Rezepturen durch die gleichzeitige Verwendung von unterschiedlichen Arzneidrogen den maximalen Therapieerfolg bei minimalen Nebenwirkungen und größerem Wirkungsspektrum aufweisen, sind sie in der CHM gebräuchlicher als Arzneidrogen in Einzelform (Chen et al. 2004; Ploberger 2007; Stöger 2010; Hou und Jin 2005). Im Gegensatz zur westlichen Medizin, in der jedem Medikament ein Beipackzettel mit Angaben zu möglichen Nebenwirkungen beiliegt, wird in der CHM dieser Beipackzettel sozusagen durch den Zusatz weiterer Arzneidrogen vermieden, wenngleich zumindest heutige OTC-Pillen (engl. *Over the counter* = über die Ladentheke, frei verkäuflich) oft auch Beipackzettel enthalten. Diese geben meist die verwendeten Arzneidrogen der Rezeptur u. a. auch deren letzte Vorbehandlung, wie z. B. Rösten in Honig, sowie gewisse Ratschläge, wie z. B. bei Unwohlsein nach Einnahme und Empfehlungen sowie Sicherheitshinweise (z. B. bei Kindern und Schwangeren) wieder. Eine Rezeptur (*fāngjì* (方剂), *chǔfāng* (处方) oder kurz *fāng* (方) genannt) besteht nämlich i. d. R. aus einer Kombination von 2 bis 15 Drogen (Hohmann 2008) bzw. genauer gesagt, stellten Yi et al. fest, dass von den ihnen bekannten 11.810 traditionellen CHM-Rezepturen über 92 % aus maximal 13 Arzneidrogen bestehen (Yi und Chang 2004). Die Zusammenstellung von Arzneidrogen zu einer traditionellen CHM-Rezeptur ist nicht willkürlich, sondern erfolgt unter dem Aspekt, dass ihre einzelnen Bestandteile gegenseitig Einfluss aufeinander nehmen und sich in ihren Wirkungen ergänzen. Allerdings ergibt sich die Gesamtwirkung einer Rezeptur nicht aus der einfachen Addition der pharmakologischen Wirkung der für das Rezept ausgewählten einzelnen Arzneidrogen, sondern durch die synergetischen Wechselwirkungen dieser untereinander. Deshalb hält die CHM eine gleichzeitige Behandlung mehrerer Angriffsziele im Körper des Patienten für möglich (Jia et al. 2003, 2004). Beispielsweise erfolgt neben der milden herzstärkenden Wirkung von *Radix Aconiti praeparata* bei Zugabe von *Rhizoma Zingiberis* (getrockneter Ingwer, *gānjiāng* (干姜)) ein Anstieg der Herzmuskelkontraktion und eine Erweiterung der Koronararterie (Focks et al. 2010; Ploberger 2007).

Eine Rezeptur in der TCM ist hierarchisch aufgebaut aus sogenannter Kaiser-, Minister-, Assistenten- und Botendroge. Während Assistenten- und Botendroge nicht zwingend in der Rezeptur vorhanden sein müssen, besonders wenn Kaiser- und Ministerdroge ungiftig sind, so sollte auf jeden Fall Kaiser- und Ministerdroge in der Rezeptur enthalten sein (Focks et al. 2010; Ploberger 2007). Weil der Kaiser im Alten China die wichtigste Respektsperson war (Focks et al. 2010; Stöger 2010; Ploberger 2007), heißt auch die wichtigste Arzneidroge einer Rezeptur, die die Hauptsymptome behandelt und damit für die Hauptwirkung verantwortlich ist, Kaiserdroge (*jūn* (君) = Kaiser, Herrscher, Leitsubstanz) (Focks et al. 2010; Stöger 2010; Ploberger 2007; Hohmann 2008; Hou und Jin 2005; Chen et al. 2013; Herbasin Hilsdorf GmbH und Zhong 2007a). Ähnlich wie der Minister am Hof dem Kaiser dient, unterstützt die Ministerdroge (*chén* (臣) = Minister, Adjutant, Partnersubstanz) die Kaiserdroge bei der Behandlung des Hauptsymptoms und lindert die Nebensymptome der Krankheit. Die Assistentendroge (*zuǒ* (佐) = Helfer, Assistent) verstärkt die Wirkung der Kaiser- und der Ministerdroge, vermindert als Antagonist deren mögliche Toxizität und Nebenwirkungen und wirkt gegen die Nebensymptome der Krankheit (Stöger 2010; Ploberger 2007; Focks et al. 2010; Hohmann 2008; Chen et al. 2013; Herbasin Hilsdorf GmbH und Zhong 2007a). Die Botendroge (*shǐ* (使) = Bote, Übermittler, Gesandter) leitet die Wirkung auf eine bestimmte Körperregion oder einen bestimmten Meridian hin und soll die Wirkung der Rezeptur harmonisieren (Stöger 2010; Ploberger 2007; Focks et al. 2010; Hempen und Fischer 2009; Herbasin Hilsdorf GmbH und Zhong 2007a). Der erste biochemische Beweis für eine optimierte Wirkung einer einzelnen Arzneidroge durch das Hinzufügen von weiteren Arzneidrogen zu einer Rezeptur und damit die Bestätigung der Theorie über die hierarchische Einteilung der einzelnen Rezepturbestandteile gelang Wang et al. (Wang et al. 2008). Dafür stellten sie in den 1980er-Jahren nach den Regeln der CHM eine Rezeptur aus dem Arsenmineral As_4S_4 (Realgar), dem blauen Farbstoff *Indigo naturalis* (*qīngdài* (青黛)) sowie den Heilpflanzendrogen *Radix Salviae miltiorrhizae* (Rotwurzelsalbei, *dānshēn* (丹参); Fam.: *Lamiaceae*) und *Radix Pseudostellariae* (Pseudostellariawurzel, *tàizǐshēn* (太子参); Fam.: *Caryophyllaceae*) zusammen, deren hohe Wirksamkeit gegen akute polymyelocytische Leukämie durch klinische Studien bestätigt werden konnte. As_4S_4 entspricht darin der Kaiserdroge, die durch die drei anderen Arzneidrogen in ihrer Wirkung unterstützt wird. As_4S_4 setzt Arsen frei, das die Onkoproteine der Krebszellen angreift. Parallel dazu stellt *Indigo naturalis* die Assistentendroge mit dem Wirkstoff Indirubin, einem Bisindol-Alkaloid, dar, der die Toxizität des freigesetzten Arsens mindert und gleichzeitig die Geschwindigkeit des Krebszellenwachstums reduziert. Daneben verstärkt sich Indirubin synergistisch mit dem Wirkstoff Tanshinon IIA aus *Radix Salviae miltiorrhizae* in seiner *in vitro*- und *in vivo*-Wirkung dadurch, dass *Radix Salviae miltiorrhizae* als Botendroge die Synthese von Transportproteinen für Arsen in die Zelle erhöht. Des Weiteren fördert Tanshinon IIA die Stoffwechselwege, die eine weitere Leukämieaktivität blockieren. Damit besitzt *Radix Salviae miltiorrhizae* auch die Funktion einer Ministerdroge (Chen et al. 2013; Wang et al. 2008; Soignet et al. 1998; Biermann 2008).

In der CHM werden Rezepturen entweder nach alten traditionellen Rezepturbeschreibungen, die sich meist über eine lange Zeit von Jahrhunderten bewährt haben, zusammengestellt oder durch Abwandlungen individuell an die Diagnose bzw. den Patienten angepasst, wie es in China sehr populär ist (Stöger 2010; Ploberger 2007; Hou und Jin 2005). Dies kann durch Hinzufügen (*jiāwèi* (加味) = wortwörtlich: Gewürz hinzugeben, Zahl an Arzneimitteln hinzugeben) oder durch Hinzufügen und gleichzeitiges Weglassen (*jiājiăn* (加减) = wortwörtlich plus-minus) bestimmter Arzneidrogen in der Rezeptur erfolgen. Je nach Fall wird dann dem ursprünglichen Rezepturnamen der Begriff *jiāwèi* bzw. *jiājiăn* zugefügt (Ploberger 2007)[3]. Für das Zusammenstellen einer Rezeptur aus mehreren Arzneidrogen ist ein umfangreiches Wissen über die Kombination der einzelnen Bestandteile erforderlich, zumal dadurch weder die Wirksamkeit vermindert noch unerwünschte Reaktionen hervorgerufen werden sollen (Chen et al. 2004; Ploberger 2007; Hempen und Fischer 2009). Deshalb gibt es für die richtige Zusammenstellung Richtlinien, die in klassischen Werken über die chinesische Arzneidrogenkunde aufgeführt werden (Chen et al. 2004; Ploberger 2007; Herbasin Hilsdorf GmbH und Zhong 2007a; Hempen und Fischer 2009). Dazu gehören u. a. die schon erwähnten sogenannten

[3] Ploberger (Ploberger 2007) gibt den Sachverhalt anders wider, indem er *jiājiăn* als ausschließliches Weglassen von Arzneidrogen in einer traditionellen Rezeptur beschreibt. Laut Übersetzungshilfe Yabla (Yabla Inc.) und Scheid (Scheid 2002) sowie durch logisches Kombinieren am Beispiel der Rezeptur *Bāzhèng Săn* (八正散) im Vergleich zu *Bāzhèng Săn Jiājiăn* (八正散加减) (Kubiena 2013) muss es aber unserer Meinung nach bei *jiājiăn* um gleichzeitiges Hinzufügen und Weglassen von Arzneidrogen handeln.

„Achtzehn Unverträglichkeiten" (*shíbāfǎn* (十八反)), eine klassische Liste mit 18 unvereinbaren überwiegend pflanzlichen Arzneidrogen, die miteinander unverträgliche Interaktionen eingehen. Zusätzlich existiert in der CHM eine klassische Liste mit 19 Arzneidrogenkombinationen, die unter der Bezeichnung „Neunzehn Feindseligkeiten" (*shíjiǔwèi* (十九畏)) zu finden sind, weil die dort aufgeführten Arzneidrogen untereinander entgegenwirkend reagieren. Die aufgeführten Kombinationen basieren – wie viele andere Aspekte in der TCM – auf praktischen innerhalb der Jahrhunderte gemachten Erfahrungen und sollen den Patienten vor möglichen Nebenwirkungen oder toxischen Reaktionen schützen (Hempen und Fischer 2009; HerbaSinica Hilsdorf GmbH und Zhong 2010; Herbasin Hilsdorf GmbH und Zhong 2007a; Su et al. 2016).

Moderne pharmakologische Untersuchungen konnten mittlerweile untermauern, dass die traditionellen Rezepturen über die Jahrhunderte immer weiter optimiert wurden. Wird nämlich bei einer traditionellen Rezeptur ein Bestandteil weggelassen, kann die pharmakologische Wirkung gegenüber der ursprünglichen Rezeptur herabgesetzt oder sogar komplett verschwunden sein. Auch die Art der Zubereitung einer Rezeptur kann einen signifikanten Unterschied bewirken. Das zeigt sich beispielsweise beim Dekokt *Mah Shing Gun Shi Tang*[4], das gegen Husten wirkt und neben drei anderen Bestandteilen das hustenlindernde Ephedrakraut (*Herba Ephedrae*) enthält. Wird bei der Herstellung dieses Dekokts *Herba Ephedrae* weggelassen, zeigt es keine hustenlindernde Wirkung mehr. Wird jedoch für das Dekokt ausschließlich *Herba Ephedrae* eingesetzt, ist es deutlich weniger wirksam als das klassische aus allen vier Bestandteilen. Zudem ist die klassische Rezeptur auch wirksamer als eine Mischung aus den Einzeldekokten aller vier Bestandteile. In diesem Fall zeigt dasjenige Dekokt die größte Wirkung und die längste Wirkdauer, das nach alter klassischer Rezeptur hergestellt wurde. In Letzterem konnte nämlich ein deutlich höherer Wirkstoffgehalt an Ephedrin und Pseudoephedrin als in der Mischung der Einzeldekokte bestimmt werden, zumal durch analytischen Vergleich der beiden Dekokte mittels HPLC weder ein neuer Wirkstoff noch eine Reduzierung der Toxizität von Ephedrin in der klassischen Rezeptur nachweisbar ist. Somit scheint der Zusatz der anderen drei Rezepturbestandteile die Wirkung von *Herba Ephedrae* während des gemeinsamen Aufkochungsprozesses bei der Dekoktherstellung zu verstärken (Hosoya 1985). Folglich kann bei Verwendung von mehreren Arzneidrogen für ein Dekokt die Übergangsquote von Inhaltsstoffen in die Kochlösung durch ein oder mehrere Einzeldrogen gesteigert oder reduziert werden, wie dies z. B. durch deren pH-Wert bzw. der sich einstellende pH-Wert aller Bestandteile der Rezeptur beeinflusst werden kann (HerbaSinica Hilsdorf GmbH und Zhong 2011). Solange somit die richtigen Arzneidrogen miteinander kombiniert werden, können sich auch neue Substanzen mit synergistischem Effekt bilden und dadurch

[4] *Mah Shing Gun Shi Tang,* genannt in (Hosoya 1985), müsste in korrekter *Pīnyīn*-Schreibweise *máxìnggānshítāng* (麻杏甘石汤) heißen, wobei diese Bezeichnung auf den Kurzformnamen der Rezepturbestandteile ***má****huáng* (麻黄, *Herba Ephedrae*), ***xìng****rén* (杏仁, *Semen Armeniacae*, Aprikosenkern), ***gān****cǎo* (甘草, *Radix Glycyrrhizae*, Süßholzwurzel), ***shí****gāo* (石膏, Gips $CaSO_4 \cdot 2H_2O$) und der Darreichungsform ***tāng*** (汤 Dekokt) basiert.

die Therapie noch wirksamer werden lassen. Zudem werden unerwünschte Nebenwirkungen deutlich reduziert und toxische Eigenschaften im Idealfall neutralisiert (Hempen und Fischer 2009; Hou und Jin 2005; HerbaSinica Hilsdorf GmbH und Zhong 2011).

Die CHM weist eine Unmenge an existierenden Rezepturen auf. Laut Aussagen von Ploberger umfasst die *Materia Medica* der TCM über 40.000 Rezepturen und mehrere Tausend einzelne Arzneidrogen (Ploberger 2007). Hou und Jin sprechen von über 80.000 entwickelten Rezepturen für die Zeit von ca. 2100 v. Chr.[5] bis heute (Hou und Jin 2005). Stone berichtet sogar von 400.000 Zubereitungen mit 10.000 Arzneidrogen (Stone 2008). Von diesen Tausenden an Rezepturen werden heutzutage ca. 500 in Deutschland und Österreich bei TCM-Behandlungen genutzt (Ploberger 2007).

Mit der Modernisierung der TCM am Ende der 1990er-Jahre ist in China immer mehr erkannt worden, dass neben dem weltweiten Verkauf von CHM-Arzneidrogen und ihren Zubereitungen eine zusätzliche Einnahmequelle durch Patentierung eines Teils von CHM-Rezepturen geschaffen werden kann. Dafür können allerdings nicht die traditionellen und damit schon öffentlich bekannten Rezepturen verwendet werden, sondern müssen die Rezepturen neu entwickelt werden. Diese Finanzierung scheint für die CHM-Pharmaindustrie lukrativer zu sein als jene für klinische Studien, die die Wirksamkeit altbekannter traditioneller chinesischer Arzneimittel belegen (Normile 2003). Somit dürfte es diesbezüglich bei der pharmakologischen und chemisch-analytischen Aufklärung von Wirkstoffen und einem sinnvollen Spektrum an chemischen oder biochemischen Markersubstanzen von Seiten der CHM-Pharmaindustrie weniger Unterstützung geben als dies vielleicht zu vermuten wäre.

3.6 Zubereitungen und galenische Darreichungsformen

Die Darreichungsformen von CHM-Zubereitungen, in denen die Heilpflanzen und Heilpilze in frischer, getrockneter sowie bei Bedarf vorbehandelter Form eingenommen werden, sind sehr vielfältig und reichen von „A“ wie Aufgüsse bis „W“ wie medizinische Weine. Sie können je nach Bedarf innerlich oder äußerlich angewendet werden (Ploberger 2007; Hempen und Fischer 2009; Hou und Jin 2005; Stöger 2010; Focks et al. 2010; Jia et al. 2004; Chan 2005). Die Mannigfaltigkeit der Darreichungsformen kann dadurch unterstrichen werden, dass es von den in China z. B. im Jahr 2001 produzierten 5000 Zubereitungen über 40 unterschiedliche Darreichungsformen käuflich zu erwerben gab (Jia et al. 2004). Zu den nicht selten verwendeten Darreichungsformen gehören Pulver (*săn* (散) (Ploberger 2007; Hou und

[5] Aus dieser Zeit, der ersten chinesischen Dynastie (Lee 2002), soll das vermutlich älteste chinesische CHM-Rezeptbuch (*Wŭshíèr Bìng Fāng* (五十二病方) = „Rezepturen für 52 Krankheiten“) stammen. Es wurde 1979 aus den Mawangdui-Gräbern (*Măwángduī* (马王堆) der für China sehr bedeutenden Han-Dynastie in der chinesischen Provinz Hunan (*Húnán Shěng* (湖南省) ausgegraben (Hou und Jin 2005)).

Jin 2005; Stöger 2010; Focks et al. 2010)), Pillen (*wán* (丸) (Ploberger 2007; Hempen und Fischer 2009; Hou und Jin 2005; Stöger 2010; Focks et al. 2010)), Tabletten (*yàopiàn* (药片) (Stöger 2010; Hou und Jin 2005; Focks et al. 2010)) und Granulate (*pèifāngkēlì* (配方颗粒) als „chinesische Granulate" oder *kēxué zhōngyào* (科学中药) als „wissenschaftliche chinesische Arznei" übersetzt) (Ploberger 2007; Hempen und Fischer 2009; Hou und Jin 2005; Stöger 2010; Focks et al. 2010; Jia et al. 2004; Chan 2005).

Die wichtigste und am meisten verwendete CHM-Darreichungsform sowohl im Mutterland der TCM, in China, als auch in Europa ist allerdings immer noch das Dekokt (*tāngyào* (汤药); lat. *decoctum* = Abkochung), in dem zerkleinerte Arzneidrogen in Wasser abgekocht werden und anschließend der wässrige Extrakt ähnlich wie Tee eingenommen wird (Focks et al. 2010; Hou und Jin 2005; Stöger 2010; Chen et al. 2004; Hempen und Fischer 2009; Heuberger et al. 2014; Ploberger 2007). Damit ist es auch die häufigste Form, in der Rezepturen eingenommen werden (Normile 2003). Wenn es sich bei einer CHM-Rezeptur um ein Dekokt handelt, kann dies an dem verkürzten Zusatz *tāng* (汤) im chinesischen Rezepturnamen erkannt werden. Im Gegensatz zur europäischen Medizin mit ihrer einstufigen Abkochung und ihrer Verwendung von deutlich mehr Wasser wird in der CHM durch das Dekokt ein erheblich konzentrierterer Extrakt erhalten (Stöger 2010). Die genaue Zubereitung eines Dekokts ist abhängig von den verwendeten Arzneidrogen und vom gewünschten Zweck (Hempen und Fischer 2009; Chen et al. 2004), aber verläuft nach allgemeinen Regeln (Chen et al. 2004). Obwohl ein Dekokt von allen Darreichungsformen die beste therapeutische Wirkung hat (Ploberger 2007), da es schnell im Körper absorbiert werden kann und damit zu einem schnellen Wirkeintritt führen kann (Hempen und Fischer 2009; Hou und Jin 2005; Chen et al. 2004), ist seine Herstellung relativ zeitaufwendig und deshalb für unser heutige Gesellschaft nicht immer akzeptabel (Ploberger 2007). Wenn gleich zwar das Dekokt die wirksamste Form darstellt, verzeichnen auch andere CHM-Darreichungsformen wie Pulver und Granulate eine gute Wirkung (Ploberger 2007). Aus diesem Grund entstanden aus etlichen galenische CHM-Darreichungsformen (Stöger 2010), nämlich Pulver, Pillen, Tabletten, Kapseln, Dragees, Granulate, Arzneiweine, Sirupe sowie Trinklösungen traditionelle CHM-Fertigarzneimittel (Stöger 2010; Hou und Jin 2005; Hohmann 2008; Normile 2003), die bequemer in der Handhabung sind (Stöger 2010; Wang und Franz 2015) und heutzutage im Handel angeboten werden (Hou und Jin 2005; Ploberger 2007; Heuberger et al. 2014). Auch wenn es sich bei diesen um Produkte der Neuzeit handelt (Hempen und Fischer 2009; Hou und Jin 2005), die nicht in den historisch klassischen TCM-Werken aufgeführt sind (Ploberger 2007; Hempen und Fischer 2009), nutzt der Großteil der chinesischen Bevölkerung diese Fertigarzneimittel. Die Chinesen verwenden diese auch als OTC-Arzneimittel (engl. *Over the counter* = über die Ladentheke, frei verkäuflich) bezeichneten Präparate zur Linderung von leichten Beschwerden wie Erkältungen oder grippalen Infekten, Schlafstörungen, Verdauungsbeschwerden oder leichten Kopfschmerzen (siehe Abb. 3.6). In China werden sie sowohl für den privaten Gebrauch als auch in Krankenhäusern und Kliniken eingesetzt, wobei in Krankenhausapotheken schätzungsweise 200 bis 300 gängige

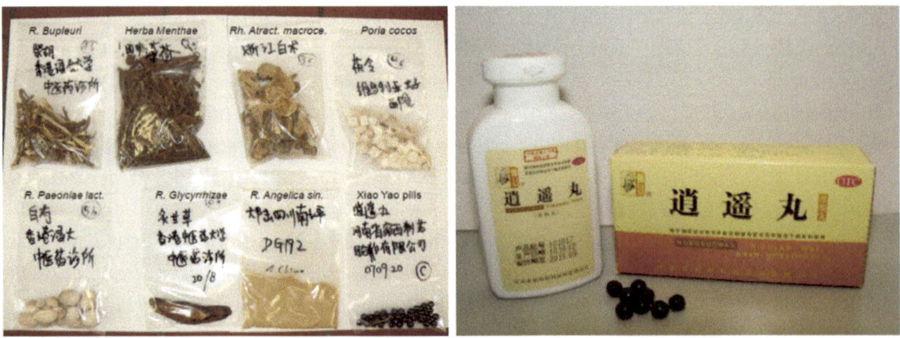

Abb. 3.6 Xiaoyao-Pillen (逍遥丸) als OTC-Präparat (rechts) und ihre sieben Rezeptur-Arzneidrogenbestandteile (links)

OTC-Arzneimittel gelagert werden. Auf dem freien chinesischen Markt sind sogar mehr als 1000 unterschiedliche OTC-Präparate erhältlich. Bevor OTC-Fertigarzneimittel mit einem neuen Rezept auf den Markt kommen dürfen, müssen sie im Labor und durch klinische Studien an Krankenhäusern auf Sicherheit und Wirksamkeit getestet werden, um anschließend von den chinesischen Gesundheitsbehörden genehmigt zu werden. Diesen Mitteln wird nachgesagt, dass sie sicher, wirksam, kostengünstig und leicht zugänglich für Patienten sind und in den auf chinesischem Staatsgebiet befindlichen Fabriken nach GMP-Richtlinien hergestellt werden (Hou und Jin 2005). Nachteilig für die therapeutische Behandlung kann jedoch sein, dass die Fertigarzneimittel keine individuellen Rezepturen darstellen. Da sie nicht nur in China sondern auch über das Internet zu erhalten sind und oft in Importländern hergestellt werden, die meist wenig strenge Kontrollen haben, können sie sich allerdings auch als Fälschungen herausstellen. Eine Deklaration der Inhaltsstoffe ist häufig nicht vorhanden oder stellt sich als ungenau heraus (Ploberger 2007). Dies kann für Patienten ein nicht zu vernachlässigendes Gesundheitsrisiko bedeuten. In Europa wird der größere Anteil der CHM-Arzneidrogen mit ca. 90 % als Dekokt und damit als individuell hergestellte Rezeptur eingenommen, während die restlichen 10 % Standardrezepturen in Form von Pulvern, Pillen, Granulaten, hydrophilen Konzentraten und Fertigarzneimitteln bilden. Obwohl sich die TCM bei Diagnose und Behandlung eigentlich auf Individualität stützt, liegt in China der Anteil an Fertigarzneimitteln bei 30 % und zeigt weiterhin eine stark zunehmende Tendenz (Heuberger et al. 2014). Noch gravierender äußert sich der starke Trend in der sogenannten nationalen *Essential Medicine List*, die in der Literatur auch als *Essential Drugs List* bezeichnet wird und seit ihrer Einführung 1982 durch das chinesische Gesundheitsministerium die für China allerwichtigsten Arzneimittel sowohl der westlichen Medizin als auch der CHM aufführt (Barber et al. 2013). Dort sind nämlich erstaunlicherweise 80 % der CHM-Zubereitungen als OTC-Arzneimittel geführt (Deloitte Touche Tohmatsu (Hrsg.), Chen et al. 2011). Dass solche OTC-Präparate dennoch als Standardrezeptur gegenüber individuellen Rezepturen in nichts bzgl. der Wirksamkeit nachstehen müssen, konnten Bensoussan et al. in einer randomisierten, doppeltblinden und placebokontrollierten klinischen Studie zeigen (Bensoussan et al.

1998). Somit scheint die Verwendung von OTC-Arzneimitteln als Alternative zu den traditionellen Darreichungsformen in gewisser Art und Weise ebenfalls sinnvoll und erfolgsversprechend zu sein.

3.7 Fazit

In der CHM wird relativ selten mit Einzelpflanzen als Heilmittel gearbeitet. Meistens besteht ein Rezept aus bis zu 13 Einzelpflanzen, die die therapeutische Wirkung steigern und/oder die Nebenwirkungen reduzieren. Dabei unterscheidet man zwischen Kaiser-, Minister-, Assistenten- und Botenpflanzen. In letzter Zeit haben wissenschaftliche Untersuchungen gezeigt, dass diese Einteilung in vielen Fällen durchaus einer wissenschaftlichen Betrachtung standhält. Geschuldet einer immer ungeduldigeren und schnelllebigeren Gesellschaft ist ein deutlicher Trend von den ein Stück weit zeitaufwendigeren Aufgüssen der klassischen CHM-Zubereitung hin zu modernen Darreichungsformen wie Tablette oder Sirup in China zu beobachten. Neben dem positiven Effekt einer schnelleren, einfacheren und damit auch für unterwegs deutlich bequemeren Darreichung, müssen hierbei auch Nachteile wie eine einfachere Möglichkeit der Fälschung und eine nicht individuell genau auf den Patienten zugeschnittene Rezeptur und damit einer eventuell reduzierten Wirksamkeit betrachtet werden.

Literatur

Barber SL, Huang B, Santoso B, Laing R, Paris V, Wu C (2013) The reform of the essential medicines system in China: A comprehensive approach to universal coverage. J Glob Health 3(1):10303.. ISSN 2047-2978. https://doi.org/10.7189/jogh.03.010303

Barthlott W, Mutke J, Rafiqpoor D, Kier G, Kreft H (2005) Global centers of vascular plant diversity. Nova Acta Leopoldina NF 92(342):61–83. ISSN 0369-5034

Barthlott W, Hostert A, Kier G, Küper W, Kreft H, Mutke J, Rafiqpoor MD, Sommer JH (2007) Geographic patterns of vascular plant diversity at continental to global scales. Erdkunde 61(4):305–315. ISSN 0014-0015. https://doi.org/10.3112/erdkunde.2007.04.01

Barthlott W, Erdelen WR, Rafiqpoor MD (2014) Biodiversity and technical innovations: bionics. In: Lanzerath D, Friele M (Hrsg) Concepts and values in biodiversity. Reihe: Routledge studies in biodiversity politics and management. Routledge, London/New York, S S 300–S 315. ISBN 9780415660570

Becker S (2013) Zur Toxizität von *fu zi*. Extrakt – Fachzeitschrift der Lian Chinaherb (Spezialapotheke für hochwertige Chinesische Arzneimittel) 1:17–19. ISSN nicht vorhanden. https://www2.lian.ch/index.cfm?fuseaction=resources.13183&lan=de. Zugegriffen am 20. 03.2015

Bensoussan A, Talley NJ, Hing M, Menzies R, Guo A, Ngu M (1998) Treatment of irritable bowel syndrome with Chinese herbal medicine. JAMA 280(18):1585–1589. ISSN 0098-7484. https://doi.org/10.1001/jama.280.18.1585

Biermann D (2008) Ethnopharmazie: Auf Wirkstoffsuche in Chinas Kräuterkammern. Pharm Ztg online (32). ISSN 0031-7136. http://www.pharmazeutische-zeitung.de/index.php?id=6373. Zugegriffen am 08.04.2019

Bisset NG (1981) Arrow poisons in China. Part II. *Aconitum* – Botany, chemistry, and pharmacology. J Ethnopharmacol 4(3):247–336. ISSN 0378-8741. https://doi.org/10.1016/0378-8741(81)90001-5

Blackmore S, Hong D-Y, Raven PH, Wortley AH (2015) Chapter 1: Introduction. In: Hong D-Y, Blackmore S (Hrsg) The plants of China - A companion to the flora of China. Cambridge University Press, New York, S S 1–S 6. ISBN 9781107070172

Cai B, Nagasawa T, Kadota S, Hattori M, Namba T, Kuraishi Y (1996) Processing of *nux vomica*. VII. Antinociceptive effects of crude alkaloids from the processed and unprocessed seeds of *Strychnos nux-vomica* in mice. Biol Pharm Bull 19(1):127–131. ISSN 0918-6158. https://doi.org/10.1248/bpb.19.127

Chand M, Puri VK (Erstveröffentl 1983, Neuaufl 2013) Regional planning in India. Allied Publishers, New Delhi, India. ISBN 9788170230588

Chandra S, Chandra D, Barh A, Pankaj PRK, Sharma IP (2016) Bryophytes: hoard of remedies, an ethno-medicinal review. J Tradit Complement Med 7(1):94–98. ISSN 2225-4110. https://doi.org/10.1016/j.jtcme.2016.01.007

Chan K (2005) Chinese medicinal materials and their interface with Western medical concepts. J Ethnopharmacol 96(1-2):1–18. ISSN 0378-8741. https://doi.org/10.1016/j.jep.2004.09.019

Chapman AD (2009) Numbers of living species in Australia and the world. 2. Aufl. Australian Government, Department of the Environment, Water, Heritage and the Arts Parkes, ACT, Australia. ISBN 9780642568618 (online), ISBN 9780642568601 (gedruckt). www.environment.gov.au/biodiversity/abrs/publications/other/species-numbers/2009/index.html. Zugegriffen am 08.04.2019

Chen JK, Chen TT, Crampton L (2004) Chinese medical herbology and pharmacology. Art of Medicine Press, City of IndustryISBN 9780974063508

Chen X, Pei L, Lu J (2013) Filling the gap between traditional Chinese medicine and modern medicine, are we heading to the right direction? Complement Ther Med 21(3):272–275. ISSN 0965-2299. https://doi.org/10.1016/j.ctim.2013.01.001

Choi YH, Sohn Y-M, Kim CY, Oh KY, Kim J (2004) Analysis of strychnine from detoxified *Strychno nux-vomica* seeds using liquid chromatography-electrospray mass spectrometry. J Ethnopharmacol 93(1):109–112. ISSN 0378-8741. doi:10.1016/j.jep.2004.03.038. (Anmerkung: Fehler im Originaltitel: statt *Strychno nux-vomica* wäre *Strychnos nux-vomica* korrekt).

Chu H, Jin G, Friedman E, Zhen X (2008) Recent development in studies of tetrahydroprotoberberines: mechanism in antinociception and drug addiction. Cell Mol Neurobiol 28(4):491–499. ISSN 0272-4340. https://doi.org/10.1007/s10571-007-9179-4

Csupor D, Wenzig EM, Zupko I, Woelkart K, Hohmann J, Bauer R (2009) Qualitative and quantitative analysis of aconitine-type and lipo-alkaloids of *Aconitum carmichaelii* roots. J Chromatogr A 1216(11):2079–2086. ISSN 0021-9673. https://doi.org/10.1016/j.chroma.2008.10.082

Debelle FD, Vanherweghem J-L, Nortier JL (2008) Aristolochic acid nephropathy: a worldwide problem. Kidney Int 74(2):158–169. ISSN 0085-2538. https://doi.org/10.1038/ki.2008.129

Deloitte Touche Tohmatsu (Hrsg), Chen L, Qu J, Huang V, Robinson D, Hillis WE, Rask C (2011) The next phase: opportunities in China's pharmaceutical market (National Industry Program). http://www2.deloitte.com/content/dam/Deloitte/ch/Documents/life-sciences-health-care/ch_Studie_Pharmaceutical_China_05052014.pdf. Zugegriffen am 09.04.2019

Dou Z, Li K, Wang P, Cao L (2012) Effect of wine and vinegar processing of *Rhizoma Corydalis* on the tissue distribution of tetrahydropalmatine, protopine and dehydrocorydaline in rats. Molecules 17:951–970. ISSN 1420-3049. https://doi.org/10.3390/molecules17010951

Du M (2008) Exploration of clinical application of incompatibility of Aconite and Pinellia. Xiàndài Zhōngyīyào ((现代中医药) = Modern Traditional Chinese Medicine) 28:1–10. ISSN 1672-0571

Focks C (Hrsg.), Al-Khafaji M et al. (2010) Leitfaden Chinesische Medizin. 6. Aufl. Elsevier, Urban & Fischer München., Dtld. ISBN 9783437564833

Goto H (1956) Decomposition of aconitine and pharmacological action of its derivatives. I. Comparative studies on the pharmacological action of mesaconitine and its hydrolytic products. Nippon Yakurigaku Zasshi ((日本薬理学雑誌) = Folia Pharmacologica Japonica) 52(4):496–510. ISSN 0015-5691. doi:10.1254/fpj.52.496. (Anmerkung: Artikel in Japanisch und Englisch)

Hänsel R, Keller K, Rimpler H, Schneider G, Heubl G, Greiner S (1992) Hagers Handbuch der pharmazeutischen Praxis: Band 4: Drogen A-D. 5., vollst neu bearb Aufl. Springer Science+-Business Media, Berlin/Heidelberg, Dtld., New York. ISBN 9783540526315

Harris ESJ (2008) Ethnobryology: traditional uses and folk classification of bryophytes. Bryologist 111(2):169–217. ISSN 0007-2745. https://doi.org/10.1639/0007-2745(2008)111[169:E-TUAFC]2.0.CO;2

Hempen C-H, Fischer T (2009) A *Materia Medica* for Chinese medicine – plants, minerals, and animal products. 1. Aufl. publiziert in Englisch. Churchill Livingstone, Elsevier, Edinburgh/London/New York/Oxford/Philadelphia/St Louis/Sydney/Toronto. ISBN 9780443100949

Herbasin Hilsdorf GmbH (Hrsg), Zhong W (Mai 2007a) Herbasin Kurier. Nr. 25 Rednitzhembach, Dtld. http://www.herbasinica.de/down/kur200705.pdf. Zugegriffen am 04.02.2016

Herbasin Hilsdorf GmbH (Hrsg), Zhong W (Oktober 2007b) Herbasin Kurier. Nr. 30 Rednitzhembach, Dtld. http://www.herbasinica.de/down/kur200710.pdf. Zugegriffen am 24.11.2015

HerbaSinica Hilsdorf GmbH (Hrsg), Zhong W (Oktober 2008) HerbaSinica Kurier. Nr. 32 Rednitzhembach, Dtld. http://www.herbasinica.de/down/kur200810.pdf. Zugegriffen am 24.11.2015

HerbaSinica Hilsdorf GmbH (Hrsg), Zhong W (Mai 2009) HerbaSinica Kurier. Nr. 34 Rednitzhembach, Dtld. http://www.herbasinica.de/down/kur200905.pdf. Zugegriffen am 23.11.2015

HerbaSinica Hilsdorf GmbH (Hrsg), Zhong W (Oktober 2010) HerbaSinica Kurier. Nr. 39 Rednitzhembach, Dtld. http://www.herbasinica.de/down/Kurier-39.pdf. Zugegriffen am 23.11.2015

HerbaSinica Hilsdorf GmbH (Hrsg), Zhong W (August 2011) HerbaSinica Kurier. Nr. 42 Rednitzhembach, Dtld. http://www.herbasinica.de/down/Kurier-42.pdf. Zugegriffen am 24.11.2015

HerbaSinica Hilsdorf GmbH (Hrsg), Zhong W (Juli 2012a) Herbasinica Kurier. Nr. 44 Rednitzhembach, Dtld. http://www.herbasinica.de/down/Kurier-44.pdf. Zugegriffen am 04.02.2016

HerbaSinica Hilsdorf GmbH (Hrsg), Zhong W (Dezember 2012b) Herbasinica Kurier. Nr. 45 Rednitzhembach, Dtld. http://www.herbasinica.de/down/Kurier-45.pdf. Zugegriffen am 04.02.2016

HerbaSinica Hilsdorf GmbH (Hrsg), Zhong W (November 2014) Herbasinica Kurier. Nr. 49 Rednitzhembach, Dtld. http://www.herbasinica.de/down/Kurier-49.pdf. Zugegriffen am 23.11.2015

HerbaSinica Hilsdorf GmbH (Hrsg), Zhong W (November 2015) Herbasinica Kurier. Nr. 51 Rednitzhembach, Dtld. https://www.herbasinica.de/app/download/7419977481/HerbaSinica+Kurier+51.pdf?t=1534953541. Zugegriffen am 14.04.2019

Heuberger H, Bauer R, Friedl F, Heubl G, Holzapfel C, Hummelsberger J, Nikles S, Nögel R, Rinder R, Seidenberger R, Torres-Londono P (2014) Chinesische Heilpflanzen in Bayern: Qualität vom Saatkorn bis zur Apotheke. Chinesische Medizin (1):43–49. ISSN 0930-2786

Heubl G (2013) Chapter 2: DNA-based authentication of TCM-plants: current progress and future perspectives. In: Wagner H, Ulrich-Merzenich G (Hrsg) Evidence and rational based research on Chinese drugs. Springer Science+Business Media, New York, S 27–85. ISBN 9783709104415

Hohmann C (2008) Chinesische Medizin – Östliche Traditionen im Westen. Pharm Ztg online (32). ISSN 0031-7136. www.pharmazeutische-zeitung.de/index.php?id=6368. Zugegriffen am 07.04.2019

Hong D-Y, Blackmore S (2015) The plants of China – A companion to the flora of China. Cambridge University Press, New York. ISBN 9781107070172

Hosoya E (1985) Studies on the construction of prescription in ancient Chinese medicine. In: Chang HM, Yeung HW, Tso W-W, Koo A (Hrsg) Advances in Chinese medicinal materials research – An international symposium organized by Chinese medicinal materials research centre, the Chinese university of Hong Kong, Shatin, New Town, Hong Kong, Meridien Hotel Hong Kong, June 12–14, 1984. World Scientific Publishing, Singapore, Philadelphia, USA, S 73–84. ISBN 9971966719

Hou JP, Jin Y (2005) The healing power of Chinese herbs and medicinal recipes. Haworth Integrative Healing Press, Binghamton. ISBN 9780789022011

Huang H-W, Oldfield S, Qian H (2015) Chapter 2: Global significance of plant diversity in China. In: Hong D-Y, Blackmore S (Hrsg) The plants of China – A companion to the flora of China. Cambridge University Press, New York, S 7–34. ISBN 9781107070172

Huang H-W, Oldfield S (2015) Chapter 23: The extinction crisis. In: Hong D-Y, Blackmore S (Hrsg) The plants of China – A companion to the flora of China. Cambridge University Press, New York, S 414. ISBN 9781107070172

Huang KC (1999) The pharmacology of Chinese herbs, 2. Aufl. CRC Press, Boca Raton. ISBN 9780849316654

Jiang X, Huang L-F, Zheng S-H, Chen S-L (2013) Sulfur fumigation, a better or worse choice in preservation of traditional Chinese medicine? Phytomedicine 20(2):97–105. ISSN 0944-7113. https://doi.org/10.1016/j.phymed.2012.09.030

Jia W, Gao W, Tang L (2003) Antidiabetic herbal drugs officially approved in China. Phytother Res 17(10):1127–1134. ISSN 0951-418X. https://doi.org/10.1002/ptr.1398

Jia W, Gao W-Y, Yan Y-Q, Wang J, Xu Z-H, Zheng W-J, Xiao P-G (2004) The rediscovery of ancient Chinese herbal formulas. Phytother Res 18(8):681–686. ISSN 0951-418X. https://doi.org/10.1002/ptr.1506

Kubiena G (2013) Steine im Harntrakt - Urolithiasis. Qi 4:5–13. ISSN 2195-9048

Lee YK (2002) Building the chronology of early chinese history. Asian Perspect 41(1):15–42. ISSN 0066-8435. https://doi.org/10.1353/asi.2002.0006

Lopez-Pujol J, Zhao A-M (2004) China: a rich flora needed of urgent conservation. ORSIS 19:49–89. ISSN 0213-4039

Ma W-Z, Shevock JR (2015) The moss family *Erpodiaceae* in Yunnan province, China. Bryophyt Divers Evol 37(1):12–22. ISSN 2381-9677. https://doi.org/10.11646/bde.37.1.2

Mesch K (2011) Klimawandel und die Frage der Gerechtigkeit. Reihe Nachhaltigkeit, Bd 40, S 40. Diplomica Verlag, Hamburg, Dtld. ISBN 9783842855465

Mishler BD (2001) The biology of bryophytes - Bryophytes aren't just small tracheophytes. Am J Bot 88(11):2129–2131. ISSN 0002-9122

Mora C, Tittensor DP, Adl S, Simpson AGB, Worm B (2011) How many species are there on Earth and in the ocean? PLoS Biol 9(8):e1001127. ISSN 1545-7885. https://doi.org/10.1371/journal.pbio.1001127

Mukherjee PK, Wahile A (2006) Integrated approaches towards drug development from Ayurveda and other Indian system of medicines. J Ethnopharmacol 103(1):25–35. ISSN 0378-8741. https://doi.org/10.1016/j.jep.2005.09.024

Mutke J, Barthlott W (2005) Patterns of vascular plant diversity at continental to global scales. Biol Skr 55(01):521–537. ISSN 0366-3612

Normile D (2003) The new face of traditional Chinese medicine. Science 299(5604):188–190. ISSN 0036-8075. https://doi.org/10.1126/science.299.5604.188

Nyirimigabo E, Xu Y, Li Y, Wang Y, Agyemang K, Zhang Y (2015) A review on phytochemistry, pharmacology and toxicology studies of *Aconitum*. J Pharm Pharmacol 67(1):1–19. ISSN 0022-3573. https://doi.org/10.1111/jphp.12310

Peel MC, Finlayson BL, McMahon TA (2007) Updated world map of the Köppen-Geiger climate classification. Hydrol Earth Syst Sci 11(5):1633–1644. ISSN 1027-5606. https://doi.org/10.5194/hess-11-1633-2007

Ploberger F (2007) Das TCM-Rezeptierbuch – Arzneimittelkombinationen verstehen und lernen. 1. Aufl. Elsevier, Urban & Fischer, München Jena, Dtld. ISBN 9783437578403

Scheid V (2002) Chinese medicine in contemporary China: plurality and synthesis. Reihe: Science and cultural theory, S 140. Duke University Press, Durham/London. ISBN 9780822328728

Schneider G, Hiller K (1999) Arzneidrogen. 4. Aufl. Spektrum Akademischer Verlag, Heidelberg/Berlin, Dtld., Oxford, UK. ISBN 9783827401823

Shaw D (2010) Toxicological risks of Chinese herbs. Planta Med 76(17):2012–2018. ISSN 0032-0943. https://doi.org/10.1055/s-0030-1250533

Singhuber J, Zhu M, Prinz S, Kopp B (2009) Aconitum in traditional Chinese medicine: a valuable drug or an unpredictable risk? J Ethnopharmacol 126(1):18–30. ISSN 0378-8741. https://doi.org/10.1016/j.jep.2009.07.031

Soignet SL, Maslak P, Wang ZG, Jhanwar S, Calleja E, Dardashti LJ, Corso D, DeBlasio A, Gabrilove J, Scheinberg DA, Pandolfi PP, Warrell RP (1998) Complete remission after treatment of acute promyelocytic leukemia with arsenic trioxide. N Engl J Med 339(19):1341–1348. ISSN 0028-4793. https://doi.org/10.1056/NEJM199811053391901

Stöger E (2010) Drogen der Traditionellen Chinesischen Medizin in westlichen Ländern. In: Hänsel R, Sticher O (Hrsg) Pharmakognosie – Phytopharmazie. Springer-Lehrbuch, 9., überarb und aktual Aufl. Springer Science+Business Media, Berlin, Dtld., S 387–414. ISBN 9783642009624

Stone R (2008) Lifting the veil on traditional Chinese medicine. Science 319(5864):709–710ISSN 0036-8075. https://doi.org/10.1126/science.319.5864.709

Su X, Yao Z, Li S, Sun H (2016) Synergism of Chinese herbal medicine: illustrated by *danshen* compound. Evid Based Complement Alternat Med 2016:Article ID 7279361. ISSN 1741-427X. doi:10.1155/2016/7279361

The State Chinese Pharmacopoeia Commission of the People's Republic of China (2005) Pharmacopoeia of the People's Republic of China, Bd 1. Englischsprachige Fassung. People's Medical Publishing House Beijing. ISBN 9787117069823

The State Chinese Pharmacopoeia Commission of the People's Republic of China (Hrsg) (2010) Pharmacopoeia of the People's Republic of China (Englische Ausgabe). China Medical Science Press, Beijing. ISBN 9787506750134

Wada K, Nihira M, Hayakawa H, Tomita Y, Hayashida M, Ohno Y (2005) Effects of long-term administrations of aconitine on electrocardiogram and tissue concentrations of aconitine and its metabolites in mice. Forensic Sci Int 148(1):21–29. ISSN 0379-0738. https://doi.org/10.1016/j.forsciint.2004.04.016

Wang L, Zhou G-B, Liu P, Song J-H, Liang Y, Yan X-J, Xu F, Wang B-S, Mao J-H, Shen Z-X, Chen S-J, Chen Z (2008) Dissection of mechanisms of Chinese medicinal formula Realgar-Indigo naturalis as an effective treatment for promyelocytic leukemia. Proc Natl Acad Sci USA 105(12):4826–4831. ISSN 0027-8424. https://doi.org/10.1073/pnas.0712365105

Wang M, Franz G (2015) The role of the European Pharmacopoeia (Ph. Eur) in quality control of traditional Chinese herbal medicine in European member states. World J Tradit Chin Med 1(1):5–15. ISSN 2311-8571. https://doi.org/10.15806/j.issn.2311-8571.2014.0021

Weggel O (2002) China. Beck'sche Reihe Bandnr 807: Länder. 5., völlig neubearb Aufl, Orig-Ausg. Verlag C. H. Beck München, Dtld. ISBN 9783406480928

Yabla Inc. Chinese English Pinyin Dictionary. New York City, New York, USA. https://chinese.yabla.com/chinese-english-pinyin-dictionary.php. Zugegriffen am 14.04.2019

Yi Y-D, Chang I-M (2004) An overview of traditional Chinese herbal Formulae and a proposal of a new code system for expressing the formula titles. Evid Based Complement Alternat Med 1(2):125–132. ISSN 1741-427X. https://doi.org/10.1093/ecam/neh019

Zhang J-M, Liao W, He Y-x, He Y, Yan D, Fu C-M (2013) Study on intestinal absorption and pharmacokinetic characterization of diester diterpenoid alkaloids in precipitation derived from *fuzi–gancao* herb-pair decoction for its potential interaction mechanism investigation. J Ethnopharmacol 147(1):128–135. ISSN 0378-8741. https://doi.org/10.1016/j.jep.2013.02.019

Zhao Z, Liang Z, Chan K, Lu G, Lee ELM, Chen HB, Li L (2010) A unique issue in the standardization of Chinese *Materia Medica*: processing. Planta Med 76(17):1975–1986. ISSN 0032-0943. https://doi.org/10.1055/s-0030-1250522

Zhong W (2015) Wie minderwertige Drogen der chinesischen Medizin schaden. Chinesische Medizin 30(2):110–115. ISSN 0930-2786. https://doi.org/10.1007/s00052-015-0063-x

Zhou G, Tang L, Zhou X, Wang T, Kou Z, Wang Z (2015) A review on phytochemistry and pharmacological activities of the processed lateral root of *Aconitum carmichaelii* Debeaux. J Ethnopharmacol 160:173–193. ISSN 0378-8741. https://doi.org/10.1016/j.jep.2014.11.043

Zhou Z-K (2015) Chapter 7: History of vegetation in China – Chapter 7.6.2: Holocene Epoch. In: Hong D-Y, Blackmore S (Hrsg) The plants of China – A companion to the flora of China. Cambridge University Press, New York, S 113. ISBN 9781107070172

Zhu Y-P (1998) Chinese *Materia Medica*: Chemistry, pharmacology and applications., S 18. CRC Press, Boca Raton. ISBN 9789057022852

4 Vor- und Nachteile chinesischer Arzneidrogen im Vergleich zu westlichen Medikamenten

Schätzungsweise 25 % der modernen Arzneimittel haben ihren eigentlichen Ursprung in höheren Pflanzen (Nyirimigabo et al. 2015). Deshalb genießt die CHM (*Chinese Herbal Medicine*, chinesische Pflanzenheilkunde) weltweit mittlerweile nicht nur steigendes Patienteninteresse, sondern gibt auch Pharmakologen die zuversichtliche Hoffnung auf die Entdeckung zahlreicher neuer Wirkstoffe (Stöger 2010), die vielleicht ohne Untersuchung der CHM-Arzneidrogen kaum in der Natur anderswo entdeckt worden wären. Der Wirkstoff Camptothecin (siehe Tab. 4.1) stellt beispielsweise so einen Fall dar. Er wurde 1966 mit seinem vorher noch unbekannten Alkaloid-Ringsystem von Wall et al. aus dem Baum *Camptotheca acuminata* Decne. (*xǐ shù* (喜树) = Baum der Freude; Unterfamilie *Nyssaceae* der Fam. *Cornaceae*) isoliert. Der Baum ist selten und nur in China (u. a. Provinz Yunnan) heimisch (Wall et al. 1966; Yang et al. 2001) und damit ein kleiner indirekter Beleg für die große Biodiversität Chinas mit ihrem Hotspot in der Provinz Yunnan. Inzwischen decken die Wirkstoffe von CHM-Arzneidrogen ein breites Anwendungsgebiet ab (Zhang 2002; Biermann 2008). Es ist naheliegend, dass dabei die Wirkstoffe bzw. die Wirkstoffderivate in einem vergleichbar ähnlichen oder sogar gleichen Anwendungsfeld eingesetzt werden können wie die entsprechenden CHM-Heilpflanzen, aus denen sie ursprünglich stammen (vgl. Tab. 4.1). Während Nagai schon 1885 die Isolierung des in Tab. 4.1 aufgelisteten Ephedrins aus der schon lange von den Menschen als Heilpflanze genutzten *Ephedra* gelang (Normile 2003; Lee 2011), wurde erst 1971 der Antimalariawirkstoff Artemisin aus der schon seit mindestens 168 v. Chr. als Arzneipflanze gegen Malaria eingesetzten (Stone 2008; Klayman 1985) *Artemisia annua* durch Tu isoliert (Normile 2003; Tu 2011). Tu wurde dafür sogar 2015 mit dem Nobelpreis für Medizin ausgezeichnet (HerbaSinica Hilsdorf GmbH und Zhong 2015). Bei isolierten Wirkstoffen als Reinsubstanzen muss jedoch beachtet werden, dass sie möglicherweise im Gegensatz zur entsprechenden Arzneidroge geringere pharmakologische Wirkung und Selektivität aufweisen können. Es fehlen nämlich beim isolierten Wirkstoff zahlreiche andere Inhaltsstoffe, die zwar geringere Wirksamkeit aufweisen können, aber den isolierten Hauptwirkstoff i. d. R. in seiner Wirkung verstärken (Normile 2003; Hou und Jin 2005; Chen et al. 2013; Zschocke et al. 1997; Biermann 2008).

A.-F. von Trotha, O. J. Schmitz, *Qualitätskontrolle in der TCM*,
https://doi.org/10.1007/978-3-662-59256-4_4

Tab. 4.1 Beispiele für Arzneimittel-Wirkstoffe aus CHM-Arzneipflanzen (grau unterlegt: CHM; weiß unterlegt: moderne westliche Medizin mit isolierten pflanzlichen Wirkstoffen aus der darüber aufgeführten Heilpflanze)

CHM-Arzneipflanze / ihre isolierten Wirkstoffe bzw. deren Derivate	Anwendungsgebiete der CHM-Arzneipflanze / Anwendungsgebiete der Wirkstoffe
Radix Ephedrae (*máhuáng* (麻黄))	u. a. Hustenmittel (Hikino et al. 1983; Mehendale et al. 2004)
Ephedrin	Asthma, Blutdruckabfall (Notfallmedizin) (Stöger 2010; Lee 2011; Bornscheuer et al. 2015)
Artemisia annua (*qīnghāo* (青蒿))	Antimalariamittel (Tu 2011)
Artemisin und synthetische Derivate	Antimalariamittel (Stone 2008; Bauer 1994; Bauer 1995)
Camptotheca acuminata (*xǐshù* (喜树))	Krebstherapie (Lin et al. 2014)
Camptothecin als Leitsubstanz für synth. Derivate (Topotecan, Isinotecan)	Krebstherapie (Li et al. 2006)
Huperzia serrata (*qiāncéngtǎ* (千层塔))	u. a. zur Förderung der Durchblutung (Bauer 1994; Bauer 1995)
Huperzin A	Acetylcholinesterase-Hemmer für Morbus Alzheimer (noch in Testphase) (Konrath et al. 2013)

Auch wenn die TCM aufgrund teilweise fehlender klinisch evidenzbasierter Studien bisher noch nicht vollständig wissenschaftlich anerkannt ist (Hohmann 2008; Abel-Wanek 2008; Chen et al. 2013; Bauer 1995), so hat sie aufgrund der gerade erläuterten möglichen Quelle für neue Wirkstoffe sowie der in Tab. 4.2 aufgeführten Vorteile gegenwärtig weltweit viele Anhänger. Zudem stellen TCM-Ärzte den Patienten aufgrund des ganzheitlichen Diagnose- und Therapieansatzes in den Mittelpunkt des medizinischen Systems (Abel-Wanek 2008). Sie nehmen sich nämlich oft mehr Zeit für ihn als heutzutage die sogenannten Schulmediziner, da dies die Vorgehensweise der TCM für Untersuchung und Diagnose erfordert (Stöger 2010) und Ärzte der westlichen Medizin zumindest in Deutschland aufgrund ständig steigender Bürokratie seitens der Vorgaben der gesetzlichen Krankenkassen immer weniger Zeit für ihre Patienten einplanen können. Die in Tab. 4.2 aufgeführten Ursachen eventueller Nebenwirkungen von CHM-Arzneimitteln können durch einen seriösen und in der TCM ausgebildeten Arzt minimiert oder sogar vermieden werden, so lange der Patient die ärztlichen Anweisungen genau befolgt. Bei möglichen Unverträglichkeiten, wie z. B. Allergien, die ein Patient theoretisch gegen jede Substanz entwickeln kann oder bei Fragen rund um die Therapie sollten, wie auch in der westlichen Medizin, Patient und Arzt stets im vertrauensvollen Dialog miteinander

Tab. 4.2 Vor- und Nachteile von Arzneimitteln der traditionellen und der westlichen Medizin

	Arzneimittel der traditionellen Medizin	chemisch-synthetische Arzneimittel der westlichen Medizin
Wirksamkeit	sanft[1, 2, 3, 4], sicher[5]	leistungsstark, sicher[6]
Wirkung bei akuten/chronischen Erkrankungen	z. T. zu langsam[7]/erfolgreich[1, 2, 3, 6, 7, 8, 9, 10]	erfolgreich[7]/nicht immer ausreichend zufriedenstellend[10, 11]; z. T. lebensverlängernd
Nebenwirkungen	bei normaler Dosierung meist nur minimal und leicht[6] (z. B. Übelkeit, Erbrechen, Durchfall), sehr selten schwer (wie z. B. starke allergische Reaktion, Kreislaufprobleme)[12]	leicht bis schwer (z. B. Leber- und Nierenversagen, erhöhte Sterberate)[6, 12, 13, 14]
mögliche Ursachen der Nebenwirkungen	Überdosierung, zu langer Gebrauch, falsche Art der Arzneidroge oder Darreichungsform, falsche Kombination mit anderen Arzneidrogen[2, 6, 9, 10, 16–21]	Überdosierung, zu langer Gebrauch[6], fehlerhafte Verordnung[22, 23, 24]
Kontraindikationen, Einhaltung von Vorsichtsmaßnahmen	z. B. bei bestimmten Personenkreisen wie Kindern, Senioren, Schwangeren, Stillenden, Bluthochdruckpatienten, Diabetikern, Nieren-/Leberkranken[2, 6, 15, 16, 17, 25, 26]	wie aus Beipackzetteln ersichtlich analog CHM-Arzneimitteln
Wechselwirkungen	zwischen Arzneidrogen untereinander[2, 17]; mit chemisch-synthetischen Arzneimitteln[6, 15, 17, 18, 19, 27, 28]; noch nicht ausreichend untersucht[12, 15]; von Patienten oft unterschätzt[29]	wie aus Beipackzetteln ersichtlich analog CHM-Arzneimitteln
Kosten	meist preiswerter[4, 6, 7, 16]	oft teurer[6, 7, 16]

[1](Abel-Wanek 2008); [2](Stöger 2010); [3](Nyirimigabo et al. 2015); [4](Heubl 2013); [5](Chen et al. 2004); [6](Hou und Jin 2005); [7](Sahil et al. 2011); [8](Bauer 1995); [9](Chen et al. 2013); [10](Chan 2005); [11](Lei et al. 2014); [12](Hempen und Huber 2014); [13](Bjornsson 2006); [14](Singh 1998); [15](Chen et al. 2004); [16](Ploberger 2007); [17](Focks et al. 2010); [18](Shaw 2010); [19](Zeng und Jiang 2010); [20](Siegel 1979); [21](World Health Organization (WHO) 1999); [22](Erlbeck 2003); [23](Wettig 2010); [24](Frölich 2003); [25](Hempen und Fischer 2009); [26](D'Arcy 1993); [27](Eisenberg et al. 1998); [28](Hansten 1998); [29](Paibir und Rahavendran 2012)

bleiben. Prinzipiell kann somit die CHM eine erfolgversprechende und nebenwirkungsarme Naturmedizin sein. Somit haben nicht nur die Heilpflanzen selbst einen Einfluß auf den Erfolg der Behandlung, sondern auch das Wissen und Verhalten von TCM-Arzt und Patient während der Therapie. Aus diesem Grund sollte bei möglichem Misserfolg der Therapie erst nach deren wirklicher Ursache gesucht und dann erst abschließend ein allgemeines Urteil über die CHM gefällt werden (HerbaSinica Hilsdorf GmbH und Zhong 2014).

Wie aus Tab. 4.2 erkennbar ist, können trotz vorschriftsgemäßen Verhaltens des Patienten durch Vermeidung einer Überdosierung und eines zu langen Gebrauchs Nebenwirkungen durch die falsche Wahl der Arzneidroge verursacht werden, so-

Abb. 4.1 CHM-Apotheke in Shanghai (2010) (links) und abgefüllte Arzneipflanzenmischungen (rechts)

dass dieser Aspekt die oberste Priorität für eine nebenwirkungsarme CHM haben sollte. Ein falsches CHM-Arzneimittel kann auf dem Verstoß gegen die CHM-Richtlinien für die Zusammenstellung einer Rezeptur durch falsche Kombination der ausgesuchten bzw. verwendeten Arzneidrogen beruhen. Allerdings sollte dies bei einem seriös ausgebildeten TCM-Arzt, der in der Theorie die richtige Rezeptur wählt und einem verlässlichen TCM-Apotheker (Abb. 4.1), der in praxi dann auch die richtige Zusammenstellung nach Rezeptvorlage des Arztes durchführt, auszuschließen sein (Bauer 1994, 1995). Ferner kann es sich um eine falsche Arzneidroge handeln, wenn sie ein von der Arzneidrogenart abhängiges möglicherweise notwendiges *Pàozhì*-Verfahren (siehe Abschn. 3.1) nicht, unzureichend oder unsachgemäß aufweist. Dies muss ganz besonders bei der Verwendung von toxischen Arzneidrogen beachtet werden (Chen et al. 2004; Ploberger 2007; Hou und Jin 2005; Stöger 2010; Chan 2005; Focks et al. 2010; Shaw 2010; Zeng und Jiang 2010). Außerdem kann die Ursache einer für den Patienten falschen Arzneipflanzendroge darin begründet sein, dass dem Patienten trotz der Bemühungen des Arztes und des Apothekers die falsche Heilpflanzenart ausgehändigt wurde bzw. diese nur eine minderwertige Qualität aufweist. Näheres dazu und die daraus folgende Konsequenz, nämlich die Einführung einer Qualitätskontrolle, wird später näher beleuchtet.

4.1 Fazit

Die chinesische Pflanzenmedizin (*Chinese Herb Medicine*, CHM) stellt eine wirksame Behandlungsform dar, die in vielen Belangen die westliche Medizin ersetzen bzw. ergänzen kann. Allerdings bedarf es erfahrener und gut ausgebildeter TCM-Mediziner, die eine oftmals individuell auf den Patienten angepasste Medikation verschreiben können und seriöser, sachkundiger TCM-Apotheker, die geprüfte und qualitativ hochwertige Arzneidrogen verkaufen. Nur so kann das ganze Potential der CHM entfaltet werden. Und genau wie die westliche Medizin ist auch die chinesische Pflanzenmedizin nicht ohne Gefahren und Nebenwirkungen, die besonders bei falscher Medikation gefährlich werden können.

Literatur

Abel-Wanek U (2008) TCM-Museum: Traditionelle Medizin im Netz. Pharm Ztg online (32). ISSN 0031-7136. www.pharmazeutische-zeitung.de/index.php?id=6364. Zugegriffen am 24.03.2019

Bauer R (1994) Chinesische Arzneidrogen als Quelle neuer Arzneistoffe für die westliche Medizin. PharmuZ 23(5):291–300. https://doi.org/10.1002/pauz.19940230507. ISSN 0048-3664

Bauer R (1995) Chinesische Arzneidrogen und ihr Potential für die westliche Medizin. Pharm Ztg 140:1929–1941. ISSN 0031-7136

Biermann D (2008) Ethnopharmazie: Auf Wirkstoffsuche in Chinas Kräuterkammern. Pharm Ztg online (32). ISSN 0031-7136. http://www.pharmazeutische-zeitung.de/index.php?id=6373. Zugegriffen am 08.04.2019

Bjornsson E (2006) Drug-induced liver injury: Hy's rule revisited. Clin Pharmacol Ther 79(6):521–528. https://doi.org/10.1016/j.clpt.2006.02.012. ISSN 0009-9236

Bornscheuer U, Streit W, Dill B, Heiker FR, Kirschning A, Eisenbrand G, Faupel F, Fugmann B, Pohnert G, Dingerdissen U, Gamse T (2015) Römpp online. Georg Thieme, Stuttgart. https://roempp.thieme.de. Zugegriffen am 19.08.2015

Chan K (2005) Chinese medicinal materials and their interface with Western medical concepts. J Ethnopharmacol 96(1-2):1–18. https://doi.org/10.1016/j.jep.2004.09.019. ISSN 0378-8741

Chen JK, Chen TT, Crampton L (2004) Chinese medical herbology and pharmacology. Art of Medicine Press City of Industry, California. ISBN 9780974063508

Chen X, Pei L, Lu J (2013) Filling the gap between traditional Chinese medicine and modern medicine, are we heading to the right direction? Complement Ther Med 21(3):272–275. https://doi.org/10.1016/j.ctim.2013.01.001. ISSN 0965-2299

D'Arcy PF (1993) Adverse reactions and interactions with herbal medicines. Part 2- Drug interactions. Adverse Drug React Toxicol Rev 12(3):147–162. ISSN 0964-198X

Eisenberg DM, Davis RB, Ettner SL, Appel S, Wilkey S, Van RM, Kessler RC (1998) Trends in alternative medicine use in the United States, 1990–1997: results of a follow-up national survey. JAMA 280(18):1569–1575. https://doi.org/10.1001/jama.280.18.1569. ISSN 0098-7484

Erlbeck A (2003) Fehlerhaft verordnete Arzneimittel. NSAR verordnet, bis der Patient verblutet. MMW Fortschr Med 145(38):15. ISSN 1438-3276

Focks C, Al-Khafaji M et al (Hrsg) (2010) Leitfaden Chinesische Medizin, 6. Aufl. Elsevier, Urban & Fischer, München. ISBN 9783437564833

Frölich JC (2003) Fehlerhaft verordnete Arzneimittel. Todesurteil für jeden 100. Krankenhauspatienten? (Interview: Dr. Thomas Meissner). MMW Fortschr Med 145(35–36):13. ISSN 1438-3276

Hansten PD (1998) Understanding drug-drug interactions. Sci Med 5(1):16–25. ISSN 1087-3309

Hempen C-H, Fischer T (2009) A *Materia Medica* for Chinese medicine – plants, minerals, and animal products, 1. Aufl publiziert in Englisch. Churchill Livingstone Elsevier, Edinburgh/London/New York/Oxford, UK/Philadelphia/St Louis/Sydney/Toronto. ISBN 9780443100949

Hempen N, Huber R (2014) Qualität und Sicherheit chinesischer Arzneidrogen in Deutschland – ein Update. Forsch Komplementmed 21(6):401–412. https://doi.org/10.1159/000369233. ISSN 1661-4119

HerbaSinica Hilsdorf GmbH (Hrsg), Zhong W (November 2014) Herbasinica Kurier. Nr. 49 Rednitzhembach. http://www.herbasinica.de/down/Kurier-49.pdf. Zugegriffen am 23.11.2015

HerbaSinica Hilsdorf GmbH (Hrsg), Zhong W (November 2015) Herbasinica Kurier. Nr. 51 Rednitzhembach. https://www.herbasinica.de/app/download/7419977481/HerbaSinica+Kurier+51.pdf?t=1534953541. Zugegriffen am 14.04.2019

Heubl G (2013) Chapter 2: DNA-based authentication of TCM-plants: current progress and future perspectives. In: Wagner H, Ulrich-Merzenich G (Hrsg) Evidence and rational based research on Chinese drugs. Springer Science+Business Media, New York, S 27–85. ISBN 9783709104415

Hikino H, Ogata K, Konno C, Sato S (1983) Hypotensive actions of ephedradines, macrocyclic spermine alkaloids of *Ephedra* roots. Planta Med 48(4):290–293. https://doi.org/10.1055/s-2007-969936. ISSN 0032-0943

Hohmann C (2008) Chinesische Medizin – Östliche Traditionen im Westen. Pharm Ztg online (32). ISSN 0031-7136. www.pharmazeutische-zeitung.de/index.php?id=6368. Zugegriffen am 07.04.2019

Hou JP, Jin Y (2005) The healing power of Chinese herbs and medicinal recipes. Haworth Integrative Healing Press, Binghamton. ISBN 9780789022011

Klayman DL (1985) *Qinghaosu* (artemisinin): an antimalarial drug from China. Science 228(4703):1049–1055. https://doi.org/10.1126/science.3887571. ISSN 0036-8075

Konrath EL, Passos C d S, Klein-Junior LC, Henriques AT (2013) Alkaloids as a source of potential anticholinesterase inhibitors for the treatment of Alzheimer's disease. J Pharm Pharmacol 65(12):1701–1725. https://doi.org/10.1111/jphp.12090. ISSN 0022-3573

Lee MR (2011) The history of Ephedra (*ma-huang*). J R Coll Physicians Edinb 41(1):78–84. https://doi.org/10.4997/JRCPE.2011.116. ISSN 2042-8189

Lei X, Chen J, Liu C-X, Lin J, Lou J, Shang H-C (2014) Status and thoughts of Chinese patent medicines seeking approval in the US market. Chin J Integr Med 20(6):403–408. https://doi.org/10.1007/s11655-014-1936-0. ISSN 1672-0415

Li Q-Y, Zu Y-G, Shi R-Z, Yao L-P (2006) Review camptothecin: current perspectives. Curr Med Chem 13(17):2021–2039. https://doi.org/10.2174/092986706777585004. ISSN 0929-8673

Lin C-S, Chen P-C, Wang C-K, Wang C-W, Chang Y-J, Tai C-J, Tai C-J (2014) Antitumor effects and biological mechanism of action of the aqueous extract of the *Camptotheca acuminata fruit* in human endometrial carcinoma cells. Evid Based Complement Alternat Med 2014:564810. https://doi.org/10.1155/2014/564810. ISSN 1741-427X

Mehendale SR, Bauer BA, Yuan C-S (2004) *Ephedra*-containing dietary supplements in the US versus *Ephedra* as a Chinese medicine. Am J Chin Med 32:1):1–1)10. https://doi.org/10.1142/S0192415X04001680. ISSN 0192-415X

Normile D (2003) The new face of traditional Chinese medicine. Science 299(5604):188–190. https://doi.org/10.1126/science.299.5604.188. ISSN 0036-8075

Nyirimigabo E, Xu Y, Li Y, Wang Y, Agyemang K, Zhang Y (2015) A review on phytochemistry, pharmacology and toxicology studies of *Aconitum*. J Pharm Pharmacol 67(1):1–19. https://doi.org/10.1111/jphp.12310. ISSN 0022-3573

Paibir S, Rahavendran SV (2012) ADME of herbal dietary supplements. In: Lyubimov AV, Sahi J, LeCluyse E (Hrsg) Encyclopedia of drug metabolism and interactions Bd 2, Part IV: ADME of some specific groups of drugs and delivery systems. Wiley, Hoboken, S 793–840. https://doi.org/10.1002/9780470921920.edm039. ISBN 9780470450154

Ploberger F (2007) Das TCM-Rezeptierbuch – Arzneimittelkombinationen verstehen und lernen, 1. Aufl. Elsevier, Urban & Fischer, München/Jena. ISBN 9783437578403

Sahil K, Sudeep B, Akanksha M (2011) Standardization of medicinal plant materials. Int J Res Ayurveda Pharm 2(4):1100–1109. ISSN 2229-3566

Shaw D (2010) Toxicological risks of Chinese herbs. Planta Med 76(17):2012–2018. https://doi.org/10.1055/s-0030-1250533. ISSN 0032-0943

Siegel RK (1979) Ginseng abuse syndrome. Problems with the panacea. JAMA 241(15):1614–1615. https://doi.org/10.1001/jama.1979.03290410046024. ISSN 0098-7484

Singh G (1998) Recent considerations in nonsteroidal anti-inflammatory drug gastropathy. Am J Med 105(1):31. https://doi.org/10.1016/S0002-9343(98)00072-2. ISSN 0002-9343

Stöger E (2010) Drogen der Traditionellen Chinesischen Medizin in westlichen Ländern. In: Hänsel R, Sticher O (Hrsg) Pharmakognosie – Phytopharmazie, 9., überarb und aktual Aufl. Springer-Lehrbuch. Springer Science+Business Media, Berlin, S 387–414. ISBN 9783642009624

Stone R (2008) Lifting the veil on traditional Chinese medicine. Science 319(5864):709–710. https://doi.org/10.1126/science.319.5864.709. ISSN 0036-8075

Tu YY (2011) The discovery of artemisinin (*qinghaosu*) and gifts from Chinese medicine. Nat Med (N Y, NY, U S) 17(10):XIX–XXII. https://doi.org/10.1038/nm.2471. ISSN 1078-8956

Wall ME, Wani MC, Cook CE, Palmer KH, McPhail AT, Sim GA (1966) Plant antitumor agents. I. The isolation and structure of camptothecin, a novel alkaloidal leukemia and tumor inhibitor from *Camptotheca acuminata*. J Am Chem Soc 88(16):3888–3890. https://doi.org/10.1021/ja00968a057. ISSN 0002-7863

Wettig D (2010) Arzneimittelsicherheit in Kliniken. Wer kümmert sich schon um die Wechselwirkungen? MMW Fortschr Med 152(41):24. ISSN 1438-3276

World Health Organization (WHO) (1999) Monographs on selected medicinal plants, Bd 1. World Health Organization, Geneva. ISBN 9789241545174

Yang SS, Cragg GM, Newman DJ (2001) The camtothecin experience: from Chinese medicinal plants to potent anti-cancer drugs. In: Lin Y (Hrsg) Drug discovery and traditional Chinese medicine – science, regulation, and globalization. Springer Science+Business Media, New York, S 61–74. ISBN 9781461355625

Zeng Z-P, Jiang J-G (2010) Analysis of the adverse reactions induced by natural product-derived drugs. Br J Pharmacol 159(7):1374–1391. https://doi.org/10.1111/j.1476-5381.2010.00645.x. ISSN 1476-5381

Zhang JT (2002) New drugs derived from medicinal plants. Therapie 57(2):137–150. ISSN 0040-5957

Zschocke S, Lehner M, Bauer R (1997) 5-Lipoxygenase and cyclooxygenase inhibitory active constituents from *Qianghuo* (*Notopterygium incisum*). Planta Med 63(3):203–206. https://doi.org/10.1055/s-2006-957653. ISSN 0032-0943

5 Die rechtliche Situation von CHM-Arzneidrogen

Traditionelle pflanzliche Arzneidrogen und ihre Produkte werden weltweit je nach Staat unterschiedlich als Lebensmittel, Nahrungsergänzungsmittel oder traditionelles pflanzliches Heilmittel rechtlich eingeordnet und geregelt. Sie können auch als sogenanntes funktionelles Lebensmittel (*functional food*) oder Nutrazeutikum (*nutraceutical*) beworben werden (Chan et al. 2009), also ein Nahrungsmittel mit gesundheitsfördernder Wirkung, wenn gleich diese beiden Bezeichnungen keine regulatorischen Begriffe darstellen (European Nutraceutical Association (ENA) 2013). Weltweit ist die Regulierung als Nahrungsergänzungsmittel weniger streng als die Klassifizierung in ein Arzneimittel (Chan et al. 2009). Was die Einordnung von CHM-Arzneidrogen in der Europäischen Union angeht, findet sich keine einheitliche Regelung in den Mitgliedsstaaten. So sind in Deutschland importierte unbehandelte CHM-Arzneidrogen erst dann Arzneimittel und fallen unter das Arzneimittelgesetz (AMG), wenn ein Apotheker daraus eine Rezeptur für einen Patienten herstellt (OVG Lüneburg 11. Senat Urteil vom 24.10.2002; HerbaSinica Hilsdorf GmbH (Hrsg.) und Zhong März 2010; Herbasin Hilsdorf GmbH (Hrsg.) und Zhong Juli 2007). Beim Verkauf der zusammengestellten Mischung ist der Apotheker neben dem AMG auch nach der Apothekerbetriebsordnung (ApBetrO) verantwortlich, sodass er für die Identität und die Qualitätsmerkmale wie Reinheit, Gehalt und Kontaminationen (Schwermetalle, Pestizide, Aflatoxine, mikrobielle Belastung) haftbar gemacht werden kann. Um das Risiko einer Schadenersatzforderung zu vermeiden, muss er deshalb selbst die Prüfung durchführen oder ein behördlich akkreditiertes Labor dafür beauftragen. Alle Ergebnisse müssen anschließend in einem Prüfzertifikat der jeweiligen Charge aufgeführt und von einer autorisierten Person unterschrieben sein (Stöger 2010; Hempen und Fischer 2009). Folglich sollte eigentlich beim Kauf von CHM-Arzneidrogen in einer deutschen Apotheke von einer gewissen Qualität und Reinheit ausgegangen werden (Hohmann 2008; Focks (Hrsg.), Al-Khafaji et al. 2010; Bauer 1995). So ist in der Apotheken Umschau vom 1. Oktober 2012 folgendes über TCM (Anmerkung der Autoren: CHM wäre die korrekte Bezeichnung) aus der Apotheke zu lesen: „… Die Identität der Stoffe wird in der Apotheke mithilfe von Kräutersammlungen, Mikros-

A.-F. von Trotha, O. J. Schmitz, *Qualitätskontrolle in der TCM*,
https://doi.org/10.1007/978-3-662-59256-4_5

kopen und modernsten Gerätschaften überprüft …“. Aus unserer Sicht können mit den in Apotheken vorhandenen Gerätschaften diese Überprüfungen aber nicht umfässlich durchgeführt werden. Dem Verbraucher wird deshalb aus unserer Sicht eine Qualitätskontrolle der CHM-Arzneidrogen suggeriert, die zurzeit technisch und wirtschaftlich in Apotheken nicht möglich ist. Deshalb versuchen seriöse TCM-Apotheken in Deutschland ihre TCM-Arzneidrogen von gewissenhaften Großhändlern zu beziehen. CHM-Arzneidrogen sind zwar apothekenpflichtig, aber benötigen z. B. in Form einer vom Apotheker zusammengestellten Teemischung keine Zulassung (Reichling et al. 2001; Bundestag und Bundesrat der Bundesrepublik Deutschland 2005; Stöger 2010; Ploberger 2007). CHM-Arzneidrogen sind in Deutschland erst dann zulassungspflichtig, wenn sie als fertige Zubereitung wie in einem Fertigarzneimittel vorliegen, das nicht individuell für einen Patienten hergestellt wurde (Stöger 2010). Zulassungsfähig sind traditionelle Arzneimittel nach den Richtlinien der Europäischen Union allerdings erst, wenn sie mindestens 30 Jahre in der Anwendung sind und innerhalb dieser mindestens 15 Jahre innerhalb der Europäischen Union verwendet wurden (Stöger 2010; Grossmann 2008). Abgesehen von diesen zeitlichen Kriterien ist die Wahrscheinlichkeit auf eine erfolgreiche Zulassung von CHM-Arzneimitteln relativ gering, da ihre Arzneisicherheit aufgrund von häufig nicht ausreichender Qualitätskontrolle, eventuell absichtlich zugesetzten CHM-Mineralien, die Schwermetalle wie Quecksilber oder Arsen enthalten können und möglichen nicht deklarierten Zusätzen von chemisch-synthetischen Arzneiwirkstoffen nicht immer gewährleistet werden kann (Stöger 2010). Während CHM-Rohdrogen für und von deutschen Anbietern rechtlich als Rohstoffe und damit nicht als Arzneimittel gewertet werden und somit auch als Gewürze (z. B. *Rhizoma Zingiberis* (Ingwer)) verkauft werden dürfen, werden Granulate hingegen beim Import nach Deutschland als Arzneimittel eingestuft (HerbaSinica Hilsdorf GmbH (Hrsg.) und Zhong März 2010; HerbaSinica Hilsdorf GmbH (Hrsg.) April 2011; Bundesverwaltungsgericht Urteil vom 03.03.2011). Somit können speziell deutsche CHM-Großhändler Granulate aus bürokratischen Gründen nur aus EU-Ländern und im Gegensatz zu diesen nicht direkt aus China, einem Nicht-EU-Mitgliedstaat, importieren (HerbaSinica Hilsdorf GmbH (Hrsg.) April 2011). Da die den Granulaten beiliegenden Zertifikate des Herstellerlandes keine Ergebnisse der Identitätsprüfungen enthalten, unterliegt dem importierten Produkt in Deutschland eine Qualitätskontrolle, aus der für jede geprüfte Charge ein Zertifikat beigelegt werden muss. Für eine höhere Qualitätsgarantie betreiben einige europäische Hersteller eigene Plantagen oder Produktionsanlagen in asiatischen Ländern (Hempen und Huber 2014). Obwohl China 1993 dem Washingtoner Artenschutzabkommen beigetreten ist, muss der Zwischenhändler bzw. der Apotheker weiterhin aufmerksam beachten, dass es sich bei importierten CHM-Arzneidrogen um gefährdete Pflanzen-, Pilz- oder Tierarten handeln kann (Reichling et al. 2001). Patienten, die durch den Erwerb von CHM-Arzneidrogen bzw. deren Zubereitungen im Internet Geld sparen wollen, gehen beim Kauf von nicht oder nur ungenügend geprüfter Ware eventuell ein gesundheitliches Risiko ein (Stöger 2010). Beispielsweise können sie kanzerogene Aristolochiasäure enthalten. Auch die Ware in sogenannten Asialäden in der EU, Kanada oder den USA ist vor dem Verkauf an den Endverbraucher oftmals nicht auf Qualität geprüft worden. Dies wird durch teilweise hohe Pestizid-Gehalte belegt, die nicht nur über den in der EU erlaubten Maximalwerten für Lebensmittel liegen können, sondern auch von der WHO als gesundheitlich hochriskant eingestuft werden (Greenpeace East Asia, (Hrsg.) 17.04.2013).

5.1 Fazit

Eine Qualitätskontrolle von CHM-Arzneidrogen ist aufgrund der Komplexität in Apotheken oftmals nur unvollständig möglich. Jedoch birgt der Erwerb von CHM-Arzneidrogen im Internet oder anderen Geschäften deutlich höhere Risiken.

Literatur

Bauer R (1995) Chinesische Arzneidrogen und ihr Potential für die westliche Medizin. Pharm Ztg 140:1929–1941. ISSN 0031-7136

Bundestag und Bundesrat der Bundesrepublik Deutschland Gesetz über den Verkehr mit Arzneimitteln (Arzneimittelgesetz – AMG) in der Fassung der Bekanntmachung vom 12. Dezember 2005 (BGBI. I S. 3394), das zuletzt durch Artikel 1 der Verordnung vom 2. September 2015 (BGBI. I S. 1571) geändert worden ist. http://www.gesetze-im-internet.de/bundesrecht/amg_1976/gesamt.pdf. Zugegriffen am 19.04.2019

Bundesverwaltungsgericht Urteil vom 03.03.2011, BVerwG 3 C 8.10. http://www.bverwg.de/entscheidungen/entscheidung.php?ent=030311U3C8.10.0. Zugegriffen am 16.03.2019

Chan K, Leung KS-Y, Zhao SS (2009) Harmonization of monographic standards is needed to ensure the quality of Chinese medicinal materials. Chin Med (Publisher: International Society for Chinese Medicine) 4:18. ISSN 1749-8546. https://doi.org/10.1186/1749-8546-4-18

European Nutraceutical Association (ENA) (2013) Nutrazeutika in der ärztlichen Praxis – Mit besonderer Berücksichtigung der arztrechtlichen Situation in Deutschland. Erstausgabe. European Nutraceutical Association Basel, Schweiz. ISBN 9783952352786. http://www.enaonline.org/files/artikel/319/Nutraceuticals%20in%20der%20aerztlichen%20PraxisWEB.pdf. Zugegriffen am 24.03.2019

Focks C (Hrsg), Al-Khafaji M et al (2010) Leitfaden Chinesische Medizin, 6. Aufl. Elsevier/Urban & Fischer, München. ISBN 9783437564833

Greenpeace East Asia (Hrsg) (17.04.2013) Chinese herbs: Elixir of health or pesticide cocktail? Results of sample testing from seven countries. Beijing. http://www.greenpeace.org/international/Global/eastasia/publications/reports/food-agriculture/2013/chinese-herbs-testing-results.pdf. Zugegriffen am 09.04.2019

Grossmann U (2008) Kooperation: Deutsch-chinesische Beziehungen. Pharm Ztg online (32). ISSN 0031-7136. www.pharmazeutische-zeitung.de/index.php?id=6366. Zugegriffen am 09.04.2019

Hempen C-H, Fischer T (2009) A *Materia Medica* for Chinese medicine – plants, minerals, and animal products. 1. Aufl publiziert in Englisch. Churchill Livingstone Elsevier, Edinburgh/London/New York/Oxford/Philadelphia/St Louis/Sydney/Toronto. ISBN 9780443100949

Hempen N, Huber R (2014) Qualität und Sicherheit chinesischer Arzneidrogen in Deutschland – ein Update. Forsch Komplementmed 21(6):401–412. ISSN 1661-4119. https://doi.org/10.1159/000369233

Herbasin Hilsdorf GmbH (Hrsg), Zhong W (Juli 2007) Herbasin Kurier. Nr. 27, Rednitzhembach. http://www.herbasinica.de/down/kur200707.pdf. Zugegriffen am 16.02.2016

HerbaSinica Hilsdorf GmbH (Hrsg), Zhong W (März 2010) HerbaSinica Kurier. Nr. 36, Rednitzhembach. http://www.herbasinica.de/down/Kurier-36.pdf. Zugegriffen am 23.11.2015

HerbaSinica Hilsdorf GmbH (Hrsg) (April 2011) HerbaSinica Kurier. Nr. 41, Rednitzhembach. http://www.herbasinica.de/down/Kurier201104.pdf. Zugegriffen am 05.02.2016

Hohmann C (2008) Chinesische Medizin – Östliche Traditionen im Westen. Pharm Ztg online (32). ISSN 0031-7136. www.pharmazeutische-zeitung.de/index.php?id=6368. Zugegriffen am 07.04.2019

OVG Lüneburg 11. Senat Urteil vom 24.10.2002, 11 LC 207/02 Arzneimittel; Pflanzenteil; arzneiliche Zweckbestimmung. http://www.rechtsprechung.niedersachsen.de/jportal/portal/page/bsndprod.psml?doc.id=MWRE008220300&st=null&showdoccase=1. Zugegriffen am 13.04.2019

Ploberger F (2007) Das TCM-Rezeptierbuch - Arzneimittelkombinationen verstehen und lernen, 1. Aufl. Elsevier/Urban & Fischer, München/Jena. ISBN 9783437578403

Reichling J, Müller-Jahncke W-D, Borchardt A (2001) Arzneimittel der komplementären Medizin. Govi, Eschborn. ISBN 9783774107724

Stöger E (2010) Drogen der Traditionellen Chinesischen Medizin in westlichen Ländern. In: Hänsel R, Sticher O (Hrsg) Pharmakognosie – Phytopharmazie. Springer-Lehrbuch, 9., überarb und aktual Aufl. Springer Science+Business Media, Berlin, S 387–414. ISBN 9783642009624

Teil II

Qualitätskontrolle

6 Gründe für den Bedarf einer Qualitätskontrolle bei CHM-Heilmitteln

Da Verfälschungen und minderwertige Arzneidrogenqualitäten die häufigsten toxikologischen Risiken bei CHM-Arzneidrogen darstellen (Shaw 2010), muss eine irrtümlich oder bewusst herbeigeführte Substitution, eine Verfälschung und eine Kontaminierung jeder Arzneidroge zum Wohl des Patienten vermieden werden (Chen et al. 2004; Ploberger 2007; Hou und Jin 2005; Stöger 2010; Chan 2005; Focks (Hrsg.), Al-Khafaji et al. 2010; Shaw 2010; Zeng und Jiang 2010).

Im Folgenden sollen für CHM-Arzneidrogen und damit letztendlich auch deren Zubereitungen mögliche Ursachen für

- schwankende und minderwertige Arzneidrogenqualitäten,
- für Verfälschungen und Substitutionen,
- für die Kontaminationen mit chemischen Substanzen (Schwermetalle, Pestizide, chemisch-synthetische Arzneimittel) sowie
- biologisch unerwünschtem Material (botanisches Fremdmaterial, mikrobiologische Belastung)

näher erläutert werden.

Fremdmaterial ist definiert als das Material, das nicht als Arzneipflanzendrogenanteil bezeichnet wird. Es kann sich dabei um mineralisches (z. B. Sand) oder um botanisches Material handeln, das entweder von artfremden Pflanzen oder von für den beabsichtigten medizinischen Einsatz falschen Pflanzenbestandteilen der richtigen Arzneipflanze stammt (Government of the Hong Kong Special Administrative Region (Chinese Medicine Division – Department of Health) et al. 2005, 2008, 2010, 2012a, b, 2013, 2015).

A.-F. von Trotha, O. J. Schmitz, *Qualitätskontrolle in der TCM*,
https://doi.org/10.1007/978-3-662-59256-4_6

6.1 Ursachen für Schwankungen des chemischen Profils

Das chemische Profil einer Heilpflanze ist hauptsächlich von der Pflanzenart und damit von der eigentlichen Genetik der Pflanze abhängig. Schwankungen dieses Profils können durch den Einfluss von Unterarten, Genotypen, geographischem Standort, d. h. Bodeneigenschaften, Wetter bzw. klimatischen und jahreszeitlichen Bedingungen sowie der damit verbundenen Lichtqualität und –quantität und Wasser- und Nährstoffversorgung entstehen. Zusätzlich wirkt sich auch der Erntezeitpunkt auf die Ausbeute von pharmakologischen Wirkstoffen aus. Wird dieser nämlich für die jeweilige Pflanzenart bzw. die entsprechend therapeutisch interessierenden Pflanzenteile wie Wurzeln, Blätter oder Blüten optimal ausgewählt, kann die höchst mögliche Ausbeute erzielt werden (Hou und Jin 2005; Focks (Hrsg.), Al-Khafaji et al. 2010; Chen et al. 2004; Teuscher et al. 2003; Hempen und Fischer 2009; Wang et al. 2009; Shaw 2010; Heuberger et al. 2014; Sahil et al. 2011). Obwohl generell zu wenig Wasser einen negativen Einfluss auf das Wachstum und die Entwicklung einer Pflanze hat, kann durch diese Art von Stresseinwirkung auf die Pflanze in einigen Fällen eine erhöhte Synthese und damit ein steigender Gehalt von bestimmten sekundären Metaboliten[1] wie Alkaloiden erfolgen (Palevitch 1991). Außerdem können das Alter einer Pflanzendroge, der Anteil an Blättern oder Stängeln sowie Trocknungs-, Lager- und Transportbedingungen variable Inhaltsstoffqualitäten verursachen (Heuberger et al. 2010; Heuberger 2007; Sahil et al. 2011; Hou und Jin 2005; Shaw 2010; Wang et al. 2009). Auch wenn bei kontrolliertem Kulturanbau die Herkunft der Saat bzw. die züchterischen oder genetischen Veränderungen der Pflanzen ebenfalls einen Einfluss auf das chemische Profil haben (Heuberger et al. 2010; Heuberger 2007; Palevitch 1991), so müsste dieses bei gleichen Kulturpflanzen aufgrund des gleichen Saatguts und fehlender genetischer Unterschiede so gut wie identisch sein, solange sich die Standortbedingungen nicht groß unterscheiden. Zumindest liefert der Kulturanbau eine weitgehend gleichbleibend hohe Qualität (Palevitch 1991), während die Wahrscheinlichkeit für Inhomogenitäten des Wirkstoffprofils bei einer Heilpflanzendroge aus einem Wildbestand deutlich größer ist (Chen et al. 2004; Palevitch 1991). Wildbestände dürften nämlich im Gegensatz zu Kulturpflanzen eine deutlich größere genetische Vielfalt an Unterarten bzw. Genotypen und damit auch größere Unterschiede im chemischen Profil untereinander aufweisen. Zudem wachsen Wildbestände nicht immer auf einer begrenzten und mehr oder weniger überschaubaren Fläche wie Kulturpflanzen, sondern sind je nach Pflanzenart und nötigen Standortvoraussetzungen weiträumig punktuell oder mehr oder weniger flächendeckend über eine oder mehrere Regionen verteilt. Dadurch sind die einzelnen Pflanzen im Gegensatz zu den Kulturpflanzen einer größeren Variabilität in den generellen Wetter- bzw. Klimabedingungen als auch einer größeren Bandbreite an unterschiedlichen Mikro-

[1] Im Gegensatz zu den Primärstoffen einer Pflanze wie Aminosäuren, Zuckern, Fettsäuren und Nukleinsäuren dienen ihre sekundär gebildeten Metabolite (z. B. Phenole, Terpene, Alkaloide) eher untergeordnet zum Aufbau ihrer Zellen und deren Stoffwechsel und üben stattdessen z. B. die Funktion als Fraß- und Insektenschutz oder als Lockstoff aus. Diese sekundären Metabolite sind auch als pflanzliche Wirkstoffe bekannt (Hänsel und Sticher 2010; Schneider und Hiller 1999).

klimata des Standorts jeder einzelnen Pflanze ausgesetzt, sodass sie einen noch größeren Unterschied im chemischen Profil innerhalb der gleichen zeitlichen Erntecharge zum Kulturanbau aufweisen. Beispielsweise sind Standorte mit idealen Wachstumsbedingungen für *Panax ginseng* nicht einfach zu finden, da letztendlich das Mikroklima am Standort entscheidend für das Qualitätsergebnis der Ernte ist (Persons 1994). Selbst wenn es theoretisch keine Einflussnahme auf eine Arzneipflanze durch ein Mikroklima geben würde, kann der Gehalt unterschiedlicher Inhaltsstoffe je nach Region und topographischer Höhe des Standorts deutlich differieren (Chen et al. 2004; Palevitch 1991). Dadurch kann eine gleichbleibende Qualität besonders im großflächigen China mit seinen unterschiedlichen und teilweise an die Topographie gebundenen weiträumigen Klimazonen nicht gewährleistet werden (Hempen und Fischer 2009). Für viele CHM-Arzneipflanzen gibt es jedoch bzgl. des Standortes eine zu bevorzugende chinesische Provinz, die gegenüber anderen geographischen Regionen eine deutlich höhere Wirkstoffqualität hervorbringt. Dies kann sich im *Pīnyīn*-Namen der Pflanze widerspiegeln, indem nämlich der optimale Standort in ihrem Namen erscheint. So hat sich z. B. die Provinz Sichuan (*Sìchuān* (四川), die in China i. Allg. als *Chuān* (川) abgekürzt wird, als optimaler Standort für eine hohe Qualität von *Rhizoma Ligustici chuanxiong* (Sichuan-Liebstöckel-Wurzelstock, *chuānxiōng* (川芎); Fam.: *Apiaceae*), *Bulbus Fritillariae cirrhosae* (*chuānbèimǔ* (川贝母); Zwiebel der gelben Himalaja-Schachbrettblume; Fam. *Liliaceae*) und *Radix Aconiti carmichaelii* (allgemeine Bezeichnung der Wurzeln: *chuānwū* (川乌); Hauptwurzel: *chuānwūtóu* (川乌头)) erwiesen, worauf die Silbe „*chuān* (川)“ hinweist. Dieselbe Arzneipflanze, die an einem etwas weniger optimalen Standort wächst, trägt bzw. sollte natürlich den gleichen Namen tragen, um sie nicht mit anderen Arzneipflanzen zu verwechseln (Chen et al. 2004). Damit erhält der Name zwar keine geografische Information über den Standort der Pflanze, doch allein aufgrund der Größe Chinas und der immensen Mannigfaltigkeit an verwendeten CHM-Arzneipflanzen dürfte damit ein Namenschaos vermieden werden, was am Ende noch viel häufiger zu einer Verwechslung von Heilpflanzen untereinander führen würde und das Risiko des Patienten, an eine ungeeignete wenn nicht sogar toxische Pflanze zu geraten, deutlich erhöhen würde.

In China gibt es heutzutage drei unterschiedliche Finanzierungsstrategien beim Arzneipflanzenanbau. Ein Bauer kann entweder individuell und eigenständig sowohl den Feldanbau als auch den Verkauf von Arzneipflanzen an lokale Zwischenhändler durchführen. Er kann aber auch den Anbau nach den Wünschen eines Zwischenhändlers oder Verarbeiters, wie z. B. die Bewirtschaftung nach GAP-Richtlinien (*Good Agriculture Practice*) anpassen. Daneben gibt es noch die Möglichkeit, dass CHM-Pharmafirmen Felder pachten und diese von Bauern gegen Bezahlung mit Arzneipflanzen bewirtschaften lassen (Heuberger et al. 2015). Da die CHM-Pharmafirmen jedoch nur 5 % der CHM-Heilpflanzen für ihre Arzneiprodukte aus ihrem eigenen kontrollierten und standardisierten Anbau decken können, müssen sie aufgrund des immens großen Nachfragedrucks nach CHM-Heilpflanzendrogen auf alles zurückgreifen, was auf dem Markt davon angeboten wird. Das bedeutet, dass die CHM-Pharmafirmen die restlichen 95 % der CHM-Heilpflanzen (Leung und Cheng 2008) von chinesischen, meist familiär geführten, bäuerlichen Kleinbetrieben beziehen müssen, die nur über kleine Ackerparzellen verfügen (Leung und Cheng 2008; Hempen und Huber 2014). Dadurch kann es zu unterschiedlichen und untereinander deutlich inhomogenen Chargen bei den CHM-Heilpflanzen als auch deren Zubereitungen wie Rezepturen kommen. Vermutlich kann dies an Schwankungen des chemischen Profils aufgrund von unterschiedlichem Saatgut und mehr oder weniger differenten Standortbedingungen, wie z. B. leicht unterschiedliche Anbaumethoden, verschiedene Zusammensetzung der Böden oder bei Lieferung aus mehreren chinesischen Regionen auch an ungleich klimatischen Bedingungen liegen. Zudem erschweren die Lieferungen der vielen kleinen landwirtschaftlichen Betriebe die Dokumentation und eine kontinuierliche Qualitätssicherung (Hempen und Huber 2014). Darüber hinaus können Schwankungen im chemischen Profil durch Vorbehandlungsmethoden (*Pàozhì* (siehe Abschn. 3)) der CHM-Arzneipflanzendrogen verursacht werden. Diese werden nämlich auf den Märkten oft nicht in roher Form verkauft, sondern als frisch geerntete Heilpflanzen bzw. Heilpilze vorher einer geeigneten Vorbehandlung unterzogen. Dabei können chemische Inhaltsstoffe zerstört, entfernt oder neu gebildet werden. Folglich ruft dies eine Veränderung des ursprünglichen chemischen Profils der betreffenden Heilpflanzen- bzw. Heilpilzdroge hervor (Shaw 2010; Wang et al. 2009; Hou und Jin 2005; Hempen und Fischer 2009; Heuberger et al. 2014; Sahil et al. 2011; Palevitch 1991). Das erhaltene Ergebnis an Inhaltsstoffen kann möglicherweise von der gewählten Vorbehandlungsmethode und deren eingestellter Parameter abhängen. Bis auf wenige Ausnahmen wurden für die *Pàozhì* bisher weder die chemischen noch die daraus resultierenden pharmakologischen Veränderung wissenschaftlich untersucht, was damit zusätzlich die Qualitätskontrolle aufgrund der fehlenden Datenlage erschwert (Hempen und Fischer 2009).

6.2 Ursachen für minderwertige Arzneidrogenqualitäten

Es wird vermutet, dass bei ca. zwei Dritteln des Rohmaterials an Heilpflanzen (Zhong 2015) bzw. bei 60 % der 200 wichtigsten CHM-Heilpflanzendrogen in China auf Kulturanbau zurückgegriffen wird (Institute of Medicinal Plant Development (IMPLAD) 2005). Die Anbaufläche für den Kulturanbau von Heilpflanzen in China ist im Jahreszeitraum von 1978 bis 2012 fast auf das Achtfache angewachsen (Zhong 2015), wodurch im Laufe des 20. Jahrhunderts der Anteil des Kulturanbaus von Arzneipflanzen bei abnehmenden Wildsammlungen zunahm (HerbaSinica Hilsdorf GmbH und Zhong 2014). Allerdings gibt es noch keine Entwarnung für bedrohte Arzneipflanzen in China (Zhong 2015). Heutzutage stammen nämlich immer noch ca. 70 % (Institute of Medicinal Plant Development (IMPLAD) 2005) bis 80 % (Li et al. 2015) aller in der CHM verwendeten Heilpflanzendrogen aus Wildbeständen (Gao et al. 2002; Zhong 2015). Folglich ist hier dringend eine nachhaltige Nutzung erforderlich, welche auch im Modernisierungsplan der TCM der 1990er-Jahre als wichtiges Handlungskriterium festgehalten wurde. Manchmal werden Heilpflanzendrogen aus Kulturen als qualitativ minderwertig gegenüber der Wildsammlung eingeschätzt (The World Wide Fund for Nature – India (WWF-India) et al. 2000), wie dies z. B. aus der Sicht der Chinesen bei *Panax ginseng* der Fall ist

(Zhen et al. 2015; TRAFFIC Network North America et al. 1998; University of Kentucky (College of Agriculture) et al. 2012). Zwar wächst die Wurzel von *Panax ginseng* als Kulturpflanze an dem von Menschen gestalteten Standort deutlich schneller und baut mehr Volumen auf als ihre Wildform, doch wird sie noch vor Ablauf der sechs Jahre früher geerntet als die Wildform. Letztere hingegen bleibt länger an ihrem Standort im Waldboden und kann nach chinesischer Vorstellung dadurch mehr Naturkraft aus dem Waldboden in sich speichern, sodass sie als wirkungsstärker betrachtet und deshalb der Ernte aus dem Kulturanbau vorgezogen wird (Zhen et al. 2015). Mittlerweile konnte wissenschaftlich tatsächlich teilweise die größere Wirkstärke von wild wachsenden Heilpflanzen gegenüber denen aus Kulturen bestätigt werden (The World Wide Fund for Nature – India (WWF-India) et al. 2000). So konnten beispielsweise Zhen et al. bei der wilden Wurzel von *Panax ginseng* einen höheren Gehalt an bioaktiven Ginsenosiden feststellen als bei der kultivierten Form (Zhen et al. 2015). Hypothetische Erklärung für einen höheren Wirkstoffgehalt bei einer Wildform ist die verstärkte Bildung von sekundären Metaboliten in einer Pflanze, wenn diese an ihrem natürlichen Standort mehr dem Umweltstress, wie z. B. Trockenheit, Schatten oder dem Wettbewerb mit anderen Pflanzen, ausgesetzt ist. Diese Art von Wachstumsbedingungen am Standort sind nämlich nicht mit denen bei einem vom Menschen betreuten Kulturanbau vergleichbar (The World Wide Fund for Nature – India (WWF-India) et al. 2000; Zhen et al. 2015). Am Beispiel *Panax ginseng* bedeutet dies konkret, dass für seinen Kulturanbau ein spezieller Boden vorbereitet und zur Erzeugung von künstlichem Schatten über dem Standort eine schwarze Polypropylenfolie angebracht wird (University of Kentucky (College of Agriculture) et al. 2012). Zudem kann schnelleres Wachstum, wie es bei Kulturen verstärkt der Fall sein kann (Zhen et al. 2015), geringere Wirkstoffkonzentrationen verursachen. Hingegen kann im Gegensatz zu den Wildbeständen im Kulturanbau durch genetisch kontrollierte Bedingungen ein höherer Gehalt an bestimmten gewünschten Inhaltsstoffen in den betreffenden Heilpflanzenteilen, die als Arzneidroge genutzt werden sollen, erzielt werden. Daneben kann durch genetische Manipulationen eine verbesserte Anpassung der Pflanze an die Umweltbedingungen ihres Standorts wie Boden und Klima erreicht werden (Palevitch 1991). Außerdem ist bei Kulturen eine Erhöhung des Wirkstoffanteils im chemischen Profil durch Umstellung von intensiven auf extensiven Anbau zu beobachten (HerbaSinica Hilsdorf GmbH und Zhong 2014). Auch wenn eine Pflanzendroge aus einem Wildbestand nicht nur oft als wirksamer gilt als ihr Analogon aus dem Kulturanbau, sondern auch dieser Unterschied durch den analytischen Vergleich ihrer beiden chemischen Profile wissenschaftlich bestätigt werden kann, so wäre die weltweite Nachfrage vieler Heilpflanzendrogen wohl kaum mit den vorhandenen Wildbeständen zu sättigen. Zumindest gilt dies auf jeden Fall für *Panax ginseng* (Persons 1994), einer der weltweit am häufigsten nachgefragten Arzneipflanzen. Ein weiterer Grund, warum heutzutage CHM-Pharmafirmen auch außerhalb von China Kulturanbau bevorzugen, liegt in der Option einer Zertifizierung ihrer Produkte bei biodynamischer Anbauweise (Schippmann et al. 2003). Während es bei Wildbeständen zu möglichen Lieferengpässen kommen kann und meist keine sichere Angaben vorliegen, ob es sich um eine nachhaltige Ernte handelt (Bayerische Landesanstalt für Landwirtschaft (LfL) et al. 2014; Hummelsberger et al. 2006; Heuberger et al. 2010, 2014; Hempen und Fischer 2009; Kandler-Schmitt 2014; Gensthaler 2014; Blaszczyk 2000), bieten Kulturpflanzen stabilere Liefermöglichkeiten (Kandler-Schmitt 2014; Gensthaler 2014; Hempen und Fischer 2009). Allerdings sind die Kosten für Wildsammlungen deutlich geringer als für kontrollierte Kulturbestände definierter Pflanzenart. Des Weiteren kann eine geplante Umstellung von Wildbeständen auf Kulturanbau mehrere Jahre in Anspruch nehmen (Kandler-Schmitt 2014; Gensthaler 2014; Hempen und Fischer 2009; Schippmann et al. 2003). Im Fall *Alchemilla alpina* (Alpen-Frauenmantel; Fam. *Rosaceae*) kann dies z. B. 12 Jahre benötigen (Schneider et al. 1999). Ferner sind einige Arzneipflanzenarten wegen ihrer biologischen Besonderheiten nur schwer kultivierbar, weil sie keinen ausreichend hohen Wirkstoffgehalt wie ihre zugehörige Wildsammlung erreichen, nur geringe Keimfähigkeit erzielen, langsames Wachstum aufweisen, erhöhte Krankheitsanfälligkeit zeigen oder möglicherweise für die Art unbedingt notwendige ökologische Anforderungen, wie z. B. an spezielle Böden, erfüllt sein müssen. Aufgrund dieser Kriterien muss dann weiterhin auf Wildbestände zurückgegriffen werden (Kandler-Schmitt 2014; Gensthaler 2014; Schippmann et al. 2003). Auf der anderen Seite weisen Erntequalitäten von Kulturanbau nur selten botanische Inhomogenitäten auf, während dies hingegen deutlich häufiger bei Wildsammlungen auftritt und es bei diesen auch meist deutlich stärker Unterschiede des Rohmaterials sowie stärkere Schwankungen des Wirkstoffgehalts gibt. Darüber hinaus charakterisieren sich Wildsammlungen durch ein erheblich höheres Risiko an Verunreinigungen u. a. mit artfremden Bestandteilen (Kandler-Schmitt 2014; Gensthaler 2014; Hempen und Fischer 2009; Schippmann et al. 2003). Das überwiegende Problem bei Wildsammlungen ist jedoch das der falschen Pflanzenidentität (HerbaSinica Hilsdorf GmbH und Zhong 2009), welche zum größten Teil durch Verfälschungen verursacht wird (Bayerische Landesanstalt für Landwirtschaft (LfL) et al. 2014; Hummelsberger et al. 2006; Heuberger et al. 2010, 2014; Hempen und Fischer 2009; Kandler-Schmitt 2014; Gensthaler 2014; Blaszczyk 2000).

Allerdings sollten Wildsammlungen auf jeden Fall nachhaltig unter Beachtung von Ruheperioden erfolgen, um die Bestände nicht zu gefährden (Kandler-Schmitt 2014; Gensthaler 2014; Schippmann et al. 2003). Dafür wurde von einigen Naturschutzorganisationen wie dem Bundesamt für Naturschutz (BfN) und dem *World Wide Fund For Nature* (WWF) ein internationaler Standard für den Umgang mit Wildsammlungen von Heil- und Aromapflanzen aufgestellt (Bundesamt für Naturschutz (BfN) et al. 2013). Jedoch können Personen, die in China Wildsammlungen vornehmen, kaum Wissen über Nachhaltigkeit vorweisen (Li et al. 2015). Denkbare Gründe dafür könnten in dem von Li et al. erwähnten meist nicht hohen Bildungsstand der Sammler liegen (Li et al. 2015) oder bzw. und an einem nicht ausreichend stark ausgeprägten Naturbewusstsein. Sie führen die Ernten der Wildbestände der Heilpflanzen nach ihren Gewohnheiten und ihren wirtschaftlichen Belangen aus (Li et al. 2015), sodass die Wildsammlungen meist unkontrolliert statt nachhaltig stattfinden (Kandler-Schmitt 2014; Gensthaler 2014; Chen et al. 2004) und die betreffenden Pflanzen und ihre Standorte dadurch ernsthaft zerstört werden können (Li et al. 2015). Doch auch durch die zunehmende Industrialisierung und das große Wirtschaftswachstum Chinas der letzten Jahre sowie die weltweit steigende Nachfrage nach CHM-Arzneidrogen und deren Zubereitungen werden die natürlichen Lebensräume der Pflanzenarten Chinas durch den Einfluss des Menschen teilweise immer kleinflächiger, verschmutzt oder gar zerstört. Als Folge daraus nehmen die natürlichen Heilpflanzen-Ressourcen um 30 % (Li et al. 2015) pro Jahr ab, sodass inzwischen schon etliche CHM-Heilpflanzenarten gefährdet bzw. sogar vom Aussterben bedroht sind (Gao et al. 2002; Li et al. 2015; HerbaSinica Hilsdorf GmbH und Zhong 2014), zumal die Wildbestände der optimalen Standorte den hohen Bedarf mittlerweile nicht immer decken können (Chen et al. 2004; Hempen und Fischer 2009). Untersuchungen bedrohter CHM-Arzneipflanzenarten legen ihre Zahl auf 1800 bis 2100 fest (Li et al. 2015). Bei den weltweit ungefähr 72.000 genutzten Arzneipflanzen, von denen schätzungsweise 4000 bis 7000 Arten auf Märkten gehandelt werden, liegt die Zahl der bedrohten Arten sogar bei ca. 15.000 (Kandler-Schmitt 2014; Gensthaler 2014). Folglich kann die Nachfrage der am häufigsten verwendeten CHM-Arzneipflanzenarten zu 80 % nicht gestillt werden (Li et al. 2015).

Ein möglicher Grund zur Hoffnung für die Erhaltung dieser wertvollen Ressourcen bietet jedoch der schon erwähnte von der chinesischen Regierung aufgestellte Modernisierungsplan für die TCM. Dort wurde dieses Risiko aufgegriffen und berücksichtigt (Liu et al. 2011). Ein zentraler Punkt dieses Plans fordert die Einführung von GAP-Richtlinien und damit die Förderung des Kulturanbaus von Heilpflanzen. Dies bedeutet nicht nur eine erhöhte Sicherheit für den Patienten aufgrund einer geringeren Wahrscheinlichkeit, dass sich falsche Arzneipflanzen in der Ernte befinden, sondern auch die Abnahme der Ernten aus Wildbeständen (Gao et al. 2002). Folglich können sich die Wildbestände selbst als auch das direkte Areal um den Standort der einzelnen abgeernteten Heilpflanzen vom Eingriff des Menschen wieder erholen (Li et al. 2015). Dadurch bietet sich die Möglichkeit zu einer nachhaltigen Ernte der CHM-Heilpflanzen und damit eine Sicherung der Biodiversität in China (Gao et al. 2002). Statt der herkömmlichen Wildsammlungen könnte die Alternative auch das sogenannte *natural fostering*, die Pflanzenaufzucht an natürlichen Standorten, sein. Sofern der Kulturanbau nämlich nach den Maßstäben der konventionellen Landwirtschaft durchgeführt wird, stehen dem Artenschutz und der erfolgreicheren Bedienung der weltweit hohen Nachfrage nach CHM-Heilpflanzen oft eine Kontamination mit Pestiziden und Schwermetallen und wie schon in diesem Kapitel aufgeführt, eine nicht selten geringere Qualität des Wirkstoffprofils entgegen. Diese Nachteile bestehen nicht bei der deutlich nachhaltigeren Aufzucht des *natural fostering* (Li et al. 2015), welche mit Unterstützung der Vereinte Nationen (UN) zum ersten Mal um das Jahr 2002 für *Fritillaria cirrhosa* über eine weite Fläche Chinas mit Erfolg ausprobiert wurde (Li et al. 2012; Institute of Medicinal Plant Development (IMPLAD) 2005). *Fritillaria cirrhosa* ist nämlich durch Übererntung und durch den schwindenden Lebensraum dieser endemischen Pflanze, die weltweit nur in einer bestimmten Gebirgsregion in China wächst — und damit ein weiteres Beispiel für die dargestellte große Biodiversität Chinas ist — bedroht (Konchar et al. 2011). Da ähnlich wie bei Wildbeständen beim *natural fostering* eine stärkere kommunikative Interaktion zwischen der Heilpflanze und anderen unterschiedlichen Pflanzen am Standort zur Bildung von höheren Gehalten an sekundären Inhaltsstoffen besteht, ist das chemische Profil vergleichbar mit dem aus den herkömmlichen Wildbeständen. Deshalb ist auch die medizinische Wirkung bzw. Wirkungsstärke zu diesen adäquat (Li et al. 2012) und würde somit eine angemessene nachhaltige Alternative für die Ernte aus gewohnten Wildbeständen bedeuten.

Da gemäß traditionellen Rezepturen hergestellte OTC-Fertigarzneimittel aus chinesischen Arzneidrogen i. d. R. aufgrund der öffentlichen Bekanntheit der Rezeptur z. B. durch historische Schriften keinen Patentstatus aufweisen, kann die gleiche Rezeptur in China von mehreren herstellenden CHM-Pharmafirmen auf den Markt gebracht werden (Li et al. 2008; Chan 2005). Dabei lassen viele Hersteller wegen der fehlenden finanziellen Einnahmen durch Patente oft nur das Nötigste an Investitionen für Forschung, Entwicklung wie auch Qualitätskontrolle einfließen (Chan 2005). Auch wenn für die gleiche Rezeptur Arzneidrogen der gleichen Heilpflanzenarten und der gleichen genetischen Variante (Unterart, Chemotyp u. ä.) verwendet werden und Substitutionen dieser ausgeschlossen sind, können deren chemische Profile aufgrund von unterschiedlichen Standorten und Erntezeitpunkten quantitativ anders sein (Stone 2008). Zudem kann bei Verwendung von Heilpflanzen aus Wildbeständen das Wirkstoffprofil eine größere Inhomogenität aufweisen als aus Kulturanbau. Dadurch kann es mehr oder weniger starke Variationen der gleichen Rezeptur eines Herstellers als auch viel mehr noch beim Vergleich von mehreren Herstellern untereinander geben. Jeder Hersteller könnte nämlich seine Heilpflanzenware nicht nur von unterschiedlichen Bauern sondern auch aus unterschiedlichen Regionen Chinas bezogen haben. Zudem setzen chinesische CHM-Pharmafirmen oft mehr als 1000 CHM-Arzneidrogen bzw. -Zusätze für ihre oft umfangreiche Palette an Rezepturen ein, sodass sie aufgrund nicht ausreichendem eigenen Angebot dafür auf viele verschiedene Zulieferer zurückgreifen müssen (Greenpeace East Asia 2013). Wie bereits erwähnt, handelt es sich dabei häufig um viele kleine Bauernbetriebe als Quelle, sodass die Chargen der Heilpflanzen mehr oder weniger inhomogen sind. Somit dürften aufgrund von meist fehlenden Standardisierungsnormen Inhomogenitäten schon vor Zusammenstellung der Rezeptur vorhanden sein. Außerdem kann nicht ausgeschlossen werden, dass die Hersteller gegenüber der Konkurrenz teilweise die entsprechenden Heilpflanzen vor der Zugabe zur Rezeptur leicht oder stark veränderten Vorbehandlungsmethoden unterzogen haben. Dies kann neben den schon beschriebenen natürlichen Ursachen zu Schwankungen bzw. Veränderungen des chemischen Profils auch für Zubereitungen in Form von fertigen Arzneimitteln aus Einzelpflanzen gelten, wodurch Untersuchungsergebnisse, wie diejenigen z. B. von Zeng et al. (2013), erklärbar werden. Diese stellten nämlich mittels DART-MS (DART = *Direct Analysis in Real Time*) Variabilitäten unterschiedlicher Chargen eines käuflichen Extrakts aus einer einzelnen Heilpflanze fest (Zeng et al. 2013). Auch Tian et al. konnten in ihren Untersuchungen signifikante Gehaltsunterschiede von gleichen Inhaltsstoffen in CHM-Arzneidrogen der gleichen Heilpflanzenart feststellen. Um gleichbleibende Qualitäten mit ungefähr gleichen Gehalten an Inhaltsstoffen herstellen zu können, schlagen die CHM-Pharmafirmen eine Problemlösung aus Deutschland vor, wie sie dort z. B. beim Gingko-Extrakt durchgeführt wird. Anstelle die Produktion mit rohen Heilpflanzendrogen zu beginnen, wäre die Verwendung von standardisierten

Heilpflanzenextrakten ihrer Meinung nach eine bessere Möglichkeit für eine gleichbleibende Qualität der Endprodukte des Herstellungsprozesses (Tian et al. 2009).

Eine zusätzliche Schwierigkeit für die Qualitätskontrolle von CHM-Rezepturen besteht darin, dass nach der CHM-Lehre auch leichte Variationen in der Zusammenstellung ihrer Bestandteile möglich sind, indem der Rezeptur Arzneidrogen zusätzlich zugefügt oder zugefügt und gleichzeitig andere weggelassen werden. Ob der Rezepturname dann korrekterweise immer mit dem Zusatz *jiāwèi* bzw. *jiājiǎn* ergänzt wird, könnte zumindest in praxi teilweise vermutlich fraglich sein. Bei einer auf diese Weise veränderten Rezeptur sollte sich jedenfalls eine mehr oder weniger veränderte Wirkstärke und Wirkung offenbaren, da die Bestandteile aufeinander einen verstärkenden oder mindernden Synergieeffekt haben können. Auch die unterschiedlich möglichen Darreichungsformen einer Zubereitung (Li et al. 2008; Chan 2005) dürften nach den Regeln der Galenik ebenfalls einen Einfluss auf die tatsächlich pharmakologische Wirkung des vorgelegten Arzneimittels haben.

6.3 Ursachen für versehentliche und absichtliche Verfälschungen bzw. Substitutionen von Arzneipflanzendrogen

Das Risiko minderwertiger Arzneidrogenqualitäten und Verfälschungen war vermutlich in der CHM nicht immer ein Problem. Wie es auch in der traditionellen Medizin anderer Länder früher üblich war, konzentrierten sich im Alten China nicht nur die medizinische Behandlung selbst sondern auch die dafür notwendigen Vorarbeiten hauptsächlich auf den Arzt. So sammelte dieser oft selbst die Heilpflanzen, führte die notwendigen *Pàozhì*-Verfahren durch, stellte die einzelnen Arzneidrogen und -zubereitungen her und prüfte ihre Qualität für seine von ihm betriebene Apotheke (Zhong 2015; HerbaSinica Hilsdorf GmbH und Zhong 2014; Sahil et al. 2011). Es dürfte davon ausgegangen werden, dass er über eine ausreichende Erfahrung und das notwendige botanische und medizinische Expertenwissen verfügte. Somit lieferte er dadurch selbst die notwendige Qualitätskontrolle für die Arzneidrogen bzw. deren Zubereitungen. Heutzutage hingegen erfolgt die Produktion häufig im industriellen Maßstab (Sahil et al. 2011), also in entsprechend großen CHM-Pharmafirmen, da die Nachfrage für CHM-Arzneidrogen und deren Zubereitungen gegenüber der Zeit des Alten Chinas erheblich angestiegen ist. Zum einen sind die weltweiten Bevölkerungszahlen und damit die Zahl der Patienten besonders seit ca. 1750 n. Chr. drastisch angewachsen. Dies gilt auch für Länder wie China, Japan und Korea (siehe Abb. 6.1), in denen CHM-Arzneidrogen bzw. verwandte Heilpflanzen und Heilpilze in deren jeweiliger traditioneller Medizin bis heute eine wichtige Rolle spielen. Zudem soll nach Schätzungen der UN in den kommenden zwei Jahrzehnten ein weiterer weltweiter Bevölkerungsanstieg allen voran in Indien sowie in China stattfinden (United Nations Department of Economic and Social Affairs (Population Division) 2015), der ebenfalls Abb. 6.1 in dargestellt ist.

Da in China lebende Chinesen aus finanziellen Gründen oftmals keine Krankenversicherung besitzen und deshalb anstatt auf westliche Medikamenten vermutlich

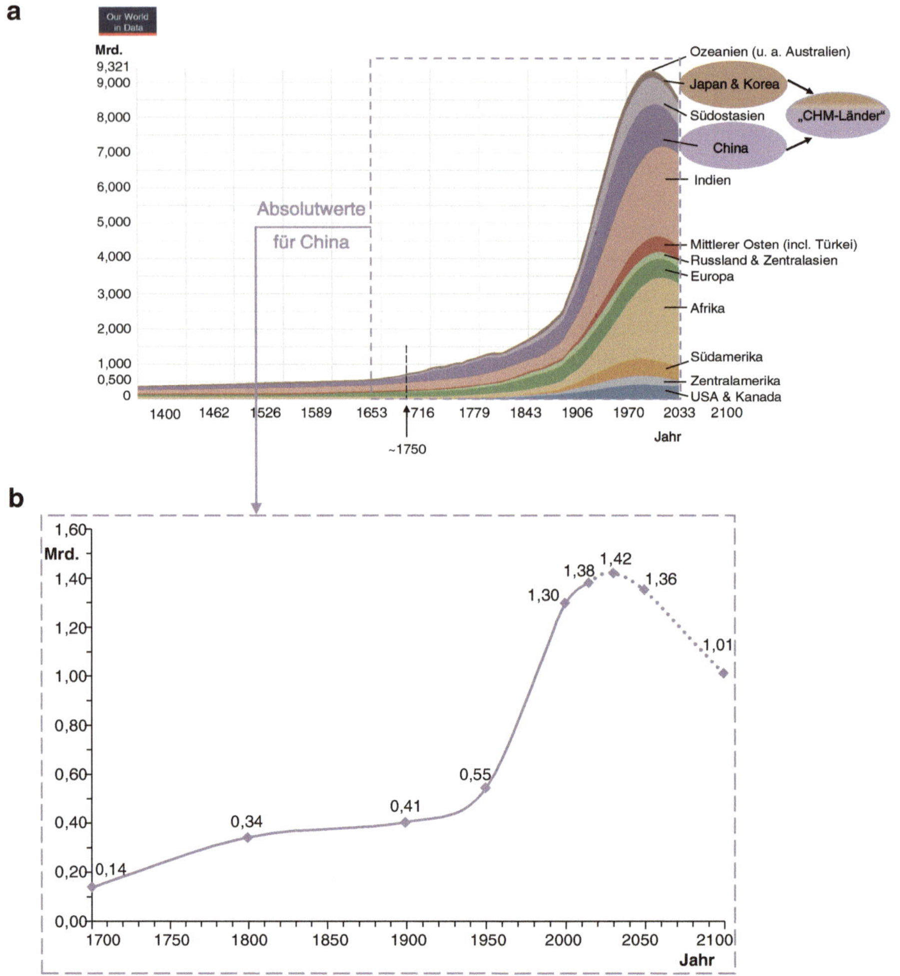

Abb. 6.1 Entwicklung der Weltbevölkerung nach Erdregionen für den Jahreszeitraum 1400 bis 2100 (Das Copyright für die ursprüngliche Originalabbildung (Roser) der Abb. **a** liegt beim Autor Max Roser und ist an die Lizenz https://creativecommons.org/licenses/by-sa/4.0/deed.en_US. geknüpft. Rosers Darstellung basiert auf den für die History Database of the Global Environment (HYDE) für den Zeitraum 1400–2000 von Kees Klein Goldewijk zusammengefaßten Literaturdaten (PBL Netherlands Environmental Assessment Agency und Goldewijk 2010) sowie auf Angaben bzw. Prognosen der Vereinten Nationen für den Zeitraum 2010–2100 (United Nations Department of Economic and Social Affairs (Population Division) 2009). Die hier dargestellte Abb. **a** wurde leicht verändert durch Formatierung der Achsenbeschriftung durch Vereinheitlichung der Zahlen der Ordinate auf die Einheit „Mrd.", Ergänzung der Zusatzangabe der Einheit „Jahr" bzw. „Mrd.", Vergrößerung der Zahlen, Eintragung und Markierung des Jahres 1750, Einarbeitung der Legende in die Grafik und zusätzliche Markierung von traditionellen CHM-Staaten. Ferner wurde ein Zoomausschnitt markiert, der mit einer Abb. **b** verknüpft wurde, die mit den aus (United Nations Department of Economic and Social Affairs (Population Division) 2015; Goldewijk 2005) entnommenen Werten die Bevölkerungsentwicklung speziell in China für den Zeitraum 1700–2100 darstellt. Die daraus neu entstandene Abb. unterliegt der gleichen Lizenz wie das Original von Max Roser.

eher auf die meist preisgünstigeren CHM-Arzneien zurückgreifen, müssten somit bei einer derzeitigen Einwohnerzahl von 1,38 Mrd. (Stand: 2015 (United Nations Department of Economic and Social Affairs (Population Division) 2015)) theoretisch im Bedarfsfall für 920 Mio. Chinesen CHM-Arzneidrogen zur Verfügung stehen (wenn man die Zahlen zugrunde legt, die von einer Erstversorgung durch TCM von 2/3 aller Chinesen ausgeht). Parallel zur globalen Bevölkerungsexplosion seit ca. 1750 führt zum anderen die in den vergangenen vier Jahrzehnten in etlichen Staaten außerhalb Chinas zugenommene Beliebtheit der TCM zu einem zusätzlich zu stillenden Bedarf an CHM-Arzneidrogen bzw. den daraus hergestellten Zubereitungen. Folglich reicht zur Sättigung der CHM-Nachfrage schon lange nicht mehr die Erntearbeit der TCM-Ärzte wie im Alten China aus. Auch wenn heutzutage immer noch einige TCM-Ärzte einen Teil der Heilpflanzen und -pilze selbst in der Nähe ihrer Arztpraxis auf dem Land ernten, dürfte stattdessen diese Tätigkeit schon seit geraumer Zeit überwiegend in der Hand zahlreicher chinesischer Bauern und Wildsammler liegen. Diese dürften ihre Ernteerträge an CHM-Firmen bzw. teilweise auch an lokale Märkte oder Apotheken auf dem Land, in der Stadt oder ihren Vororten liefern. Transportwege und Warenstrommengen zwischen den Standorten der Heilpflanzen bzw. der Vorbehandlungsstätten zu den ländlichen Märkten und der damit verbundenen direkten Versorgung der chinesischen Landbevölkerung dürften sicherlich kürzer und geringer ausfallen als bis in die städtischen Räume. Produktionsstätten der CHM-Pharmaindustrie, in denen die Arzneidrogen zu Zubereitungen weiterverarbeitet werden, scheinen nämlich aufgrund der besser ausgebauten technischen Infrastruktur für industrielle Produktion, Logistik und damit für den Absatz gegenüber der ländlichen Region bevorzugt in Städten angesiedelt zu sein. Da weltweit besser ausgebildete Arbeitnehmer häufig in die Städte ziehen, dürfte die Bereitstellung von qualifiziertem Personal vermutlich in Städten einfacher sein als auf dem Land. Zudem dürfte die Überzeugungsfähigkeit eines zukünftigen Arbeitnehmers, der vom Land stammt, zur Arbeitsaufnahme für den Wechsel in die Stadt leichter sein als umgekehrt bei einem Städter, der sich für seinen neuen Arbeitsplatz (wieder) zurück aufs Land begeben muss. Zudem ist es in China heutzutage nicht unüblich, dass Arbeitnehmer die meiste Zeit des Jahres entweder auf weiten Strecken zwischen Wohnort und Arbeitsplatz pendeln oder aber relativ nah zum Arbeitsplatz wohnen und ihre Familie in der Ferne nur zu ganz wenigen besonderen Tagen im Jahr, wie z. B. dem Neujahrsfest, besuchen. Folglich dürfte der Firmenstandort auch bzgl. der benötigten Arbeitskräfte in der Stadt vorteilhafter sein als auf dem Land. Diese Vermutung wird durch die Angabe in einem Bericht der UN aus dem Jahr 2007, dass sich fast alle produzierenden Fabriken in China in Städten oder in der Nähe von Städten befinden, untermauert (United Nations Population Fund (UNFPA) 2007). Die Einwohnerzahl einer chinesischen Stadt dürfte heutzutage i. d. R. stetig anwachsen. Nach UN-Angaben leben auf der Erde seit 2007 und in China seit 2011 durchschnittlich mehr Menschen in Städten als auf dem Land (United Nations Population Fund (UNFPA) 2007; United Nations Department of Economic and Social Affairs (Population Division) 2012), wobei diese Tendenz in den folgenden Jahrzehnten als weiter zunehmend geschätzt wird (United Nations Department of Economic and Social Affairs (Population Division) 2014, 2012).

Infolgedessen dürften die Transportwege für CHM-Arzneidrogen vom ursprünglichen Anbaustandort auf dem Land bis zum eigentlichen Endverbraucher, dem Patienten, nicht nur auf den Welthandel bezogen sondern auch aufgrund von Landflucht und des beschriebenen demographischen Wandels innerhalb Chinas wesentlich länger geworden sein als noch zu Zeiten des Alten Chinas. Ähnliches gilt auch für deren Zubereitungen. Ein damit verbundener nicht unerheblicher Anstieg der Zahl an Zwischenstationen bzw. Zwischenhändlern sowohl im chinesischen Binnen- als auch im Exporthandel dürfte sich aus dem Vergleich der Zeit vor der Industrialisierung Chinas, also vor der Mitte des 18. Jahrhunderts, mit der Zeit vor und während der späteren wirtschaftlichen Globalisierung beim Übergang vom 20. ins 21. Jahrhundert ergeben. Warum durch diese Rahmenbedingungen und Handelsströme die Wahrscheinlichkeit für versehentliche als auch absichtliche Verfälschungen extrem höher ist als vermutlich noch Mitte des 20. Jahrhunderts, geschweige denn als im Alten China, soll im Folgenden näher beleuchtet werden.

Wildsammlungen in China werden von Personen vorgenommen, die i. d. R. über keinen hohen Bildungsstand verfügen (Li et al. 2015). Folglich ist nicht auszuschließen, dass die Sammler ohne besseres Wissen Heilpflanzen verwechseln, sodass neben falschen auch giftige Heilpflanzen in die Ernte gelangen können. Und selbst wenn gebildetere Personen die Ernte der Wildbestände vornehmen würden, wäre eine unbeabsichtigte Verwechslung nicht völlig auszuschließen. Zum einen ist die Fülle der in der CHM eingesetzten Heilpflanzen sehr hoch, sodass vermutlich schnell der genaue Überblick verloren gehen dürfte. Zum anderen scheint es auch etliche CHM-Heilpflanzen zu geben, die für den Laien auf den ersten Blick nicht unterscheidbar sind und damit identisch zu sein scheinen. Ferner haben die Sammler sicherlich auch nicht allzu viel Zeit, dass sie sich jede Pflanze vor bzw. während der Ernte ganz genau anschauen und studieren können. Eine derartige makroskopische bzw. mikroskopische Untersuchung zur korrekten Identifikation können zudem nur Experten vornehmen (Heubl 2013), was ganz besonders im Fall der scheinbar komplett gleichen Identität gilt. Doch in freier Natur wären beim Ernten und Sammeln derartige Untersuchungen neben dem notwendigen Expertenwissen sicherlich sowohl in praxi als auch zeitlich hinderlich. Da im Gegensatz zum Kulturanbau bei den Wildbeständen um die zu sammelnde Heilpflanzenart auch diverse andere Pflanzenarten wachsen könnten, scheint die Wahrscheinlichkeit bei Wildsammlungen deutlich höher, dass auch diese bei der Ernte versehentlich oder auch unwissentlich gleichzeitig mitgesammelt werden. Ferner kann die uneinheitliche Nomenklatur chinesischer Heilpflanzen zu Substitutionen führen, die ein nicht zu unterschätzendes Problem in sich bergen. Die für CHM-Arzneidrogen vergebenen Namen besitzen keine systematische Nomenklatur, sodass sich manchmal hinter dem gleichen *Pīnyīn*-Namen für eine Arzneidroge unterschiedliche Arzneipflanzen verbergen können (Stöger 2010; Bauer 1994, 1995). Ein Grund dafür kann sein, dass aufgrund der großen Biodiversität in den Weiten Chinas am Ort der medizinischen Behandlung zwar die gleiche Gattung aber nicht die gleiche Art einer CHM-Heilpflanze wächst bzw. zugänglich ist (Hou und Jin 2005; Stöger 2010). Da schätzungsweise auf dem Gebiet des heutigen Chinas 200.000 unterschiedliche Pflanzen bzw. 3000 unterschiedliche Pflanzenarten wachsen (Hou und Jin 2005), scheint die Wahrscheinlichkeit für die Verwechslung von Pflanzennamen nicht gerade klein zu sein (Stöger 2010). Eine weitere Erklärung für die uneinheitliche Benennung der Heilpflanzen kann je nach Pflanze auch in unterschiedlich kulturellen, historischen oder mythologischen Einflüssen zu finden sein. Der vielleicht wichtigste Grund basiert jedoch auf den speziellen therapeutischen Wirkungen der Heilpflanzen (Wu et al. 2007). Können mehrere unterschiedliche Arzneipflanzendrogen für das gleiche Indikationsgebiet eingesetzt werden, sind sie vom therapeutischen Standpunkt gesehen austauschbar und erhalten aufgrund ihrer medizinischen Gleichwertigkeit den gleichen *Pīnyīn*-Arzneidrogennamen. Nach der von Wu et al. (2007) aufgestellten Einteilung gehören sie damit zu Kategorie IIb bzw. III (siehe weiter unten). Zudem weisen sie teilweise auch eine starke botanische Ähnlichkeit in ihrer Morphologie auf (Ploberger 2007; Hashimoto et al. 1999; Hempen und Fischer 2009; Wu et al. 2007). Das bedeutet, dass sie trotz Zugehörigkeit zu unterschiedlichen Pflanzenarten qualitativ und quantitativ vergleichbare chemische Inhaltsstoffe aufweisen müssten und aufgrund gleicher oder fast identischer *Pīnyīn*-Namen miteinander verwechselt werden können (Hempen und Fischer 2009). Wu et al. (2007) haben die *Pīnyīn*-Namen der CHM-Heilpflanzen genauer untersucht und eine Klassifizierung in drei Kategorien vorgenommen:

I. Kategorie (‚Ein *Pīnyīn*-Name für eine Arzneipflanzenart‘):
   - Ia. Die Heilpflanze und ihr medizinisch verwendeter Bestandteil besitzen den gleichen *Pīnyīn*-Namen. Beispielsweise bezeichnet *rénshēn* (人参) sowohl die gesamte Pflanze *Panax ginseng* C. A. Meyer als auch ihre Wurzel (*Radix Panacis ginseng*).
   - Ib. Die Heilpflanze und ihr medizinisch verwendeter Bestandteil besitzen unterschiedliche *Pīnyīn*-Namen. So bezeichnet z. B. *báiguǒ* (白果) ausschließlich die Frucht des Ginkgobaums (*Ginkgo biloba* L.; Fam. *Ginkgoaceae*), während der Baum selbst den *Pīnyīn*-Namen *yínxìng* (银杏) trägt.

II. Kategorie (‚Mehrere *Pīnyīn*-Namen für die gleiche Arzneipflanzenart oder -pflanzenfamilie‘):
   - IIa. Unterschiedliche Pflanzenteile der gleichen Heilpflanze werden für unterschiedliche therapeutische Anwendungsgebiete verwendet, weshalb die entsprechenden Pflanzenteile unterschiedliche *Pīnyīn*-Namen erhalten haben. Zum Beispiel hat *Trichosanthes kirilowii* Maxim. (Schlangenkürbis; Fam. *Cucurbitaceae*) den *Pīnyīn*-Namen *guālóu* (瓜蒌). Seine Frucht heißt ebenfalls *guālóu* (瓜蒌), seine Samen *guālóuzǐ* (瓜蒌子), seine Fruchtschale *guālóupí* (瓜蒌皮) und seine Wurzel *tiānhuāfěn* (天花粉).
   - IIb. Der gleiche *Pīnyīn*-Name wurde für das gleiche Pflanzenteil vergeben, das aber von unterschiedlichen Heilpflanzenarten stammt. Beispielsweise bezeichnet *mǎdōulíng* (马兜鈴) die Frucht, *qīngmùxiāng* (青木香) die Wurzel und *tiānxiānténg* (天仙藤) den Stengel der Arzneipflanze *Aristolochia debilis* (*mǎdōulíng* (马兜鈴)) als auch der *Aristolochia contorta* (*běimǎdōulíng* (北马兜鈴)). Beide Pflanzen gehören zur Familie *Aristolochiaceae*.

III. Kategorie (‚Ein *Pīnyīn*-Name für mehrere unterschiedliche Arzneipflanzenarten oder -pflanzenfamilien‘):

In diesem Fall wird der gleiche *Pīnyīn*-Name für mehrere unterschiedliche Arzneipflanzenarten der gleichen Gattung oder auch ganz anderer Familien benutzt (Stöger 2010; Wu et al. 2007; Bauer 1994, 1995). Beispiele dafür finden sich in Tab. 6.1. Manchmal wird in diesen Fällen zusätzlich die Angabe der lateinischen Namen der für den *Pīnyīn*-Namen in Betracht kommenden Arzneipflanzen gemacht. So könnte z. B. Ware mit der Bezeichnung *fángjǐ* (防己) außerdem noch neben den in Tab. 6.1 gegebenen Namen als *Radix Aristolochiae seu Cocculi* deklariert werden (lat. *seu* = oder) (Hempen und Fischer 2009).

Das Problem der uneinheitlichen Nomenklatur von CHM-Arzneipflanzen ist jedoch nicht nur auf die TCM beschränkt. Es findet sich ebenfalls in der traditionellen japanischen Medizin, der Kampomedizin, wieder, was an dem gemeinsamen historischen Ursprung mit der TCM liegen könnte. Wie aus Tab. 6.1 ersichtlich, verbirgt sich beispielsweise hinter dem japanischen Arzneidrogennamen *mokutsu* in der Japanischen Pharmakopöe *Caulis Akebiae quinatae* bzw. *Caulis Akebiae trifoliata* (Debelle et al. 2008; Hashimoto et al. 1999). Beide werden in Japan allgemein als Pflanzendroge *Caulis Akebiae* zusammengefasst (Tatsukawa und Mikage 2007), deren japanische Kanji-Schriftzeichen mit den chinesischen Schriftzeichen für *mùtōng* (木通) genau identisch sind (WaDoku e. V.; Ahlström et al.). Vermutlich wird aus diesem Grund in China auch beim chinesischen Pflanzendrogennamen *mùtōng* häufig fälschlicherweise die aristolochiasäurehaltige *Aristolochia manshuriensis* verstanden (siehe Tab. 6.1) (zum gesundheitlichen Risiko von Aristolochiasäure siehe weiter unten in diesem Kapitel). Folglich ist nicht auszuschließen, dass bei ausschließlicher *Pīnyīn*-Deklaration Letztere anstelle von *Caulis Akebiae quinatae* bzw. *Caulis Akebiae trifoliatae* als Import von China nach Japan gelangt. Es ist leider nicht selten der Fall, dass eine Heilpflanze mehrere Substitutionen aufweist, die den gleichen *Pīnyīn*-Namen besitzen bzw. mit dem gleichen chinesischen bzw. japanischen Schriftzeichen enden. Somit kann es zu Verwechslungen bzw. aufgrund gleichen therapeutischen Einsatzes zu Substitutionen kommen (Debelle et al. 2008; Hashimoto et al. 1999).

Die uneinheitliche Verwendung der *Pīnyīn*-Namen von CHM-Arzneipflanzen kann deshalb sowohl für den Handel als auch besonders für den therapeutischen Einsatz in Bezug auf die echte Identität problematisch werden (Hempen und Fischer 2009). Wie aus Tab. 6.1 ersichtlich, tragen die beiden CHM-Pflanzendrogen *Radix Stephaniae tetrandrae* (Fam. *Menispermaceae*) und *Radix Aristolochiae fangchi* (Fam. *Aristolochiaceae*) volkstümlich den gleichen *Pīnyīn*-Namen *fángjǐ* (防己) (Wu et al. 2007; Debelle et al. 2008; USFDA Forensic Chemistry Center (US Food and Drug Administration) et al. 2000; Stöger 2010). Erstere wird auch *fěnfángjǐ* (粉防己) oder *hànfángjǐ* (汉防己) und Letztere *guǎngfángjǐ* (广防己) genannt (Wu et al. 2007; Debelle et al. 2008; Stöger 2010). Ihre Verwechslung gehört im Pflanzenreich zu den häufigsten Verwechslungen (Ioset et al. 2003) und führte z. B. Anfang der 1990er-Jahre in einer Privatklinik in Belgien zu gesundheitlich folgenschweren Problemen bei Teilen einer Patientengruppe, die Kapseln zur Gewichtsreduktion mit CHM-Heilpflanzendrogen eingenommen hatten (Vanherweghem et al. 1993; Pena et al. 1996; Nortier et al. 2000; Vanherweghem et al.

Tab. 6.1 Mögliche Arzneidrogen für die *Pīnyīn*-Bezeichnung *fángjǐ* (防己)[1–6] bzw. *mùtōng* (木桶)[1–4, 6, 7] und deren japanische Analoga (im traditionellen Hepburn-Romanisierungssystem) *boui*[8–10] bzw. *mokutsu* [8, 9]. Alle hier aufgeführten Pflanzendrogen der Familie *Aristolochiaceae* enthalten nachweislich kanzerogene Aristolochiasäure, alle restlichen Pflanzendrogen nicht[2, 4, 8, 10]

Chinesischer Drogenname	Japanischer Drogenname	Lateinischer Drogenname	Botanische Familie
mùfángjǐ	*moku-boui*	*Radix Cocculi trilobus oder Radix Cocculi orbiculati*	*Menispermaceae*
hànfángjǐ, *máofángjǐ*	*boui*	*Sinomenii acuti (Caulis et rhizoma)*	*Menispermaceae*
hànfángjǐ, *fěnfángjǐ*	*fun-boui*	*Radix Stephaniae tetrandrae*	*Menispermaceae*
guǎngfángjǐ	*kou-boui*	*Radix Aristolochiae fangchi*	*Aristolochiaceae*
hànzhōngfángjǐ	*kanchu-boui*	*Radix Aristolochiae heterophyllae*	*Aristolochiaceae*
mùtōng, *sānyèmùtōng*, *báimùtōng*	*mokutsu*	*Caulis Akebiae quinatae oder Caulis Akebiae trifoliatae*	*Lardizabalaceae*
chuānmùtōng		*Caulis Clematis armandii oder Caulis Clematis montanae*	*Ranunculaceae*
guānmùtōng	*kan-mokutsu*	*Caulis Aristolochiae manshuriensis*	*Aristolochiaceae*

[1](Stöger 2010); [2](Wu et al. 2007); [3](European Medicines Agency (Committee On Herbal Medicinal Products) (HMPC) 2005); [4](Martena et al. 2007) [5](Miyazawa und Kameoka 1989); [6](herbasin® Hilsdorf GmbH et al. 2005); [7](Jia et al. 2004); [8](Hashimoto et al. 1999); [9](Debelle et al. 2008); [10](Tanaka et al. 2001)

1995; Hempen und Fischer 2009). Die betroffenen Patienten zeigten eine Nierenerkrankung, die durch eine schnell voranschreitende interstitielle Nephritis (Nierenentzündung) mit erheblicher Fibrose charakterisiert ist, die bis ins Endstadium der Erkrankung führt und bösartige Urothelkarzinome ausbilden kann (Vanherweghem et al. 1993). Neben der Notwendigkeit zur Dialyse wurden sogar auch teilweise Nierentransplantationen notwendig, um die Überlebenschance des betroffenen Patienten deutlich zu erhöhen (Debelle et al. 2008). Nach mehrfacher Analyse der verschriebenen Kapseln bestätigte sich der Verdacht, dass der Rezepturbestandteil *Radix Stephaniae tetrandrae* gegen *Radix Aristolochiae fangchi* komplett oder teilweise ausgetauscht worden sein muss. *Radix Aristolochiae fangchi* enthält nämlich die nephrotoxischen und karzinogenen Aristolochiasäuren I und II (Debelle et al. 2008; Wu et al. 2007; Vanherweghem et al. 1993; Nortier et al. 2000), für welche die beschriebenen Nierenerkrankungen typisch sind (Vanherweghem et al. 1993; Debelle et al. 2008). Von den betreffenden 12 Chargen der Kapseln wiesen 10 statt des Alkaloids Tetrandrin, einem chemischen Marker für *Radix Stephaniae tetrandrae* (Vanhaelen et al. 1994), die nierentoxische Aristolochiasäure auf (Wu et al. 2007). In einer weiteren Charge wurden beide Substanzen parallel nachgewiesen, was für eine Mischung der beiden Pflanzenwurzeln spricht. Nur eine einzige Charge bestand wirklich aus der georderten reinen *Radix Stephaniae tetrandrae* (Vanhaelen et al. 1994). Kurz nach dieser Erkenntnis wurden Ende 1992 sicherheitshalber die beiden in den Kapseln enthaltenen CHM-Arzneipflanzen *Stephania tetrandra* und *Magnolia officinalis* (*hòupǔ* (厚朴); Fam. *Magnoliaceae*) durch die belgischen Behörden im Land verboten und vom Markt genommen. Trotz dieser Maßnahme gab es 1998 mehr als 100 Patientenfälle in Belgien mit Nierenschäden, die vermutlich auf Aristolochiasäure zurückzuführen sind und von denen 70 % das Endstadium erreicht hatten (Debelle et al. 2008). Dass *Aristolochia*-Arten (Fam. *Aristolochiaceae*), von denen 800 weltweit bekannt sind (Ioset et al. 2003), überhaupt zu medizinischen Zwecken eingesetzt werden bzw. wurden, ist nicht verwunderlich. Der Mensch nutzt nämlich schon seit dem Altertum die antientzündlichen Wirkungen ihrer Inhaltsstoffe Aristolochiasäure I bzw. II (Arlt et al. 2002; Li et al. 2008), was auch den Fokus auf die ehemals verstärkte Entwicklung von Pharmazeutika mit Aristolochiasäure in Deutschland erklärt (Möse 1966; Möse und Porta 1974; Möse 1974; Kluthe et al. 1982). Erst Anfang der 1980er-Jahre wurde ihre starke kanzerogene Wirkung in Ratten entdeckt (Mengs et al. 1982; Mengs 1983). Das zog das mittlerweile in vielen Staaten vorhandene Verbot für aristolochiasäurehaltige Produkte nach sich. Inzwischen gibt es sowohl bei Tieren als auch beim Menschen ausreichend Belege für die hohe Nierentoxizität, die eine extrem kurze Latenzzeit aufweist und die starke Kanzerogenität der Aristolochiasäuren. Diese lassen sich als Inhaltsstoffe in der Gattung *Aristolochia* finden (Arlt et al. 2002; Debelle et al. 2008; Ioset et al. 2003). Ungeachtet der gesundheitlichen Gefahren und der Warnungen von diversen staatlichen Stellen können Heilpflanzen mit Aristolochiasäure weiterhin über das Internet bezogen werden, sind in vielen Staaten immer noch legal erhältlich und werden auch weiterhin in der traditionellen Medizin in einigen Ländern wie China und Indien eingesetzt, obwohl ihre Verwendung dort mittlerweile ebenfalls verboten ist (Hashimoto et al. 1999; Lee et al. 2002; Arlt et al. 2002; Debelle et al. 2008; Ploberger 2007). Vermutlich auch durch die beschriebenen Ereignisse in Belgien wurde zumindest *Aristolochia fangchi* aufgrund der geschilderten leichten Namensverwechslung aus der ChP ab der Ausgabe des Jahres 2002 gelöscht (Hempen und Fischer 2009). Ferner ist in China seit 2004 die Verwendung der aristolochiasäurehaltigen *Radix Aristolochiae fangchi*, *Radix Aristolochiae debilis* und *Caulis Aristolochiae manshuriensis* verboten (Li et al. 2008). Mittlerweile ist der Metabolismus, der die Kanzerogenität von Aristolochiasäuren durch die Bindung an die DNA (*Deoxyribonucleic acid*) bewirkt, soweit aufgeklärt (Debelle et al. 2008; Nortier et al. 2000; Stiborová et al. 2008; Arlt et al. 2002; Priestap et al. 2010). Da schon Spuren von Aristolochiasäuren ein mögliches Gesundheitsrisiko bilden können, gewinnt die chemisch-analytisch Qualifizierung von Aristolochiasäuren eine deutlich höhere Wichtigkeit als die Quantifizierung (Cheng et al. 2008; Ioset et al. 2003), zumal im Fall *Radix Stephaniae tetrandrae* neben der starken Ähnlichkeit der *Pīnyīn*-Arzneidrogennamen die morphologische Untersuchung von ihren möglichen Surrogaten kaum für die Unterscheidung geeignet ist (HerbaSinica Hilsdorf GmbH und Zhong 2010b). Aus diesem Grund sind mittlerweile etliche analytische Methoden zur Qualifizierung sowie Quantifizierung von Aristolochiasäuren in komplexen Mischungen wie Arzneidrogen entwickelt worden (Ioset et al. 2003; Debelle et al. 2008). Mit empfindlichen, aber leider auch sehr kostspieligen LC-MS-Methoden gelingt die Detektion und Quantifizierung schon von kleinsten Mengen an Aristolochiasäure (Cheng et al. 2008; Ioset et al. 2003). Obwohl in der CHM zur Minderung oder Beseitigung der Toxizität *Pàozhì* (s. Abschn. 3.1) eingesetzt werden, sind diese im Fall von aristolochiasäurehaltigen Arzneidrogen nicht geeignet. Es würde zwar dadurch keinen großen Verlust der pharmakologischen Wirkung geben und der LD_{50}-Wert würde sich vervielfachen (Zhao et al. 2010), doch bleibt immer noch eine geringe Restmenge an Aristolochiasäure in der vorbehandelten Pflanzendroge enthalten, die, wie gerade aufgeführt, ein kanzerogenes Risiko für den Patienten nicht ausschließt. Neben der Aristolochiasäure sind einige weitere Inhaltsstoffe wie Pyrrolizidinalkaloide in den Fokus der Qualitätskontrolle von Heilpflanzen gerückt (Jiang et al. 2010), für die es möglicherweise ebenfalls toxikologische Risiken für den Patienten durch Vertauschung geben kann.

Neben den geschilderten versehentlichen Verfälschungen von pflanzlichen Arzneidrogen, die auch auf Heilpilze übertragbar sein sollten und ihrer möglichen Ursachen, können diese auch absichtlich in Form krimineller Handlungen herbeigeführt werden. Die weltweit gestiegene Nachfrage nach CHM-Produkten und das damit heutzutage verbundene große finanzielle Potential macht es für Betrüger finanziell noch reizvoller, auf den Märkten teuer gehandelte Arzneidrogen gegen billigere Varianten absichtlich zu vertauschen bzw. CHM-Produkte mit chemischen Medikamenten oder minderwertig billigen oder sogar giftgen Pflanzen zu strecken. Damit kann die Gesamtzahl an Verfälschungen erheblich ansteigen. Welche weiteren Gründe und fördernden Faktoren es für diesen Betrug gibt, der sich laut Persons auch in großem Stil ereignen kann (Persons 1994) und damit eine Qualitätskontrolle zum Patientenschutz immer wichtiger werden lässt, ist im Schema von Abb. 6.2 zu erkennen. Dieses basiert auf direkten bzw. daraus gefolgerten Aussagen der Literatur (Heubl 2013; Persons 1994; Schippmann et al. 2003; Horn et al. 2014; Horn und Jürges 2014; Herbasin Hilsdorf GmbH und Zhong 2007) und den Konsequenzen der bereits aufgeführten Aspekten bzgl. des Anbaus und der Weiterverarbeitung von CHM-Heilpflanzen sowie der erwähnten Folgerung eines existenzbedrohlichen Risikos durch Ernteausfälle. Neben teilweise durch den Menschen wenig beeinflussbaren Faktoren in der Natur, die zu unregelmäßigen Erntemengen des Angebots an Heilpflanzen führen können, tragen auch sozioökonomische Gründe wie Armut und Profitgier zu einer gewissen Rate an absichtlich herbeigeführten Verfälschungen bei. So sollte beispielsweise aus Abb. 6.2 auch besser verständlich werden, warum die uneinheitliche CHM-Nomenklatur und die Ressourcenverknappung der Arzneipflanzen heutzutage nicht selten zum Austausch von knapp gewordenen Arzneipflanzen wie *Akebia spp.* gegen andere wie die aristolochiasäurehaltige *Aristolochia*

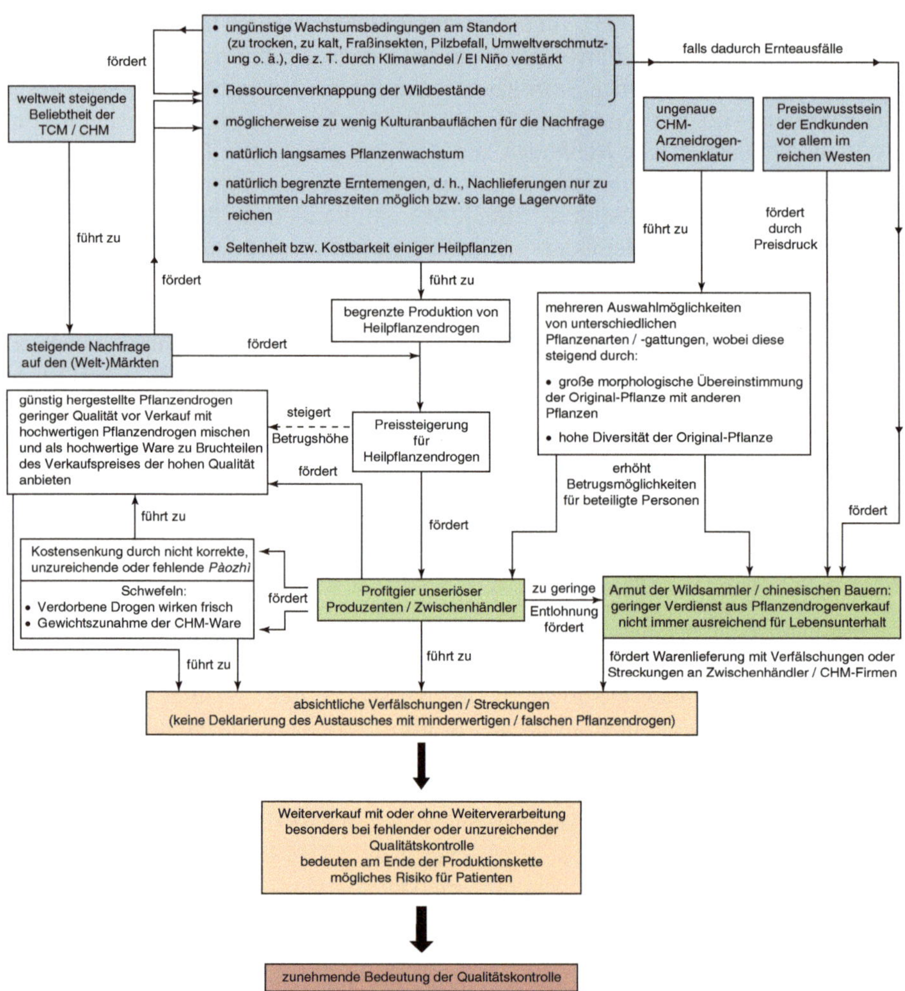

Abb. 6.2 Ursachenschema zur absichtlichen Verfälschung von CHM-Heilpflanzendrogen (Markierungen blau: heutige Ausgangslage; grün: fördernde Faktoren; orange: Ursache für mögliche Gesundheitsprobleme beim Patienten durch CHM-Arzneipflanzen; rot: Abhilfe des Problems zur Sicherheit des Patienten)

manshuriensis (siehe auch Tab. 6.1) führt und es dadurch zu folgenschweren gesundheitlichen Auswirkungen beim Patienten kommen kann (Jia et al. 2004). Doch auch bei Arzneidrogen anderer traditioneller Medizinrichtungen sowie bei chemisch-synthetischen Arzneimitteln werden heutzutage immer häufiger aufgrund zunehmender betrügerischer Aktivitäten Verfälschungen beobachtet, sodass die Qualitätskontrolle von Arzneien einen immer höheren Stellenwert erlangt (European Directorate for the Quality of Medicines & HealthCare (EDQM) und Bundesinstitut für Arzneimittel und Medizinprodukte (BfArM) 2014).

6.4 CHM-Heilpflanzen mit Pestiziden, Schwermetallen und mikrobieller Belastung

Neben der deutlichen Erhöhung der CHM-Warenströme gegenüber früheren Zeiten gibt es seit Mitte des 19. Jahrhunderts die Möglichkeit zum großflächigen Einsatz von anorganischen bzw. chemisch-synthetischen Pestiziden und Düngemitteln in der Landwirtschaft (Bernhardt 2003). Dadurch können zwar Ernteausfälle reduziert werden (Julius Kühn-Institut und Jaskolla 2006), doch stellen diese Substanzen neben der schon durch die Industrialisierung verursachten Umweltverschmutzung eine mögliche Belastung für Umwelt, Tier und Mensch dar (Sahil et al. 2011). Deshalb gehören für eine vollständige Qualitätskontrolle Angaben zu Pestizid-, Schwermetall-, Mykotoxin-, mikrobieller o. ä. Belastung neben der Authentifizierung und der Bestimmung der Reinheit einer Arzneidroge zum Gesundheitsschutz des Patienten (Leung und Cheng 2008). Authentifizierung ist die Verifizierung der Identität, also die Klärung der Echtheit. Es sollte wenigstens eine vergleichbare Überprüfung wie bei Lebensmitteln stattfinden.

6.4.1 Pestizidbelastungen

Da Bauern in China i. d. R. zu einer relativ armen Bevölkerungsschicht gehören, können für sie aufgrund fehlender finanzieller Mittel Ernteausfälle oder eine Missernte, die z. B. durch Fraßinsekten verursacht wurde, ein existenzbedrohliches Risiko bedeuten. Aus diesem Grund bewirtschaften sie ihre Felder nur selten mittels ökologischer Landwirtschaft und setzen oft auf konventionellen Kulturanbau, der durch die Verwendung von chemisch-synthetischem Dünger und einem relativ hohen Pestizideinsatz geprägt ist (HerbaSinica Hilsdorf GmbH und Zhong 2010a; herbasin® Hilsdorf GmbH et al. 2004, 2006; Li et al. 2015). Ferner können bei der Lagerung und dem Transport von CHM-Pflanzendrogen zur späteren Risikominderung eines Schadens der geernteten Pflanzendrogen Pestizide wie Insektizide und Fungizide zum Einsatz kommen (HerbaSinica Hilsdorf GmbH und Zhong 2010a). Auch in den sogenannten *daodi*-Regionen (*dàodǐ* (道地) = original, authentisch), also den Gebieten, in denen eine bestimmte Arzneipflanzenart die höchste Drogenqualität aufweist, müssen die chinesischen Bauern risikoarm wirtschaften und betreiben deshalb oft intensive Landwirtschaft mit einem hohen Einsatz an chemisch-synthetischen Pflanzenschutzmitteln (HerbaSinica Hilsdorf GmbH und Zhong 2009). Ferner besteht in diesen Regionen mittlerweile aufgrund der Vergrößerung der Anbaufläche die Tendenz zum Ausbau zu Monokulturen, die teilweise einen Anteil von über 50 % aufweisen. Dadurch wächst die Gefahr für zunehmende Krankheiten und Schädlingsbefall und folglich eine wenig ertragreiche Heilpflanzenernte (Heuberger et al. 2015). In der Hoffnung dieses Risiko zu minimieren, greifen die Bauern öfter und umfangreicher auf Pestizide zurück (Zhong 2015). Eine der Hauptursachen für diese Entwicklung könnte die weltweit steigende Nachfrage nach CHM-Arzneipflanzen und der Versuch, diesen nach Möglichkeit immer noch nachkommen zu können, sein. Zumindest ist in China die zunehmende Tendenz zu beobachten, dass immer mehr CHM-Arzneipflanzen in Regionen mit für sie ungünstigen Wachstumsbedingungen angebaut werden. Allerdings versucht der chinesische Staat dieser Entwicklung entgegenzusteuern, um für den Erhalt einer gleichbleibend guten Qualität der CHM-Arzneidrogen zu sorgen (Stöger 2010).

Für die importierenden Länder von CHM-Arzneipflanzen kann die Qualifizierung als auch die Quantifizierung von Pestiziden eine Herausforderung bedeuten, sofern die Importe keine vollständigen Angaben zur Entstehungsgeschichte der jeweiligen Arzneipflanzendroge aufweisen. Aufgrund der möglichen und in Frage kommenden Pestizide kann dies recht zeitaufwendig und bei gleichzeitig vielen und kleinen Chargen teuer werden. Endgültige Sicherheit solcher Proben bei fehlenden Angaben zum Pestizidgehalt würde es auch erst geben, wenn alle weltweit eingesetzten oder im betreffenden Anbaustaat zugelassenen Pestizide untersucht würden (Heuberger et al. 2015). Für den Verbraucher in den Importstaaten bedeutet dies, dass bei Bezug von CHM-Arzneipflanzendrogen aus weniger seriösen Quellen die Anwesenheit von in China verbotenen und von der WHO als hochriskant für die Gesundheit und die Umwelt eingestuften Pestiziden nicht ausgeschlossen werden kann (Greenpeace East Asia 2013). Während in China immer noch etliche Mengen an Pestiziden im Arzneipflanzenanbau eingesetzt werden (Heuberger et al. 2015) – im Jahr 2011 waren es rund 2 Mio. t – und derzeit sogar eine jährliche Zunahme der in China eingesetzten Pestizidmenge von ca. 3 % beobachtet wurde (Greenpeace East Asia 2013), kann die Pestizidgehalt-Bestimmung für in Deutschland angebaute Arzneipflanzen aufgrund des auf solchen Anbauflächen verbotenen Pestizideinsatzes entfallen (Heuberger et al. 2014; Hempen und Huber 2014). Wie schon erwähnt, greifen chinesische Arzneimittelherstellerfirmen auf eine Unmenge an Arzneidrogen sowie Zusätze zurück, die nur durch entsprechend viele Zulieferer zur Verfügung gestellt werden können. Aus diesem Grund wird z. B. eine einzelne Herstellerfirma von CHM-Zubereitungen mit Heilpflanzenware von zahlreichen Bauern bedient. Durch die vielen Lieferantenquellen diverser Zutaten für die Zubereitungen gibt es auch möglicherweise viele Einträge an Pestizid- oder anderen Belastungen mit unterschiedlicher Qualität als auch Quantität. So müsste jede angelieferte Charge stichprobenartig auf die Erfüllung von diversen Kriterien, wie z. B. Pestizid- und Schwermetallgehalt, überprüft werden. Inwieweit dies jeder Abnehmer durchführen kann und will, wird vermutlich am Zeit- und Kostenfaktor liegen, sofern es keine Pflichtauflagen von staatlicher Seite und entsprechende Kontrollen dafür gibt.

6.4.2 Schwermetallbelastungen

Nachweisbare Schwermetalle können in die Arzneipflanzendrogen gelangen, wenn beim Anbau schwermetallhaltige Düngemittel verwendet werden oder die Böden aufgrund von wachsender Industrialisierung in China besonders in den letzten Jahrzehnte bei gleichzeitig geringen Umweltschutzauflagen kontaminiert wurden (Stöger 2010; Hempen und Huber 2014; Kratz und Schnug 2005; Sächsische Landesanstalt für Landwirtschaft et al. 2008). Zudem kann dies auch durch eine teilweise von der Pflanzenart abhängig bedingte Bioakkumulation von Schwermetallen verursacht werden, wie es nachweislich bei einigen auch in Deutschland angebauten chinesischen Arzneipflanzen beobachtet wurde (Heuberger et al. 2010, 2014; Hummelsberger et al. 2006; Hempen und Huber 2014). Daneben können auch durch falsche Vorbehandlungsmethoden oder auch Schwefeln, wie es in China nicht selten in der Neuzeit Brauch ist sowie schlechte Lagerungsbedingungen und Verpackungen Schwermetalle in die Arzneipflanzendrogen gelangen (Hempen und Huber 2014).

6.4.3 Mykotoxin-Belastungen

Es muss oft mit der Kontamination an größeren Mengen von Mykotoxinen bei pflanzlicher Importware aus feuchtwarmen Ländern, wie dies in etlichen asiatischen Regionen der Fall ist, gerechnet werden (Teuscher et al. 2003). Mykotoxine entstehen bevorzugt durch Erntelagerung in einem künstlich gebildeten Ökosystem wenn der gasförmige Wassergehalt um das botanische Material zu hoch ist. Das Wasser kann dabei aus dem noch nicht ausreichend durch normale Verdunstung getrockneten Material oder aufgrund von mechanischen Schäden des Materials (Magan et al. 2003) bzw. seiner biologischen Zellen stammen. Denkbar wäre aber auch eine relativ hohe Luftfeuchtigkeit des Lagerraums, die die Bildung von Mykotoxinen fördert. Zudem liefert das gelagerte botanische Material meist Nährstoffe für Schimmelpilze, sodass dadurch zusätzlich die Mykotoxin-Bildung gefördert wird (Magan et al. 2003). Grenzwerte sind bisher noch nicht für alle wichtigen Mykotoxine wie Ochratoxin A erlassen (Hempen und Huber 2014). Einen Hinweis auf zu langsame oder unvollständige Trocknung oder ungeeignete Transport- oder Lagerungsbedingungen kann dabei ein muffiger Geruch der Ware geben (Heuberger et al. 2010, 2014; Hummelsberger et al. 2006). Neben der Verbesserung dieser gerade geschilderten Bedingungen könnte vielleicht auch das vorherige Aussortieren von möglicherweise schon bei der Ernte verdorbenen Heilpflanzenteilen die Konzentration an Mykotoxinen reduzieren. Auch wenn sicherlich eine Herabsetzung der mikrobiellen Belastung durch hygienische Handhabung während des Anbaus, der Verarbeitungsschritte und des Verpackungs-, Lagerungs- und Transportprozesses gewährleistet ist, kann nicht immer ausgeschlossen werden, dass unbehandelte Importware zur Minimierung der Keimzahlen, also der pathogenen Mikroorganismen, gemäß der ChP bestrahlt wurde (Heuberger et al. 2014). Während dies in Deutschland für Arzneipflanzen auf dem Markt gemäß AMG § 7 (1) (AMG: Arzneimittelgesetz) verboten ist (Bundestag und Bundesrat der Bundesrepublik Deutschland 2005), ist es in den USA und in Australien für Importware gesetzlich dringend erforderlich (Hempen und Huber 2014).

Ein vermindertes Gesundheitsrisiko für den Patienten bzgl. des Schwermetall- und Pestizidgehalts sowie der mikrobiellen Belastung kann von Granulaten ausgehen. Bei ihrer Herstellung via Dekokt kann ihr Gehalt an Belastungen im Gegensatz zu den Ausgangsdrogen drastisch reduziert sein, da eventuell vorhandene Pestizide, Schwermetalle und Mykotoxine nur zu geringen Anteilen ins Dekoktwasser übergehen bzw. durch die Hitze zerstört werden. Allerdings ist dies vermutlich von der Arzneidroge abhängig, sodass nicht unbedingt bei jedem Granulat von einer Schadstofffreiheit ausgegangen werden sollte (Hempen und Huber 2014). Sofern das Granulat nicht aus einer einzelnen Arzneidroge sondern aus einer Rezepturmischung hergestellt wurde, wäre die resultierende mögliche Belastung auch nicht nur von der Kontamination der Einzeldrogen sondern auch von den Charakteristika des Dekokts (z. B. pH-Wert) abhängig.

6.4.4 Kontamination mit anderen nicht unbedenklichen chemischen Substanzen

Neben den gerade aufgeführten möglichen Belastungen mit Schwermetallen, Pestiziden, Mykotoxinen und pathogenen Mikroorganismen können CHM-Arzneidrogen und ihre Zubereitungen mit weiteren gesundheitlich nicht ganz unbedenklichen chemischen Substanzen belastet sein. So kann ein karamellartiger Geruch sowie der positive Nachweis von polyzyklischen aromatischen Kohlenwasserstoffen (PAK) und Acrylamid auf eine thermische Behandlung hinweisen (Heuberger et al. 2014; Hempen und Huber 2014). Außerdem besteht die Möglichkeit der Kontamination mit Dibenzodioxinen, Dibenzofuranen, polychlorierten Biphenylen (PCB), Substanzen aus Begasungsmitteln sowie Stoffen die einen Rückschluss auf den Kontakt mit Fäkalien geben lassen (Hempen und Huber 2014). Auch eine denkbare Zugabe von chemisch-synthetischen Arzneiwirkstoffen zu CHM-Zubereitungen sollte aufgrund möglicher unerwünschter und teils sogar starker therapeutischer Effekte sowie Neben- und Wechselwirkungen vor Freigabe an den Patienten geprüft werden. Für Bürger der Europäischen Union kann aufgrund des seit 2011 geltenden Einfuhrverbots von Fertigarzneimitteln in die EU, für die keine EU-Zulassung vorhanden ist, diese Streckung eigentlich nur noch aus Internet-Bestellungen stammen (Chan 2005; Hempen und Huber 2014), wobei die Risiken daraus schon genannt wurden.

6.5 Fazit

Die Komplexität der Rezepturen mit bis zu 13 verschiedenen Heilpflanzen, die diversen Zubereitungsformen der Heilpflanzen, die unterschiedlichen Quellen durch Kulturanbau und mögliche Wildsammlungen, die dadurch eine extrem heterogene Gesamternte einer Heilpflanze im Anlieferungsbereich der zahlreichen CHM-Pharmafirmen bilden kann, die oftmals unzureichende und verwirrende Pflanzenbezeichung, die vielen Vertriebswege von der Ernte bis zur Apotheke und die große und immer noch steigende Nachfrage nach chinesischen Heilpflanzen führen zu massiven Problemen bei der Qualitätskontrolle, die bisher nicht oder nur unzureichend gelöst wurden. Dass eine unzureichende Qualitätskontrolle zu ernsthaften Erkrankungen, wie z. B. Krebs, bei den Patienten führen kann, dokumentiert die beschriebene Problematik von aristolochiasäurehaltigen Dragees bei der Behandlung mit chinesischen Heilpflanzen in einer Brüsseler Privatklinik und zeigt, dass dies nicht nur in China sondern auch in Europa, in dem Verbraucherschutz groß geschrieben wird, möglich ist.

Literatur

Ahlström K, Ahlström M, Plummer A (Hrsg) Jisho (Japanese-English dictionary), Suchbegriff: 木通. http://jisho.org/search/木通. Zugegriffen am 08.04.2019

Arlt VM, Stiborova M, Schmeiser HH (2002) Aristolochic acid as a probable human cancer hazard in herbal remedies: a review. Mutagenesis 17(4):265–277. https://doi.org/10.1093/mutage/17.4.265. ISSN 0267-8357

Bauer R (1994) Chinesische Arzneidrogen als Quelle neuer Arzneistoffe für die westliche Medizin. PharmuZ 23(5):291–300. https://doi.org/10.1002/pauz.19940230507. ISSN 0048-3664

Bauer R (1995) Chinesische Arzneidrogen und ihr Potential für die westliche Medizin. Pharm Ztg 140:1929–1941. ISSN 0031-7136

Bayerische Landesanstalt für Landwirtschaft (LfL) (Hrsg), Heuberger H, Holzapfel C, Bauer C. Chinesische Heilpflanzen aus bayerischem Anbau – Steckbriefe zur Qualität und Nutzung von pflanzlichen Drogen für die Traditionelle Chinesische Medizin (TCM). Aufl. Januar 2014, Freising-Weihenstephan. http://www.lfl.bayern.de/mam/cms07/publikationen/daten/merkblaetter/lfl_merkblatt_chinesische_heilpflanzen.pdf. Zugegriffen am 09.04.2019

Bernhardt A (2003) Ermittlung von Pestizidstoffströmen im Ökosystem Buchenwald. Dissertation (Betreuer: Prof. Dr. W. Ruck), Leuphana Universität Lüneburg. http://opus.uni-lueneburg.de/opus/volltexte/2004/256/. Zugegriffen am 08.04.2019

Blaszczyk T (2000) Rösten oder Kochen mit Honig und Ingwer. Pharm Ztg online (12). ISSN 0031-7136. http://www.pharmazeutische-zeitung.de/index.php?id=pharm6_12_2000. Zugegriffen am 08.04.2019

Bundesamt für Naturschutz (BfN), World Wide Fund for Nature (WWF), Trade Records Analysis of Flora and Fauna in Commerce (TRAFFIC), International Union for Conservation of Nature and Natural Resources (IUCN), Medicinal Plant Specialist Group (MPSG), Foundation for Revitalisation of Local Health Traditions (FRLHT), Institute of Marketecology (IMO), Traditional Medicinals Inc. International Standard for Sustainable Wild Collection of Medicinal and Aromatic Plants (ISSC-MAP). http://www.floraweb.de/map-pro/ (letzte Aktualisierung: 25 June 2013). Zugegriffen am 07.04.2019

Bundestag und Bundesrat der Bundesrepublik Deutschland Gesetz über den Verkehr mit Arzneimitteln (Arzneimittelgesetz – AMG) in der Fassung der Bekanntmachung vom 12. Dezember 2005 (BGBI. I S. 3394), das zuletzt durch Artikel 1 der Verordnung vom 2. September 2015 (BGBI. I S. 1571) geändert worden ist. http://www.gesetze-im-internet.de/bundesrecht/amg_1976/gesamt.pdf. Zugegriffen am 19.04.2019

Chan K (2005) Chinese medicinal materials and their interface with Western medical concepts. J Ethnopharmacol 96(1-2):1–18. https://doi.org/10.1016/j.jep.2004.09.019. ISSN 0378-8741

Chen JK, Chen TT, Crampton L (2004) Chinese medical herbology and pharmacology. Art of Medicine Press, City of Industry. ISBN 9780974063508

Cheng K-W, Chen F, Wang M (2008) Liquid chromatography mass-spectrometry in natural product research. In: Colegate SM, Molyneux RJ (Hrsg) Bioactive natural products – detection, isolation and structural determination, Bd 2. CRC Press, Boca Raton, S 245–266. ISBN 9780849372582

Debelle FD, Vanherweghem J-L, Nortier JL (2008) Aristolochic acid nephropathy: a worldwide problem. Kidney Int 74(2):158–169. https://doi.org/10.1038/ki.2008.129. ISSN 0085-2538

European Directorate for the Quality of Medicines & HealthCare (EDQM), Bundesinstitut für Arzneimittel und Medizinprodukte (BfArM) (2014) Europäisches Arzneibuch 8.0, Grundwerk 2014, Bd 1, 8. Ausgabe, amtliche deutsche Ausgabe. Deutscher Apotheker, Stuttgart. ISBN 9783769262537

European Medicines Agency (Committee on Herbal Medicinal Products (HMPC)) (23 November 2005) Public statement on the risks associated with the use of herbal products containing *Aristolochia* species. London. http://www.ema.europa.eu/docs/en_GB/document_library/Scientific_guideline/2010/04/WC500089957.pdf. Zugegriffen am 08.04.2019

Focks (Hrsg.), Al-Khafaji et al (2010) Leitfaden Chinesische Medizin, 6. Aufl. Elsevier, Urban & Fischer, München. ISBN 9783437564833

Gao W, Jia W, Duan H, Huang L, Xiao X, Xiao P, Peak K-Y (2002) Good agriculture practice (GAP) and sustainable resource utilization of Chinese Materia Medica. J Plant Biotechnol 4(3):103–107. ISSN 1229-2818

Gensthaler BM (2014) Heilpflanzen: Nachhaltig sammeln oder kultivieren. Pharm Ztg online (03). ISSN 0031-7136. http://www.pharmazeutische-zeitung.de/index.php?id=50335. Zugegriffen am 07.04.2019

Goldewijk KK (2005) Three centuries of global population growth: a spatial referenced population (density) database for 1700–2000. Popul Environ 26(4):343–367. https://doi.org/10.1007/s11111-005-3346-7. ISSN 0199-0039

Government of the Hong Kong Special Administrative Region (Chinese Medicine Division – Department of Health), Chan KKC, Che C-T, Tang WT, Wing-Wah SY (2005) Hong Kong Chinese *Materia Medica* standards (Bd 1, englischsprachige Fassung). Chinese Medicine Division, Department of Health, Government of the Hong Kong Special Administrative Region of the People's Republic of China Hong Kong. ISBN 9789628868063. http://www.cmd.gov.hk/hkcmms/vol1/index_eng.html. Zugegriffen am 07.04.2019

Government of the Hong Kong Special Administrative Region (Chinese Medicine Division – Department of Health), Che C-T, Kwok IMY, Law R, Luo G-A, Man R, Tsim KWK, Wang B-Q, Zhao Z-Z (2008) Hong Kong Chinese *Materia Medica* standards (Bd 2, englischsprachige Fassung). Chinese Medicine Division, Department of Health, Government of the Hong Kong Special Administrative Region of the People's Republic of China Hong Kong, China. ISBN 9789628868322. http://www.cmd.gov.hk/hkcmms/vol2/index_eng.html. Zugegriffen am 07.04.2019

Government of the Hong Kong Special Administrative Region (Chinese Medicine Division – Department of Health), Che C-T, Cheung H-Y, Law R, Luo G-A, Man RYK, Tsim KWK, Wang B-Q, Wong K-Y, Zhao Z-Z (2010) Hong Kong Chinese *Materia Medica* standards (Bd 3, englischsprachige Fassung). Chinese Medicine Division, Department of Health, Government of the Hong Kong Special Administrative Region of the People's Republic of China Hong Kong. ISBN 9789628868384. http://www.cmd.gov.hk/hkcmms/vol3/index_eng.html. Zugegriffen am 07.04.2019

Government of the Hong Kong Special Administrative Region (Chinese Medicine Division – Department of Health), Che C-T, Cheung H-Y, Law R, Luo G-A, Man RYK, Tsim KWK, Wang B-Q, Wong K-Y, Zhao Z-Z (2012a) Hong Kong Chinese *Materia Medica* standards (Bd 4, englischsprachige Fassung). Chinese Medicine Division, Department of Health, Government of the Hong Kong Special Administrative Region of the People's Republic of China Hong Kong. ISBN 9789628868438. http://www.cmd.gov.hk/hkcmms/vol4/index_eng.html. Zugegriffen am 07.04.2019

Government of the Hong Kong Special Administrative Region (Chinese Medicine Division – Department of Health), Che C-T, Cheung H-Y, Law R, Luo G-A, Man RYK, Tsim KWK, Wang B-Q, Wong K-Y, Zhao Z-Z (2012b) Hong Kong Chinese *Materia Medica* standards (Bd 5, englischsprachige Fassung). Chinese Medicine Division, Department of Health, Government of the Hong Kong Special Administrative Region of the People's Republic of China Hong Kong. ISBN 9789628868469. http://www.cmd.gov.hk/hkcmms/vol5/index_eng.html. Zugegriffen am 07.04.2019

Government of the Hong Kong Special Administrative Region (Chinese Medicine Division – Department of Health), Chang Y-S, Che C-T, Cheung H-Y, Law R, Luo G-A, Man RYK, Tsim KWK, Wang B-Q, Wong K-Y, Zhao Z-Z (2013) Hong Kong Chinese *Materia Medica* standards (Bd 6, englischsprachige Fassung). Chinese Medicine Division, Department of Health, Government of the Hong Kong Special Administrative Region of the People's Republic of China Hong Kong. ISBN 9789628868520. http://www.cmd.gov.hk/hkcmms/vol6/index_eng.html. Zugegriffen am 07.04.2019

Government of the Hong Kong Special Administrative Region (Chinese Medicine Division – Department of Health), Chan KCK, Chan P, Chang Y-S, Che C-M, Che C-T, Cheung H-Y, Fong

HHS, Law R, Leung AWN, Lin R, Man RYK, Tsim KWK, Wong K-Y, Zhao Z, Government Laboratory Chemists (Hong Kong SAR) (2015) Hong Kong Chinese *Materia Medica* standards (Bd 7, englischsprachige Fassung). Chinese Medicine Division, Department of Health, Government of the Hong Kong Special Administrative Region of the People's Republic of China Hong Kong. http://www.cmd.gov.hk/hkcmms/vol7/index_eng.html. Zugegriffen am 07.04.2019

Greenpeace East Asia (Hrsg) (24.06.2013) Chinese herbs: Elixir of health or pesticide cocktail? An investigation on Chinese herbs and pesticides. Beijing. http://www.greenpeace.de/presse/publikationen/studie-pestizide-chinesischen-heilkraeutern-engl. Zugegriffen am 09.04.2019

Hänsel R, Sticher O (2010) Pharmakognosie – Phytopharmazie Springer-Lehrbuch, 9., überarb und aktual Aufl. Springer Science+Business Media, Berlin. ISBN 9783642009624

Hashimoto K, Higuchi M, Makino B, Sakakibara I, Kubo M, Komatsu Y, Maruno M, Okada M (1999) Quantitative analysis of aristolochic acids, toxic compounds, contained in some medicinal plants. J Ethnopharmacol 64(2):185–189. https://doi.org/10.1016/S0378-8741(98)00123-8. ISSN 0378-8741

Hempen C-H, Fischer T (2009) A *Materia Medica* for Chinese medicine – plants, minerals, and animal products, 1. Aufl. publiziert in Englisch. Churchill Livingstone Elsevier, Edinburgh/London/New York/Oxford, UK/Philadelphia/St Louis/Sydney/Toronto. ISBN 9780443100949

Hempen N, Huber R (2014) Qualität und Sicherheit chinesischer Arzneidrogen in Deutschland – ein Update. Forsch Komplementmed 21(6):401–412. https://doi.org/10.1159/000369233. ISSN 1661-4119

Herbasin Hilsdorf GmbH (Hrsg), Zhong W (Juni 2007) Herbasin Kurier. Nr. 26 Rednitzhembach. http://www.herbasinica.de/down/kur200706.pdf. Zugegriffen am 04.12.2015

herbasin® Hilsdorf GmbH (Hrsg), Hilsdorf E, Zhong W (Dezember 2004) Herbasin-Kurier. Nr. 8 Rednitzhembach. http://www.herbasinica.de/down/kur200412.pdf. Zugegriffen am 20.11.2015

herbasin® Hilsdorf GmbH (Hrsg), Hilsdorf E, Zhong W (Juni 2005) Herbasin-Kurier. Nr. 14 Rednitzhembach. http://www.herbasinica.de/down/kur200506.pdf. Zugegriffen am 14.12.2015

herbasin® Hilsdorf GmbH (Hrsg), Hilsdorf E, Zhong W (Februar 2006) Herbasin-Kurier. Nr. 6 Rednitzhembach. http://www.herbasinica.de/down/kur200602.pdf. Zugegriffen am 04.12.2015

HerbaSinica Hilsdorf GmbH (Hrsg), Zhong W (Mai 2009) HerbaSinica Kurier. Nr. 34 Rednitzhembach. http://www.herbasinica.de/down/kur200905.pdf. Zugegriffen am 23.11.2015

HerbaSinica Hilsdorf GmbH (Hrsg), Zhong W (Juli 2010a) HerbaSinica Kurier. Nr. 38 Rednitzhembach. http://www.herbasinica.de/down/Kurier-38.pdf. Zugegriffen am 20.11.2015

HerbaSinica Hilsdorf GmbH (Hrsg), Zhong W (Oktober 2010b) HerbaSinica Kurier. Nr. 39 Rednitzhembach. http://www.herbasinica.de/down/Kurier-39.pdf. Zugegriffen am 23.11.2015

HerbaSinica Hilsdorf GmbH (Hrsg), Zhong W (November 2014) Herbasinica Kurier. Nr. 49 Rednitzhembach. http://www.herbasinica.de/down/Kurier-49.pdf. Zugegriffen am 23.11.2015

Heuberger H (Referent) (Vortragsdatum: 04.10.2007) Qualität chinesischer Heilpflanzen aus bayerischem Versuchsanbau im Vergleich zu Importware: Identität, sensorische Eigenschaften, Reinheit und Inhaltsstoffe. Workshops „Dokumentierter und kontrollierter Anbau ausgewählter TCM-Pflanzen in Deutschland – Eine Chance für bessere Drogenqualität in der TCM" mit Beteiligung von Societas Medicinae Sinensis (Internationale Gesellschaft für Chinesische Medizin e. V. (SMS)), der Gesellschaft für die Dokumentation von Erfahrungsmaterial der Chinesischen Arzneitherapie (DECA) und der Bayerischen Landesanstalt für Landwirtschaft (LfL) Vortragsort, Freising

Heuberger H, Bauer R, Friedl F, Heubl G, Hummelsberger J, Nögel R, Seidenberger R, Torres-Londono P (2010) Cultivation and breeding of Chinese medicinal plants in Germany. Planta Med 76(17):1956–1962. https://doi.org/10.1055/s-0030-1250528. ISSN 0032-0943

Heuberger H, Bauer R, Friedl F, Heubl G, Holzapfel C, Hummelsberger J, Nikles S, Nögel R, Rinder R, Seidenberger R, Torres-Londono P (2014) Chinesische Heilpflanzen in Bayern: Qualität vom Saatkorn bis zur Apotheke. Chin Med (1):43–49. ISSN 0930-2786

Heuberger H, Rinder R, Seidenberger R (2015) Anbau von Arzneipflanzen in China. In: Verein für Arznei- und Gewürzpflanzen SALUPLANTA e. V. Bernburg (Hrsg) 25. Bernburger Winterseminar Arznei- und Gewürzpflanzen, Bernburg, 17.02.–18.02.2015. Eigenverlag Bernburg,

S 12–14. http://www.saluplanta.de/Tagungsbroschuere%2025.Winterseminar.pdf. Zugegriffen am 13.08.2015

Heubl G (2013) Chapter 2: DNA-based authentication of TCM-plants: current progress and future perspectives. In: Wagner H, Ulrich-Merzenich G (Hrsg) Evidence and rational based research on Chinese drugs. Springer Science+Business Media, New York, S 27–85. ISBN 9783709104415

Horn T, Jürges G. Karlsruher Institut für Technologie (KIT) Molekulare Authentifizierung. http://www.botanik.kit.edu/botzell/1209.php. Zugegriffen am 04.12.2015 (letzte Aktualisierung: 15.11.2014)

Horn T, Völker J, Rühle M, Häser A, Jürges G, Nick P (2014) Genetic authentication by RFLP versus ARMS? The case of Moldavian dragonhead (*Dracocephalum moldavica* L.). Eur Food Res Technol 238(1):93–104. https://doi.org/10.1007/s00217-013-2089-4. ISSN 1438-2377

Hou JP, Jin Y (2005) The healing power of Chinese herbs and medicinal recipes. Haworth Integrative Healing Press, Binghamton. ISBN 9780789022011

Hummelsberger J, Bomme U, Friedl F (2006) Chinesische Arzneipflanzen – Anbau hierzulande garantiert Qualität. Dtsch Ärztebl 103(21):1442. ISSN 0012-1207

Institute of Medicinal Plant Development (IMPLAD) (2005) Chapter 15: Sustaining herbal supplies: China. In: Special Unit for South-South Cooperation (SSC) in the United Nations Development Programme (UNDP), the Third World Network of Scientific Organizations (TWNSO), the Third World Academy of Sciences (TWAS) (Hrsg) Bd 10: Examples of the development of pharmaceutical products from medicinal plants. Reihe: Sharing innovative experiences. United Development Programme (UNDP), New York, S 157–163. ISSN 1728-4171. http://tcdc2.undp.org/GSSDAcademy/SIE/Docs/Vol10/V10_S4_herbalSupplies.pdf. Zugegriffen am 13.04.2019

Ioset J-R, Raoelison GE, Hostettmann K (2003) Detection of aristolochic acid in Chinese phytomedicines and dietary supplements used as slimming regimens. Food Chem Toxicol 41(1):29–36. https://doi.org/10.1016/S0278-6915(02)00219-3. ISSN 0278-6915

Jia W, Gao W-Y, Yan Y-Q, Wang J, Xu Z-H, Zheng W-J, Xiao P-G (2004) The rediscovery of ancient Chinese herbal formulas. Phytother Res 18(8):681–686. https://doi.org/10.1002/ptr.1506. ISSN 0951-418X

Jiang Y, David B, Tu P, Barbin Y (2010) Recent analytical approaches in quality control of traditional Chinese medicines – a review. Anal Chim Acta 657(1):9–18. https://doi.org/10.1016/j.aca.2009.10.024. ISSN 0003-2670

Julius Kühn-Institut (Hrsg), Jaskolla D (November 2006) Der Pflanzenschutz vom Altertum bis zur Gegenwart: Ein Leitfaden zur Geschichte der Phytomedizin und der Organisation des deutschen Pflanzenschutzes. Berlin-Dahlem. https://www.julius-kuehn.de/media/JKI/Allgemein/PDF/Der_Pflanzenschutz_vom_Altertum_bis_zur_Gegenwart.pdf. Zugegriffen am 13.04.2019

Kandler-Schmitt B (2014) Vom Raubbau zum Anbau. Apotheken-Umschau B(Ausgabe 15. März):48–53. ISSN 0402-7108

Kluthe R, Vogt A, Batsford S (1982) Doppelblindstudie zur Beeinflussung der Phagocytosefähigkeit von Granulocyten durch Aristolochiasäure. Arzneimittelforschung 32(4):443–445. ISSN 0004-4172

Konchar K, Li X-L, Yang Y-P, Emshwiller E (2011) Phytochemical variation in *Fritillaria cirrhosa* D. Don (*Chuan Bei Mu*) in relation to plant reproductive stage and timing of harvest. Econ Bot 65(3):283–294. https://doi.org/10.1007/s12231-011-9170-3. ISSN 0013-0001

Kratz S, Schnug E (2005) Schwermetalle in P-Düngern. In: Haneklaus S, Rietz R-M, Rogasik J, Schroetter S (Hrsg) Recent advances in agricultural chemistry. Reihe: Landbauforschung Volkenrode Sonderheft 286. Bundesforschungsanstalt für Landwirtschaft (FAL), Braunschweig, S 37–45. ISBN 3933140927. ISSN 0458-6859. http://literatur.ti.bund.de/digbib_extern/dk036245.pdf. Zugegriffen am 24.03.2019

Lee T-Y, Wu M-L, Deng J-F, Hwang D-F (2002) High-performance liquid chromatographic determination for aristolochic acid in medicinal plants and slimming products. J Chromatogr B Anal Technol Biomed Life Sci 766(1):169–174. https://doi.org/10.1016/S0378-4347(01)00416-9. ISSN 1570-0232

Leung PC, Cheng KF (2008) Good agriculture practice (GAP) – does it ensure a perfect supply of medicinal herbs for research and drug development. Int J Appl Res Nat Prod 1(2):1–8. ISSN 1940-6223

Li S, Han Q, Qiao C, Song J, Cheng CL, Xu H (2008) Chemical markers for the quality control of herbal medicines: an overview. Chin Med (Publisher: International Society for Chinese Medicine) 3:7. https://doi.org/10.1186/1749-8546-3-7. ISSN 1749-8546

Li X, Song J, Wei J, Hu Z, Xie C, Luo G (2012) Natural fostering in *Fritillaria cirrhosa*: integrating herbal medicine production with biodiversity conservation. Acta Pharm Sin B 2(1):77–82. https://doi.org/10.1016/j.apsb.2011.12.006. ISSN 2211-3835

Li X, Chen Y, Lai Y, Yang Q, Hu H, Wang Y (2015) Sustainable utilization of traditional Chinese medicine resources: systematic evaluation on different production modes. Evid Based Complement Alternat Med 2015:218901. https://doi.org/10.1155/2015/218901. ISSN 1741-427X. Zugegriffen am 13.04.2019

Liu C, Yu H, Chen S-L (2011) Framework for sustainable use of medicinal plants in China. Plant Divers Resour (= Zhíwù Fēnlèi Yǔ Zīyuán Xuěbào (植物分类与资源学报)) 33(1):65–68. https://doi.org/10.3724/SP.J.1143.2011.10249. ISSN 2095-0845

Magan N, Hope R, Cairns V, Aldred D (2003) Post-harvest fungal ecology: impact of fungal growth and mycotoxin accumulation in stored grain. Eur J Plant Pathol 109(7):723–730. https://doi.org/10.1023/A:1026082425177. ISSN 0929-1873

Martena MJ, van der Wielen J, Laak LF, Konings EJ, Groot HN, Rietjens IMC (2007) Enforcement of the ban on aristolochic acids in Chinese traditional herbal preparations on the Dutch market. Anal Bioanal Chem 389(1):263–275. https://doi.org/10.1007/s00216-007-1310-3. ISSN 1618-2642

Mengs U (1983) On the histopathogenesis of rat forestomach carcinoma caused by aristolochic acid. Arch Toxicol 52(3):209–220. https://doi.org/10.1007/BF00333900. ISSN 0340-5761

Mengs U, Lang W, Poch J-A (1982) The carcinogenic action of aristolochic acid in rats. Arch Toxicol 51(2):107–119. https://doi.org/10.1007/BF00302751. ISSN 0340-5761

Miyazawa M, Kameoka H (1989) Volatile flavor components of *Sinomeni Caulis et Rhizoma* (*Sinomeniuam acutuni* Rehder *et* Wilson). Agric Biol Chem 53(6):1713–1716. https://doi.org/10.1080/00021369.1989.10869502. ISSN 0002-1369

Möse JR (1966) Weitere Untersuchungen über die Wirkung der Aristolochiasäure. Arzneimittelforschung 16(2):118–122. ISSN 0004-4172

Möse JR (1974) Weitere Studien über Aristolochiasäure – 2. Mitteilung. Arzneimittelforschung 24(2):151–153. ISSN 0004-4172

Möse JR, Porta J (1974) Weitere Studien über Aristolochiasäure – 1. Mitteilung. Arzneimittelforschung 24(1):52–54. ISSN 0004-4172

Nortier JL, Muniz Martinez MC, Schmeiser HH, Arlt VM, Bieler CA, Petein M, Depierreux MF, de Pauw L, Abramowicz D, Vereerstraeten P, Vanherweghem JL (2000) Urothelial carcinoma associated with the use of a Chinese herb (*Aristolochia fangchi*). N Engl J Med 342(23):1686–1692. https://doi.org/10.1056/NEJM200006083422301. ISSN 0028-4793

Palevitch D (1991) Agronomy applied to medicinal plant conservation. In: Akerele O, Heywood V, Synge H (Hrsg) The conservation of medicinal plants – Proceedings of an international consultation, Chiang Mai, Thailand, 21–27 March 1988. Cambridge University Press, Cambridge, UK/New York/Port Chester/New York/Melbourne/Sydney, S 167–178. ISBN 9780521392068

PBL Netherlands Environmental Assessment Agency (Hrsg), Goldewijk KK. History database of the global environment: population. Bilthoven. http://themasites.pbl.nl/tridion/en/themasites/hyde/basicdrivingfactors/population/index-2.html. Zugegriffen am 13.04.2019 (letzte Aktualisierung: 31 Aug 2010)

Pena JM, Borras M, Ramos J, Montoliu J (1996) Rapidly progressive interstitial renal fibrosis due to a chronic intake of a herb (*Aristolochia pistolochia*) infusion. Nephrol Dial Transplant 11(7):1359–1360. https://doi.org/10.1093/ndt/11.7.1359. ISSN 0931-0509

Persons WS (1994) American ginseng – Green gold. Überarb Ausg. Bright Mountain Books, Asheville. ISBN 9780914875239

Ploberger F (2007) Das TCM-Rezeptierbuch – Arzneimittelkombinationen verstehen und lernen, 1. Aufl. Elsevier, Urban & Fischer, München/Jena. ISBN 9783437578403

Priestap HA, de los Santos C, Quirke JME (2010) Identification of a reduction product of aristolochic acid: implications for the metabolic activation of carcinogenic aristolochic acid. J Nat Prod 73(12):1979–1986. https://doi.org/10.1021/np100296y. ISSN 0163-3864

Roser M. World population by world regions, 1400–2000 and projections until 2100. In: Roser M, Ortiz-Ospina E (Hrsg) Our world in data – future world population growth (Onlineressource). University of Oxford, Oxford Martin School & Nuffield Foundation, Oxford, UK/London. https://ourworldindata.org/future-world-population-growth. Zugegriffen am 20.12.2016

Sächsische Landesanstalt für Landwirtschaft (Hrsg), Dittrich B, Klose R (2008) Schwermetalle in Düngemitteln. Schriftenreihe der Sächsischen Landesanstalt für Landwirtschaft, Heft 3. ISSN 1861-5988. https://publikationen.sachsen.de/bdb/artikel/14898/documents/17816. Zugegriffen am 09.04.2019

Sahil K, Sudeep B, Akanksha M (2011) Standardization of medicinal plant materials. Int J Res Ayurveda Pharm 2(4):1100–1109. ISSN 2229-3566

Schippmann U, Leaman DJ, Cunningham AB (2003) Impact of cultivation and gathering of medicinal plants on biodiversity: global trends and issues. In: Food and Agriculture Organization of the United Nations (FAO) (Hrsg) Biodiversity and the ecosystem approach in agriculture, forestry and fisheries – Satellite event on the occasion of the ninth regulat session of the Commission on Genetic Resources for Food and Agricultue, Rome, Italy, 12–13 October 2002. Inter-Departmental Working Group on Biological Diversity for Food and Agriculture, Rome, S 140–167. ISBN 9251049173. http://www.fao.org/3/aa010e/AA010E00.pdf. Zugegriffen am 09.04.2019

Schneider G, Hiller K (1999) Arzneidrogen, 4. Aufl. Spektrum Akademischer, Heidelberg/Berlin/Oxford, UK. ISBN 9783827401823

Schneider E, Stekly G, Brunner P (1999) Domestikation von Bergfrauenmantel (*Alchemilla alpina agg.*). Z Arznei- Gewurzpfla 4(3):134–140. ISSN 1431-9292

Shaw D (2010) Toxicological risks of Chinese herbs. Planta Med 76(17):2012–2018. https://doi.org/10.1055/s-0030-1250533. ISSN 0032-0943

Stiborová M, Frei E, Arlt VM, Schmeiser HH (2008) Metabolic activation of carcinogenic aristolochic acid, a risk factor for Balkan endemic nephropathy. Mutat Res 658(1–2):55–67. https://doi.org/10.1016/j.mrrev.2007.07.003. ISSN 0027-5107

Stöger E (2010) Drogen der Traditionellen Chinesischen Medizin in westlichen Ländern. In: Hänsel R, Sticher O (Hrsg) Pharmakognosie – Phytopharmazie. Springer-Lehrbuch, 9., überarb und aktual Aufl. Springer Science+Business Media, Berlin, S 387–414. ISBN 9783642009624

Stone R (2008) Lifting the veil on traditional Chinese medicine. Science 319(5864):709–710. https://doi.org/10.1126/science.319.5864.709. ISSN 0036-8075

Tanaka A, Nishida R, Yoshida T, Koshikawa M, Goto M, Kuwahara T (2001) Outbreak of Chinese herb nephropathy in Japan: are there any differences from Belgium? Intern Med 40(4):296–300. https://doi.org/10.2169/internalmedicine.40.296. ISSN 0918-2918

Tatsukawa S, Mikage M (2007) Studies of *Mu-tong*, *Akebiae Caulis* (2): outer and inner morphologies of woody stems of Akebia plants growing in Japan and the botanical origin of *Mokutsu* produced in Japan. J Tradit Med 24(6):200–208. https://doi.org/10.11339/jtm.24.200. ISSN 1880-1447

Teuscher E, Bauermann U, Werner M (2003) Gewürzdrogen – Ein Handbuch der Gewürze, Gewürzkräuter, Gewürzmischungen und ihrer ätherischen Öle, 1. Aufl. Wissenschaftliche Verlagsgesellschaft, Stuttgart. ISBN 9783804718678

The World Wide Fund for Nature – India (WWF-India), Traffic India, Bundesministerium für wirtschafltiche Zusammenarbeit und Entwicklung (BMZ) (Deutschland) (Hrsg), Uniyal RC, Uniyal MR, Jain P (2000) Cultivation of medicinal plants in India – a reference book. New Delhi. https://www.wwfindia.org/about_wwf/enablers/traffic/publications/. Zugegriffen am 19.04.2019

Tian RT, Xie PS, Liu HP (2009) Evaluation of traditional Chinese herbal medicine: *Chaihu* (*Bupleuri Radix*) by both high-performance liquid chromatographic and high-performance thin-layer chromatographic fingerprint and chemometric analysis. J Chromatogr A 1216(11):2150–2155. https://doi.org/10.1016/j.chroma.2008.10.127. ISSN 0021-9673

TRAFFIC Network North America, World Wide Fund for Nature (WWF), IUCN-The World Conservation Union (Hrsg), Robbins CS (1998) American ginseng. The root of North America's medicinal herb trade, Washington, DC, S 20. www.traffic.org/species-reports/traffic_species_plants13.pdf. Zugegriffen am 13.04.2019

United Nations Department of Economic and Social Affairs (Population Division) (2009) World population prospects – the 2008 revision: highlights. ESA/P/WP.210, New York. http://www.un.org/esa/population/publications/wpp2008/wpp2008_highlights.pdf. Zugegriffen am 03.09.2016

United Nations Department of Economic and Social Affairs (Population Division) (2012) World urbanization prospects – the 2011 revision. ST/ESA/SER.A/322, New York. http://www.un.org/en/development/desa/population/publications/pdf/urbanization/WUP2011_Report.pdf. Zugegriffen am 13.04.2019

United Nations Department of Economic and Social Affairs (Population Division) (2014) World urbanization prospects – the 2014 revision: highlights. ST/ESA/SER.A/352. United Nations, New York. ISBN 9789211515176. https://esa.un.org/unpd/wup/Publications/Files/WUP2014-Highlights.pdf. Zugegriffen am 13.04.2019

United Nations Department of Economic and Social Affairs (Population Division) (2015) World population prospects: the 2015 revision, key findings and advance tables. ESA/P/WP.241, New York. https://esa.un.org/unpd/wpp/publications/files/key_findings_wpp_2015.pdf. Zugegriffen am 13.04.2019

United Nations Population Fund (UNFPA) (2007) UNFPA state of world population 2007 – unleashing the potential of urban growth. United Nations Population Fund, New York. ISBN 9780897148078. http://www.unfpa.org/sites/default/files/pub-pdf/695_filename_sowp2007_eng.pdf. Zugegriffen am 19.04.2019

University of Kentucky (College of Agriculture) (Hrsg), Jones T, Fitzgerald M, Lucio A (January 2012) Ginseng. Frankfort, Kentucky. http://www.uky.edu/ccd/sites/www.uky.edu.ccd/files/ginseng.pdf. Zugegriffen am 13.04.2019

USFDA Forensic Chemistry Center (US Food and Drug Administration) (Hrsg), Flurer RA, Jones MB, Vela N, Ciolino LA, Wolnik KA (2000) Determination of aristolochic acid in traditional Chinese medicines and dietary supplements. FDA Laboratory Information Bulletin, Cincinnati. http://ahpa.org/portals/0/pdfs/FDA_AnalyticalMethod_AA.pdf. Zugegriffen am 13.04.2015

Vanhaelen M, Vanhaelen-Fastre R, But P, Vanherweghem JL (1994) Identification of aristolochic acid in Chinese herbs. Lancet 343(8890):174. https://doi.org/10.1016/S0140-6736(94)90964-4. ISSN 0140-6736

Vanherweghem J-L, Depierreux M, Tielemans C, Abramowicz D, Dratwa M, Jadoul M, Richard C, Vandervelde D, Verbeelen D, Vanhaelen-Fastre R, Vanhaelen M (1993) Rapidly progressive interstitial renal fibrosis in young women: association with slimming regimen including Chinese herbs. Lancet 341(8842):387–391. https://doi.org/10.1016/0140-6736(93)92984-2. ISSN 0140-6736

Vanherweghem J-L, Tielemans C, Simon J, Depierreux M (1995) Chinese herbs nephropathy and renal pelvic carcinoma. Nephrol Dial Transplant 10(2):270–273. ISSN 0931-0509

WaDoku e. V. (Hrsg) Japanisch-Deutsches Wörterbuch, Suchbegriff: 木通. München. http://www.wadoku.de/entry/view/8183416. Zugegriffen am 07.05.2016

Wang J, van der Heijden R, Spruit S, Hankermeier T, Chan K, van der Greef J, Xu G, Wang M (2009) Quality and safety of Chinese herbal medicines guided by a systems biology perspective. J Ethnopharmacol 126(1):31–41. https://doi.org/10.1016/j.jep.2009.07.040. ISSN 0378-8741

Wu KM, Farrelly J, Upton R, Chen J (2007) Complexities of the herbal nomenclature system in traditional Chinese medicine (TCM): lessons learned from the misuse of *Aristolochia*-related species and the importance of the pharmaceutical name during botanical drug product development. Phytomedicine 14(4):273–279. https://doi.org/10.1016/j.phymed.2006.05.009. ISSN 0944-7113

Zeng Z-P, Jiang J-G (2010) Analysis of the adverse reactions induced by natural product-derived drugs. Br J Pharmacol 159(7):1374–1391. https://doi.org/10.1111/j.1476-5381.2010.00645.x. ISSN 1476-5381

Zeng S, Chen T, Wang L, Qu H (2013) Monitoring batch-to-batch reproducibility using direct analysis in real time mass spectrometry and multivariate analysis: a case study on precipitation. J Pharm Biomed Anal 76:87–95. https://doi.org/10.1016/j.jpba.2012.12.014. ISSN 0731-7085

Zhao Z, Liang Z, Chan K, Lu G, Lee ELM, Chen HB, Li L (2010) A unique issue in the standardization of Chinese *Materia Medica*: processing. Planta Med 76(17):1975–1986. https://doi.org/10.1055/s-0030-1250522. ISSN 0032-0943

Zhen G, Zhang L, Du Y, Yu R, Liu X, Cao F, Chang Q, Deng X, Xia M, He H (2015) De novo assembly and comparative analysis of root transcriptomes from different varieties of *Panax ginseng* C. A. Meyer grown in different environments. Sci China Life Sci 58(11):1099–1110. https://doi.org/10.1007/s11427-015-4961-x. ISSN 1674-7305

Zhong W (2015) Wie minderwertige Drogen der chinesischen Medizin schaden. Chin Med 30(2):110–115. https://doi.org/10.1007/s00052-015-0063-x. ISSN 0930-2786

7 Qualitätskontrolle und ihre bisherige Durchsetzung

Aufgrund der aufgeführten Erläuterungen wurde Mitte der 1990er-Jahre von der chinesischen Regierung ein Zukunftsplan zur Modernisierung bzw. Globalisierung der TCM aufgestellt. Motivation zur Entwicklung und Beibehaltung dieses Plans ist bis heute die Hoffnung auf eine zunehmend wissenschaftliche Anerkennung der TCM durch den Westen, indem westliche Standards in die TCM eingeführt werden sollen (Focks (Hrsg), Al-Khafaji et al. 2010). Der Antrieb dafür liegt in der Aussicht der Volksrepublik auf eine zunehmend finanzielle Absatzsteigerung ihrer CHM-Arzneidrogen und deren Zubereitungen auf dem Weltmarkt (Qiu 2007; Stone 2008; Chan 2005; Unschuld 2013). Zudem ermöglichen die westlichen Standards eine Gewähr für Qualität, Effizienz und Sicherheit (QES) der CHM-Produkte, die den Verkauf von falschen oder vertauschten CHM-Arzneidrogen vermeiden können (Chan 2005) und eine bessere pharmakologische Einschätzung ihres therapeutischen Gebrauchs erlauben (Chan et al. 2007). Deshalb wurde die Erarbeitung und Einführung von internationalen Richtlinien für Qualitätsstandards beschlossen. Diese beinhalten u. a. die Bestimmung von Schwermetallen, Pestiziden, Mykotoxinen, pathogenen Mikroorganismen und radioaktiven Kontaminationen sowie Regelwerke wie GAP (*Good Agriculture Practice*), GSP (*Good Storage Practice*), GMP (*Good Manufacturing Practice*), GLP (*Good Laboratory Practice*), GCP (*Good Clinical Practice*) und SOPs (*Standard Operation Procedures*) für den gesamten Herstellungsprozess vom Feldanbau bis zum Endprodukt und entsprechen damit einer alles umfassenden Qualitätskontrolle von CHM-Arzneidrogen und ihren Zubereitungen (Qiu 2007; Stone 2008; Chan 2005; Normile 2003; Unschuld 2013; Heuberger et al. 2015). Doch nicht nur in China sondern auch bei westlich geprägten Institutionen wie z. B. der WHO, der FDA und der EU wurden zwischen den 1990er-Jahren und 2003 GAP- bzw. GACP-Richtlinien (GACP = *Good Agricultural and Collection Practice*) als Standard für Arznei- und Gewürzpflanzen eingeführt und zwar sowohl für Kulturbestände als auch für Wildsammlungen (Zhang et al. 2010). Praktische Angaben zu den GAP-Richtlinien im Arzneipflanzenbau finden sich in Tab. 7.1 wieder. Des Weiteren

A.-F. von Trotha, O. J. Schmitz, *Qualitätskontrolle in der TCM*,
https://doi.org/10.1007/978-3-662-59256-4_7

Tab. 7.1 GAP-Richtlinien für CHM-Heilpflanzen bzw. -pilze (Zhang et al. 2010)

GAP-Richtlinien für den Anbau von Arzneipflanzen
1. umweltverträglicher und umweltschonender Anbau
2. korrekte taxonomische Bestimmung der Heilpflanze (bzw. Heilpilzes), Unterscheidung der Chemotypen einer Art aufgrund ihrer unterschiedlichen chemischen Hauptkomponente sowie Verwendung von lateinischen Namen zur Vermeidung von Pflanzen-Verwechslungen
3. Kultivierung (z. B. Düngung, Schädlingsbehandlung) nach SOPs
4. Ernte und erste Vorbehandlungsmethoden
5. Verpackung, Transport und Lagerung
6. Qualitätsuntersuchungen (Vorschriften wie Arzneibücher, makroskopische Untersuchung, Analytik, Pestizide, Aschegehalt u. ä.)
7. Schulung und Überwachung des Personals
8. Dokumentation jeglicher Schritte und Methoden

sind etliche westliche CHM-Importländer bzw. -regionen wie die EU, die USA, Kanada oder Australien Mitglieder der PIC/S-Vereinbarung (PIC/S, *Pharmaceutical Inspection Co-operation Scheme*)[1] (PIC/S Pharmaceutical Inspection Co-operation Scheme). Da PIC/S völkerrechtlichen Status mit höherer Hierarchie als das nationale Recht besitzt, müssen PIC/S-Nichtmitglieder für ihren Export von CHM-Produkten in PIC/S-Staaten einer Fremdinspektion zur Kontrolle der Einhaltung von GMP-Richtlinien durch die Importhändler der PIC/S-Staaten zustimmen (Herbasin Hilsdorf GmbH 2006). Während im ostasiatischen Raum zwar bisher die bis zu gewissen Maßen für CHM-Produkte wichtigen Länder Japan und Südkorea der PIC/S beigetreten sind, gehören im Gegensatz zum ursprünglichen CHM-Mutterland China bisher nur Taiwan und seit 2016 auch Hong Kong SAR der PIC/S an (PIC/S Pharmaceutical Inspection Co-operation Scheme), wodurch China indirekt ein vergrößerter Absatzmarkt für CHM-Waren im Ausland zugänglich sein müsste. Um somit die Wahrscheinlichkeit auf eine Genehmigung des CHM-Exports aus China in den betreffenden PIC/S-Mitgliedsstaat deutlich zu erhöhen, dürfte vermutlich die Einführung der oben aufgeführten Standards und Richtlinien in den CHM-Produktionsprozess in China mehr als förderlich sein. Neben der Aufstellung und Einführung von Qualitätsrichtlinien sollen laut Modernisierungsplan toxikologische Untersuchungen und wissenschaftliche Aufklärungen von *Pàozhì*-Verfahren für CHM-Arzneidrogen entwickelt werden. Ferner sollen CHM-Arzneidrogen und -Rezepturen pharmakologisch auf Sicherheit und Wirksamkeit mittels doppelblinder, placebokontrollierter und randomisierter klinischer Studien nach westlichem Muster kontrolliert und Wirkstoffe mit leistungsstarken und schnellen Methoden durch pharmakologische Screenings entdeckt und isoliert werden. An dieser Stelle sei das von Liang et al.

[1] Die PIC/S-Vereinbarung gründete sich ursprünglich 1970 aufgrund der Europäischen Freihandelsassoziation (*European Free Trade Association*, kurz EFTA) und hat mittels Kooperation von entsprechenden Aufsichtsbehörden die Aufgabe, mögliche Handelsbarrieren des pharmazeutischen Warenverkehrs der Mitgliederstaaten zu verkleinern, Inspektionen gegenseitig anerkennen zu lassen und für die Einhaltung hoher Qualitätsstandards wie der GMP zu sorgen (Herbasin Hilsdorf GmbH 2006; Hunz et al. 2007).

gegründete *Herbalomics*-Projekt (*herbal* (engl.) = Kräuter; Suffix „ome“ wie z. B. auch bei Genom, Metabolom oder Proteom) als ein erwähnenswertes Beispiel für die ambitionierten chinesischen Pläne angesprochen (Stone 2008). Mit diesem sollen die komplexe chemische Zusammensetzung der CHM-Arzneidrogen und ihrer Rezepturen (Liang et al. 2009; Stone 2008; Luo et al. 2012) durch neue analytische Untersuchungsmethoden systematisch aufgeklärt und die damit verbundenen pharmakologischen und toxikologischen Wirkmechanismen einiger bedeutender Inhaltsstoffe aufgedeckt werden (Liang et al. 2009; Stone 2008). Zusätzlich soll durch den Modernisierungsplan die Entwicklung neuer Rezepturen besonders zur Therapie von in der westlichen Medizin oft noch unbefriedigend behandelten chronischen Krankheiten vorangetrieben werden. Zu guter Letzt sollen die dafür erarbeiteten erfolgreichen Methoden und Entwicklungen durch Patente geschützt werden, um nur die allerwichtigsten Projektziele des Modernisierungsplans zu nennen. Denn obwohl dieser Plan relativ umfangreich erscheint (Qiu 2007; Stone 2008; Chan 2005; Normile 2003; Lei et al. 2014) und u. a. die Nachhaltigkeit und Qualität von CHM-Arzneidrogen fördern soll, halten Kritiker ihn für nicht detailliert genug ausgearbeitet. Sie befürchten, dass er besonders bzgl. Sicherheit und Wirksamkeit von CHM-Fertigarzneimittel nicht streng genug sein könnte (Qiu 2007; Stone 2008; Hempen und Huber 2014). Außerdem legt die chinesische Regierung seit geraumer Zeit einen stärkeren Fokus auf das Industriewachstum ihres Staats als auf ihre Landwirtschaft, sodass sich die wenigsten Beteiligten der CHM-Arzneimittel und ihres Handels wirklich an die Empfehlungen und Auflagen halten. Deshalb wäre die Aufklärung besonders der CHM-Bauern als auch das verstärkte Einrichten von CHM-Kontrollen durch entsprechende Stellen zu begrüßen (Greenpeace East Asia 24.06.2013). Auch wenn heutzutage in China die Herstellung von CHM-Arzneimitteln nur noch von CHM-Pharmafirmen mit einer GMP-Zertifizierung durchgeführt werden darf (Heuberger et al. 2015), so wird die Einführung der Standards und Richtlinien in jeden Teilschritt der CHM-Produktionsprozesse aufgrund ihrer Komplexität bis zur vollständigen und durchgängigen Implementierung noch mehrere Jahre dauern (Gao et al. 2002; Hempen und Huber 2014). Vermutlich ist dies auch einer der Gründe, warum trotz der Einführung von GAP-Richtlinien in China für die Kultivierung von CHM-Heilpflanzendrogen derzeit immer noch viele der Drogen nicht unter kontrollierten Bedingungen angepflanzt werden und stattdessen, wie schon ausführlich erwähnt, zu weiten Teilen immer noch stark auf Wildbestände oder nur kleinem Kulturanbau zurückgegriffen wird (Gao et al. 2002). Durch die Bemühungen Chinas hat sich auf internationaler Ebene seit 2009 das Technical Commitee 249 gegründet, das unter dem Schirm der *International Organization for Standardization* (ISO, Internationale Organisation für Normung) nach und nach ISO-Standards für die TCM verabschieden möchte. Einer der Schwerpunkte soll dabei auch die Qualität und die Sicherheit von Rohdrogen, traditionelle Vorbehandlungsmethoden sowie die Herstellung von CHM-Zubereitungen sein (Liu et al. 2017).

7.1 Empfohlene Angaben einer durchgeführten CHM-Qualitätskontrolle

Da eine vollständige Qualitätskontrolle die Garantie für Zusammensetzung, Sicherheit und Wirksamkeit gewährleistet, ist sie fundamental notwendig und unverzichtbar (Li et al. 2008; Chan 2005; Stone 2008). Sie sollte deshalb Aussagen zu möglichen Komponenten wie Schwermetallen, Pestiziden (eventuell auch verbotene), mikrobiellen Kontaminanten wie pathogene Mikroorganismen und Mykotoxinen, wie z. B. Aflatoxin oder Ochratoxin A, aufführen. In der ChP (Ausgabe 2010 (The State Chinese Pharmacopoeia Commission of the People's Republic of China 2010)), der Europäischen Pharmakopöe Ph. Eur. (Ausgabe 8.0 (European Directorate for the Quality of Medicines & HealthCare (EDQM) und Bundesinstitut für Arzneimittel und Medizinprodukte (BfArM) 2014)) und den bereits kurz erwähnten Hong Konger CHM-Arzneibuch-Monographien HKCMMS (Government of the Hong Kong Special Administrative Region (Chinese Medicine Division – Department of Health) et al. 2005, 2008, 2010, 2012a, b, 2013, 2015) werden bei den pflanzlichen, mykologischen bzw. tierischen Arzneidrogen außerdem noch Angaben zum Asche- und Wassergehalt sowie zusätzlich Informationen zum Fremdmaterial gegeben. Auf jeden Fall sollte eine Qualitätskontrolle jedoch unbedingt Angaben über Identität, Reinheit und Wirkstoffgehalt aufweisen (Hempen und Fischer 2009; Chen et al. 2004; Hempen und Huber 2014). Dabei stellt die Identität die allerwichtigste Angabe dar, weil sie zum einen das therapeutische Indikationsgebiet angibt (Hempen und Fischer 2009) und zum anderen damit auch alle anderen pharmakologischen Eigenschaften, sprich eventuelle Toxizitäten, verbunden sind. Infolgedessen ist die Bestimmung bzw. Verifizierung der Identität (Authentifizierung) einer Arzneidroge, bei der es sich im Fall der CHM größtenteils um Heilpflanzen und -pilze handelt, beim Durchführen einer Qualitätskontrolle von ausschlaggebender Bedeutung (Hou und Jin 2005; HerbaSinica Hilsdorf GmbH und Zhong 2014; Heubl 2013). Chemisch-synthetische Arzneimittel bestehen aus einem Monowirkstoff oder einem leicht überschaubaren Gemisch aus wenigen Wirk- und Füllstoffen und sind in reiner Form per standardisierter Synthese bzw. Isolierung in einheitlicher Qualität herstellbar. Damit sind diese für eine Qualitätskontrolle neben einer guten Dokumentation relativ einfach chemisch-analytisch mess- und erfassbar (Hou und Jin 2005; HerbaSinica Hilsdorf GmbH und Zhong 2014). Demgegenüber sind Untersuchungen zur Qualitätskontrolle bei Heilpflanzen- und Heilpilzdrogen aufgrund ihrer hunderten (Chen et al. 2013), wenn nicht gar tausenden, Inhaltsstoffen und einer nicht selten bei Naturprodukten vorkommenden mehr oder weniger schwankenden Qualität (HerbaSinica Hilsdorf GmbH und Zhong 2014) deutlich komplexer und aufwendiger. Das kann erst recht auf eine CHM-Rezeptur zutreffen, die aus mehreren chinesischen Arzneidrogen zusammengestellt wurde und möglicherweise in einem raffinierten Prozess unter Zugabe diverser oft ebenfalls aus der Natur stammender Hilfsstoffe zu einer Pille o. ä. geformt wurde. Deshalb ist häufig eine leistungsstarke und somit leider meist auch sehr kostspielige Analytik erforderlich. Während in Europa der Schwerpunkt auf der analytischen Betrachtungsweise liegt (herbasin® Hilsdorf GmbH et al. 2004; HerbaSinica Hilsdorf GmbH und Zhong 2012), werden in China aus kulturellen, sozialen und wirtschaftlichen Gründen Aussagen über den Qualitätszustand von CHM-Ware auf der Basis von sensorischen Eigenschaften gegenüber denen auf chemischer Analytik stärker bevorzugt. Im Gegensatz zur Analytik, mit der der Wirkstoffgehalt sowie die Kontamination mit Pestiziden, Schwermetallen und mikrobiellen Belastung quantifiziert werden kann, werden mittels Sensorik Geruch, Geschmack und Aussehen der CHM-Drogen untersucht (herbasin® Hilsdorf GmbH et al. 2004). Die große Bedeutung der sensorischen Qualität von CHM-Arzneidrogen wird auch daraus ersichtlich, dass Drogen neben ihrem chinesischen *Pīnyīn*-Namen auch noch unterschiedliche Namen besitzen, die bestimmte Qualitätsstufen charakterisieren. Beispielsweise wird die *Bulbus Fritillariae cirrhosae* (*chuānbèimŭ* (川贝母)), für die sechs unterschiedliche *Fritillaria*-Arten laut Monographie in der CHM zum Einsatz kommen können, bei höchster und damit teuerster Qualität als *sōngbèi* (松贝) bezeichnet. Hingegen stellt *lúbèi* (炉贝) die schlechteste und billigste Qualität dar, wobei der Preisunterschied zur teuersten Qualität sechsfach sein kann. Während die analytische Untersuchung zur Überprüfung der richtigen Identifizierung beiträgt, kann aus den sensorischen Angaben auf die Güte der Wirksamkeit geschlossen werden (HerbaSinica Hilsdorf GmbH und Zhong 2012). Das beste Ergebnis für die Aussage zur Qualität einer CHM-Charge liefert deshalb eine umfangreiche Qualitätskontrolle aus Kombination von beiden Verfahren, sensorischer und analytischer Untersuchung (herbasin® Hilsdorf GmbH et al. 2004). Durch Verwendung von GMP- und GACP-Richtlinien in den Ursprungsländern der Arzneidrogen sowie die Prüfung mittels der Monographien der Ph. Eur. (Ausgabe 8.0 (European Directorate for the Quality of Medicines & HealthCare (EDQM) und Bundesinstitut für Arzneimittel und Medizinprodukte (BfArM) 2014)) kann die Qualitätskontrolle verbessert werden (Hempen und Huber 2014).

7.2 Monographien pflanzlicher Arzneidrogen zur Unterstützung der Qualitätskontrolle

Für die Qualitätskontrolle traditioneller Arzneipflanzendrogen stehen die für die jeweilige Heilpflanze speziellen Nachweismethoden der nationalen Pharmakopöen an erster Stelle. Allerdings lassen sich 90 % der in China verwendeten CHM-Arzneidrogen nicht in den nationalen Pharmakopöen finden, sondern nur in der chinesischen ChP (Hempen und Fischer 2009). Informationsangaben zu CHM-Heilpflanzendrogen über Identität, Reinheit und Gehalt sind im Lauf der letzten Jahrzehnte in China durch aktualisierte Auflagen der ChP veröffentlicht worden (Stöger 2010; Bauer 1995). Aufgrund steigender globaler Nachfrage nach CHM-Arzneiprodukten und den damit verbundenen internationalen Anforderungen an Qualitätsstandards wurde im Zuge der chinesischen TCM-Modernisierungspläne 1997 die Erarbeitung der Hong Konger Monographien HKCMMS beschlossen. Nach dem Motto „*Tradition is confirmed by Science*" (Zitat von Chan (2005); auf Deutsch: „Tradition wird durch die Wissenschaft bestätigt") sollen darin die 574 wichtigsten unbehandelten Arzneidrogen für die Region Hong Kong SAR aufgeführt werden (Chan 2005). So basieren ihre Grenzwerte neben der chinesischen

ChP und japanischen auch auf westlichen Pharmakopöen (Chan et al. 2009). Da alle CHM-Arzneiprodukte ursprünglich aus unbehandelten CHM-Arzneidrogen stammen, sollen die neuen Monographien besonders für die Herstellerindustrie von CHM-Produkten bei der Identifizierung der CHM-Arzneidrogen Verwendung finden (Government of the Hong Kong Special Administrative Region (Chinese Medicine Division – Department of Health) et al. 2005, 2008, 2010, 2012a, 2012b, 2013, 2015). Außerdem sollen sie die noch vorhandene Lücke der ChP, die zwar Angaben über die Herkunft, die Eigenschaften und die Identifizierung eines Großteils aller bekannter CHM-Arzneidrogen aber meist keine ausreichenden Angaben zur Qualitätskontrolle für die Sicherheit des Patienten macht, schließen (Government of the Hong Kong Special Administrative Region (Chinese Medicine Division – Department of Health) et al. 2005, 2008, 2010, 2012a, b, 2013, 2015; Chan 2005). Die Aufstellung der Arzneidrogen-Monographien wird seit 2003 vom Gesundheitsministerium Hong Kong SAR mit fachlicher Unterstützung von wissenschaftlichen Instituten und Behörden mit Sitz in Hong Kong (u. a. Hong Kong Baptist University) bzw. Taiwan, dem chinesischen Mutterland und der Beratung durch ein internationales Komitee aus Wissenschaftlern durchgeführt (Government of the Hong Kong Special Administrative Region (Chinese Medicine Division – Department of Health) et al. 2005, 2008, 2010, 2012a, b, 2013, 2015; Chan 2005). Weiterer Kooperationspartner ist die WHO (Government of the Hong Kong Special Administrative Region (Chinese Medicine Division – Department of Health) et al. 2008, 2010, 2012a, b, 2013, 2015). Mit dem zuletzt im Jahr 2015 erschienenen Band 7 kann derzeit auf Untersuchungen von insgesamt 194 pflanzlichen, einer mykologischen, zwei tierischen und acht mineralischen Arzneidrogen zurückgeblickt werden. Unter ihnen befindet sich auch eine pflanzliche Arzneidroge, nämlich *Radix Aconiti carmichaelii*, die vermutlich aufgrund ihrer im unbehandelten Zustand sehr hohen Toxizität zusätzlich auch in vorbehandelter Form untersucht und aufgeführt wurde.

Aber nicht nur in China sondern auch in Europa gab es bisher schon einige Bemühungen zur Erstellung von Monographien der 300 bis 500 wichtigsten chinesischen Arzneipflanzen, die alle in westlichen Sprachen erschienen sind, um auch großflächiger eine breitere Grundlage für eine verbesserte Qualitätskontrolle zu erreichen (Stöger 2010). Dazu zählen die Monographien von Stöger et al. (2014), bei denen es sich prinzipiell um eine deutschsprachige Fassung der chinesischen Originalausgaben von 2000, 2005 und 2010 der ChP handelt. Allerdings wurden diese durch weitere Informationen wie z. B. zur Morphologie ergänzt. Dadurch besitzt das Werk für deutschsprachige Leser einen hohen Stellenwert (Schulz 2012). Erwähnt seien an dieser Stelle auch die Monographien von Wagner et al. (2011, 2015), die auf der Qualitätskontrolle der Ph. Eur. und der ChP (Wagner et al. 1996-2010) sowie den Monographien des EDQM (EDQM, *European Directorate for the Quality of Medicines & HealthCare*, Europäisches Direktorat für die Qualität von Arzneimitteln) basieren. Primäre Vorlage bei der Erstellung der EDQM-Monographien der rohen oder vorbehandelten CHM-Einzeldrogen sind die Angaben in der Ph. Eur., welche mit den Angaben der ChP, der HKCMMS- und der WHO-Monographien kombiniert wurden (Heuberger et al. 2014; Wang und Franz 2015) und anschließend Eingang in die neuen Auflagen der Ph. Eur. fanden (Wang und Franz 2015). Deutsche Apotheker können zur Prüfung ihrer

CHM-Arzneidrogen neben diesen Monographien auch den von der Bundesvereinigung Deutscher Apothekerverbände (ABDA) herausgegebenen Deutschen Arzneimittel-Codex (DAC) einsetzen. Er stellt eine Arbeitsergänzung zum Deutschen Arzneibuch (DAB) sowie zur Ph. Eur. dar und enthält eine Rahmenmonographie mit allgemeinen Angaben zur Qualitätskontrolle von CHM-Arzneidrogen (Ihrig et al. 2004). Außerdem führen die Monographien der deutschen Kommission E, die seit 1994 nicht mehr aktualisiert werden, des europäischen *Committee on Herbal Medicinal Products* (HMPC), der *European Scientific Cooperative on Phytotherapy* (ESCOP) und der WHO neben Informationen zu in Europa traditionell eingesetzten Arzneipflanzen auch CHM-Heilpflanzen auf. Während Kommission E-, HMPC- und ESCOP-Monographien den Schwerpunkt mehr auf Pharmakologie und spezielle Inhaltsstoffe setzen, lassen sich in Monographien der Ph. Eur., der ChP und der WHO etliche Angaben oder Verweise zur analytischen Qualitätsuntersuchung wiederfinden (Knöss 2014). Als schwierig bei der Erarbeitung von Heilpflanzen-Monographien stellt sich die Authentifizierung der Pflanzenarten, die Angabe von etwaigen giftigen Inhaltsstoffen, die Beachtung von möglicherweise verwendeten *Pàozhì*-Vorbehandlungen sowie die Entscheidung für bestimmte charakteristische chemische Marker heraus. Ferner muss beachtet werden, dass heutzutage moderne Formulierungen, wie z. B. Trockenextrakte oder Granulate, mehr und mehr Einzug in die therapeutische Behandlung finden (Heuberger et al. 2014) und somit ein anderes chemisches Profil als die rohen Arzneidrogen liefern können. Folglich müssten die analytischen Untersuchungen entsprechend abgewandelt werden. Mittlerweile wurden schon etliche CHM-Monographien zusammengestellt. Aufgrund der relativ hohen Anzahl an eingesetzten CHM-Arzneidrogen gibt es jedoch bisher noch nicht für alle eine entsprechende Monographie, sodass diese unbedingt noch erarbeitet werden müssen (Wang und Franz 2015; Sahil et al. 2011).

Um die gerade beschriebenen Hürden leichter und schneller zum Wohl des europäischen Patienten zu überwinden, unterzeichnete das EDQM im Jahr 2011 mit entsprechenden staatlichen Stellen der Volksrepublik China einen Vertrag zur zukünftig gemeinschaftlichen Kooperation bei der Erarbeitung von Standards für die Qualitätskontrolle von CHM-Produkten (European Directorate for the Quality of Medicines & HealthCare und Larsen Le Tarnec 2011; Wang und Franz 2015). Neben der Übersetzung von chinesischen Berichten und speziellen Fachinformationen über die CHM geht es ganz besonders um die gemeinsame Erarbeitung von CHM-Monographien mit analytischen Methoden wie Dünnschichtchromatographie (TLC) und Hochleistungs-Flüssigchromatographie (HPLC) sowie die Aufstellung von neuen Markern für die Qualitätskontrolle (Wang und Franz 2015). Folglich zeigen nicht nur Wirtschaftsunternehmen wie europäische Firmen der pharmazeutischen Industrie ein zunehmendes Interesse an der CHM sondern auch behördliche Institutionen wie die EU.

Die meisten Pharmakopöen liefern zwar für den Gebrauch traditioneller Arzneidrogen oft nur ein Minimum an erforderlicher Gewährleistung zur Sicherheit des Patienten. Spezifische CHM-Monographien können jedoch weltweit den Produzenten von CHM-Produkten unterstützende Impulse bei der Qualitätskontrolle geben (Chan et al. 2009). Durch die von der WHO weltweit eingeführten zweibändigen WHO-Monographien (World Health Organization (WHO) 1999, 2002) sollen die Aussagekraft der Pharmakopöen und anderer Richtlinien unterstützt werden und dadurch die Entwicklung einer entsprechend sinnvollen Qualitätskontrolle als Standard und die Harmonisierung der Verwendung traditioneller Arzneidrogen vorangetrieben werden (Chan et al. 2009). Internationale Standards und Qualitätsnormen für den gesamten Herstellungsprozess von der Ernte bis zum Verbraucher sowie Lizensierungen und Registrierungen stärken die Qualitätskontrolle und damit die Sicherheit des Verbrauchers (Chan et al. 2009; Sahil et al. 2011), da dadurch Verfälschungen oder Kontaminationen nicht mehr möglich sind bzw. den Verbraucher nicht mehr erreichen können (Sahil et al. 2011). Das Einführen einer Standardisierung wird dadurch erschwert, dass es sich bei den Proben für die Qualitätskontrolle meist um Proben mit einer großen Fülle an Inhaltsstoffen handelt (Sahil et al. 2011).

Deshalb stellt die Entwicklung und Verwendung geeigneter analytischer Methoden einen wichtigen Schritt für die Qualitätskontrolle und damit für die Sicherheit des Patienten dar.

7.3 Methoden für die Qualitätskontrolle von CHM-Arzneidrogen und ihrer Produkte

Nachdem bisher erläutert wurde, warum es bei CHM-Arzneidrogen und –Produkten einer sorgfältigen Qualitätskontrolle bedarf und welche Parameter diese unbedingt untersuchen und angeben sollte, sollen nun die Methoden dazu näher aufgeführt werden. Da unserer Meinung nach die Bestimmung der Identität von CHM-Arzneidrogen und die Kontrolle von CHM-Fertigarzneimitteln auf ihre Bestandteile am wichtigsten ist, wird auf Untersuchungsmethoden wie die analytische Ermittlung von Pestizid- und Schwermetallgehalten sowie mikrobiologische und mykotoxische Kontaminationen nicht eingegangen. Hier gibt es aber schon aus der Lebensmittelchemie bekannte und optimierte Verfahren, die ohne großen Aufwand adaptiert werden können. Ohne den möglichen Einfluss von diesen Belastungen auf die Gesundheit des Patienten unterschätzen zu wollen, zählen zu den häufigsten toxikologischen Risiken Verfälschung und minderwertige Arzneidrogenqualität, weshalb das zentrale Problem für die Sicherheit des Patienten bei traditionellen Arzneidrogen deren Identität darstellt.

Zur Identifizierung von Arzneipflanzendrogen eignen sich makroskopische und mikroskopische Methoden, da morphologische bzw. anatomischen Charakteristika bei Pflanzen spezifisch sind (Luo et al. 2012; Hempen und Fischer 2009). Zur makroskopischen Beschreibung werden die entsprechenden ganzen Pflanzenteile wie Blätter oder Blüten untersucht, während für die mikroskopischen Merkmale zur Beweisführung Querschnitte oder Drogenpulver im Fokus liegen. Beide Untersuchungsmethoden finden sich in den Monographien der Pharmakopöen wie der ChP (Ausgabe 2010) (Hempen und Fischer 2009; HerbaSinica Hilsdorf GmbH und Zhong 2010; The State Chinese Pharmacopoeia Commission of the People's Republic of China 2010), der Ph. Eur. (Ausgabe 8.0, 2014 (European Directorate for the Quality of Medicines & HealthCare (EDQM) und Bundesinstitut für Arzneimittel und Medizinprodukte (BfArM) 2014)) oder der HKCMMS (Government of the Hong Kong Special Administrative Region (Chinese Medicine Division – Department of Health et al. 2005, 2008, 2010, 2012a, b, 2013, 2015) und liefern nur durch das Wissen von Experten eine korrekte Identifikation (Heubl 2013). Für eine vollständige und eindeutige Identitätsbestimmung sind sie jedoch nicht ausreichend, da zusätzlich noch Vergleichsmaterial oder chemische Fingerprints herangezogen werden müssen. Deshalb sind die CHM-Arzneipflanzenmonographien von Wagner et al. verfasst worden, in denen sich für die Qualitätskontrolle Angaben zu bioaktiven Substanzen bzw. chemische Markern befinden (Hempen und Fischer 2009). Zudem sind makroskopische und mikroskopische Methoden nur geeignet, wenn sich die CHM-Arzneidrogen noch im unbehandelten, rohen Zustand als ganzes Pflanzenteil oder in Pulverform befinden. Wurden die Arzneidrogen jedoch z. B. durch Trocknung vorbehandelt, sind wichtige Charakteristika verschwunden (Heubl 2013). Das gilt erst recht, wenn die Arzneidrogen sogar schon weiterverarbeitet als Bestandteil in einer Rezeptur vorliegen. Für diese Fälle sind makroskopische und mikroskopische Untersuchungsmethoden zur Qualitätskontrolle völlig ungeeignet.

7.4 Chromatographische Methoden

Sowohl für die unbehandelten rohen als auch weiterverarbeiteten Arzneidrogen eignen sich zur systematischen Qualitätskontrolle chromatographische Methoden wie TLC, Gaschromatographie (GC), HPLC oder Kapillarelektrophorese (CE, *Capillary Electrophoresis*). Diese können je nach gewählter Methode und je nach Analyten mit geeigneten Detektoren wie FID (Flammenionisationsdetektor), UV-Detektor (UV: ultraviolettes Licht), FLD (Fluoreszenzdetektor), ELSD (*Evaporative Light Scattering Detector*, Lichtstreudetektor), MS bzw. MS/MS (Tandem-Massenspektrometrie) gekoppelt werden. Chromatographische Methoden und ihre Kopplungen zeichnen sich meist durch hohe Reproduzierbarkeit, Präzision, Effizienz und Sensitivität aus (Ioset et al. 2003; Debelle et al. 2008; Luo et al. 2012; Liang et al. 2009). Mit ihnen können Identitätsverfälschungen, Vertauschungen und Qualitätsdefizite für rohe als auch vorbehandelte CHM-Arzneidrogen leicht erkannt (Hempen und Fischer 2009) und sogar toxische Inhaltsstoffe, wie beispielsweise die schon erwähnte und in Spuren gesundheitsgefährdende Aristolochiasäure, detektiert werden. Für die qualitative als auch quantitative Analyse ergänzen sich die unterschiedlichen Methoden gegenseitig und ermöglichen damit die Aufdeckung und Untersuchung der zahlreichen Inhaltsstoffe der CHM (Luo et al. 2012). Folglich stellen sie ein sehr gutes Hilfsmittel bei der Durchführung einer Qualitätskontrolle dar (Ioset et al. 2003; Debelle et al. 2008; Luo et al. 2012; Liang et al. 2009). Die Bestimmung der Identifikation von CHM-Arzneidrogen wurde mittlerweile ebenfalls in China als wichtig anerkannt, so dass in der ChP (Ausgabe 2010 (The State Chinese Pharmacopoeia Commission of the People's Republic of China 2010)) die wenig spezifisch nasschemischen Untersuchungen, wie Farbreaktionen und Fällungen, den chromatographischen Techniken sowie der DNA-Analyse gewichen sind (HerbaSinica Hilsdorf GmbH und Zhong 2010). Abgesehen von den bis einschließlich zum Band 7 der HKCMMS aufgeführten acht mineralischen Arzneidrogen, die mikroskopisch und mittels Röntgenpulverdiffraktometrie identifiziert und per nasschemischer Analysen, wie z. B. Iodometrie, quantifiziert werden, liegt der Schwerpunkt der Authentifizierung der pflanzlichen, mykologischen und tierischen Arzneidrogen in den HKCMMS ebenfalls wie in der ChP (Ausgabe 2010 (The State Chinese Pharmacopoeia Commission of the People's Republic of China 2010)) auf der qualitativen und teilweise quantitativen Chromatographie. Es kommen dabei hauptsächlich Dünnschichtchromatographie (TLC)-UV/VIS (UV/VIS, ultraviolettes und sichtbares Licht) und HPLC-DAD (DAD, Diodenarray-Detektor) bzw. HPLC-ELSD zum Einsatz. Deutlich seltener werden GC-FID und HPLC-MS verwendet (Government of the Hong Kong Special Administrative Region (Chinese Medicine Division – Department of Health) et al. 2005, 2008, 2010, 2012a, b, 2013, 2015). Auch in der Ph. Eur. (Ausgabe 8.0 (European Directorate for the Quality of Medicines & HealthCare (EDQM) und Bundesinstitut für Arzneimittel und Medizinprodukte (BfArM) 2014)) haben chromatographische Untersuchungsmethoden, allen voran TLC und HPLC eine große Bedeutung bei der Authentifizierung nicht nur von pflanzlichen Arzneidrogen des europäischen Verbreitungsraumes sondern auch für die bisher in der Ph. Eur. aufgenommenen CHM-Arzneipflanzendrogen (European Directorate for the Quality of Medicines & HealthCare (EDQM) und Bundesinstitut für Arzneimittel und Medizinprodukte (BfArM) 2014). Von den erwähnten chromatographischen Techniken werden zur Prüfung von Arzneidrogen in der Praxis am häufigsten TLC sowie HPLC eingesetzt (Hempen und Fischer 2009), wobei die TLC gegenüber der HPLC mit geringerem apparativen Aufwand auch in kleinen Laboren wie Apotheken durchgeführt werden kann (Ruan et al. 2003; Hempen und Fischer 2009) und wenig kostet (Jiang et al. 2010). Ferner ist die TLC schnell durchführbar und ihre mobile Phase kann je nach Trennungsaufgabe flexibel gewählt werden. Außerdem weist sie eine einfache visuelle Identifikation auf, die auch einen parallelen und zeitgleichen Vergleich von unterschiedlichen Proben (Ruan et al. 2003), wie z. B. unterschiedlichen Pflanzenarten (Jiang et al. 2010), erlaubt. Bei Kombination mit digitalarbeitenden Scannern und unter Verwendung von entsprechender Aufnahmesoftware können mit TLC Messungen dokumentiert und in größerem Rahmen als Informationsquelle zur Verfügung gestellt werden (Jiang et al. 2010). Aufgrund der geringen Reproduzierbarkeit und der niedrigen Auflösung (Ruan et al. 2003; Ji et al. 1999) ist sie jedoch im Gegensatz zur HPLC und GC, die eine relativ hohe Auflösung, eine gute Reproduzierbarkeit und u. a. auch eine flexible Wahl des Detektors ermöglichen, nicht für die routinemäßige Fingerprinttechnik, d. h. zur analytischen Untersuchung des charakteristisch spezifischen chemischen Profils der jeweiligen pflanzlichen, mykologischen bzw. tierischen Arzneidroge geeignet (Ruan et al. 2003) (siehe weitere Erläuterungen zum Begriff des „Fingerprints" in Abschn. 7.6). Für die meisten quantitativen Analysen von CHM wird HPLC-UV/MS verwendet (Liang et al. 2009). Als geeignete Alternative zur HPLC-MS kann sich aber auch die CE als vorteilhaft zur Untersuchung von pflanzlichen Inhaltsstoffen erweisen, zumal für die CE weniger Lösungsmittel und geringere Probenmengen benötigt werden und meistens auch die Analysezeit erheblich kürzer als die der HPLC ist. So können mit der CE z. B. Ferulasäure oder auch Alkaloide leicht voneinander getrennt und quantifiziert werden (Liang et al. 2009; Ji et al. 1999). Zudem konnten beispielsweise Wörth et al. sowie Stach und Schmitz eine schnelle und reproduzierbare Trennung von Catechinen in Tee-Extrakten (*Ca-*

mellia sinensis) zeigen (Wörth et al. 2000; Stach und Schmitz 2001), was ebenfalls zur Qualitätskontrolle herangezogen werden könnte. Neben der TLC, HPLC und CE stellt die ein- und zweidimensionale GC (1D-GC bzw. 2D-GC) eine weitere wichtige Trennmethode dar. Die eindimensionale GC in Form der GC-FID, GC-MS oder GC-IR hat sich als geeignete Methode zur Untersuchung bzw. Qualitätskontrolle von pflanzlichen ätherischen Ölen herausgestellt (Marriott et al. 2001; Dimandja et al. 2000; Schulz et al. 2003, 2004). Ätherische Öle kennzeichnen sich durch leicht flüchtige bis semi-flüchtige Substanzen (Marriott et al. 2001; Haagen-Smit 1948 (Erstveröffentl), 1949 und 1955 (Nachdruck)) mit einem Molekulargewicht von bis zu ca. 400 Da (Marriott et al. 2001), wobei es sich bei diesen oft um Kohlenwasserstoffe (Terpene, Sesquiterpene), Alkohole, Ester, Ether, Aldehyde, Ketone, Lactone, Phenole und Phenolether (Guenther und Althausen 1949) bzw. Terpenoide handelt (Marriott et al. 2001). Aufgrund ihrer mittleren bis hohen Flüchtigkeit können sie im Pflanzenreich als Kommunikationsmittel und Botenstoff für andere Pflanzen oder Tiere über die Luft genutzt werden (Marriott et al. 2001; Harborne 1993), um z. B. als Lockstoff für Tiere wie Insekten zu fungieren (Haagen-Smit 1948 (Erstveröffentl), 1949 und 1955 (Nachdruck)). Sie werden aber auch von Pflanzen zur chemischen Abwehr von Fraßfeinden synthetisiert und eingesetzt (Harborne 1993; Haagen-Smit 1948 (Erstveröffentl), 1949 und 1955 (Nachdruck)). So zeigt beispielsweise das ätherische Öl der oberirdischen Pflanzenteile von *Herba Menthae haplocalycis* (chinesische Ackerminze, *bòhe* (薄荷); Fam.: *Labiatae*) als auch seine Inhaltsstoffe Menthol, Menthylacetat und Limonen toxische Wirkung auf ihre Frassfeinde (Zhang et al. 2015). Weniger flüchtige Substanzen wie Wachse, die Molekulargewichte bis 1500 Da aufweisen, können bei thermisch ausreichender Stabilität oder nach Pyrolyse auch teilweise per GC analysiert werden. Diese Substanzen werden im Gegensatz zu denen des ätherischen Öls bei Pflanzen zur Stabilisierung und zum Schutz der Blätter, Wurzeln oder verholzter Pflanzenteile genutzt (Marriott et al. 2001). Somit können diverse Inhaltsstoffe in Pflanzen mittels GC untersucht werden, was beispielsweise durch die Literatur zu analytischen Untersuchungen von CHM-Arzneipflanzendrogen belegt ist (Wu et al. 2004; Liu et al. 2011; Yang et al. 2008; Lin et al. 2002). Auch wenn die eindimensionale GC eine hohe Trennleistung besitzt (Liang et al. 2009) und für ätherische Öle die GC die am häufigsten verwendete instrumentelle analytische Methode darstellt (Marriott et al. 2001), kann eine vollständige Trennung bei den oft komplex zusammengesetzten Proben aus ätherischen Ölen bzw. CHM-Proben aufgrund von Co-Elutionen und damit Peaküberlappung in der Regel nicht erreicht werden (Wu et al. 2004,2005; Marriott et al. 2001; Dimandja et al. 2000). Einer der Gründe dafür können die in den CHM-Proben enthaltenen Terpene sein, die eine große Bandbreite bzgl. ihrer unterschiedlichen chemischen Strukturklassen und ihrer isomeren Formen bilden (Wu et al. 2004; Marriott et al. 2001). Beispielsweise können mit einer unpolaren GC-Säule, die größtenteils die Analyten nach den Siedepunkten[2] trennt (Marriott et al. 2001), Octanol und Phellandren nicht voneinander getrennt werden (Wu et al. 2004). Andere Beispiele für ein solches Trennproblem sind Limonen und 1,8-Cineol, Citronellol und Nerol sowie

[2] Genau genommen erfolgt die Trennung nach den Dampfdrücken.

Geraniol und Linalylacetat (Marriott et al. 2001). Hingegen verläuft ihre Trennung deutlich erfolgreicher mit einer polaren Säule, wie dies i. Allg. auch bei der Trennung der oxidierten Varianten der Terpene, den Terpenoiden, zu erwarten ist (Wu et al. 2004; Marriott et al. 2001), da sich je nach Analyt die Wechselwirkungen der stationären Phase zum Analyten unterschiedlich stark ausbilden und somit die Retentionen im Idealfall deutlich voneinander unterscheiden (Marriott et al. 2001). Jedoch können sich dann die Retentionen von Monoterpenalkoholen und –estern verschieben und mit denen von Sesquiterpen-Kohlenwasserstoffen zusammenfallen, sodass sie dann von diesen nicht mehr getrennt werden (Wu et al. 2004; Marriott et al. 2001). Zwar könnte eine chirale Säule eine Alternative für eine erfolgreiche Trennung von vielen Monoterpenoiden und auch einigen Sesquiterpenen ermöglichen, jedoch blieben dann ebenfalls wieder einige andere Analyten nicht oder nicht ausreichend getrennt (Wu et al. 2004). Ferner enthalten ätherische Öle und vergleichbare Materialien oft zahlreiche Analyten aus unterschiedlichen Verbindungsklassen mit diversen funktionellen Gruppen wie Doppelbindungen, cyclische Verbindungen, Heteroatomen (z. B. Alkohole, Ketone) oder verzweigte Kohlenstoffketten (Marriott et al. 2001). Somit stößt die Möglichkeit zur Qualifizierung und besonders auch zur Quantifizierung von Inhaltsstoffen in CHM-Proben bei der Verwendung der eindimensionalen GC selbst mittels MS oft an ihre Grenzen, sodass nur mehrdimensionale GC wie die komprehensive zweidimensionale Gaschromatographie (GCxGC), das Trennungsproblem lösen kann (Wu et al. 2004; Marriott et al. 2001; Dimandja et al. 2000). Von den rund 13.000 bekannten rohen CHM-Arzneidrogen werden 20 % zur Therapie als flüchtiges Öl verwendet, sodass sich für deren Qualitätskontrolle die GCxGC eignen dürfte. Da der überwiegende Teil der CHM-Arzneidrogen bisher noch gar nicht bzw. nicht ausreichend auf pharmakologische Aktivität untersucht wurde, schlägt die chinesische Regierung neben der Verwendung der Fingerprinttechnik vor, dass für CHM-Arzneidrogen der gleichen Ursprungspflanze gemeinsame Peaks bei unterschiedlichen Proben zur Evaluierung und Qualitätskontrolle herangezogen werden sollten (Ruan et al. 2003). Je enger Pflanzen miteinander verwandt sind, umso mehr gleichen sich gemäß der Taxonomie ihre Inhaltsstoffe. Neben der Entwicklung von erfolgreichen Trennmethoden für Vielstoffgemische aus Heilpflanzen stellt ferner die meist große Bandbreite von Gehalten im Spurenbereich bis zur Überladung des Detektors aufgrund recht hoher Konzentrationen der unterschiedlichen Inhaltsstoffe innerhalb einer Probenmessung eine weitere Herausforderung für die Analytik von traditionellen Arzneidrogen und ihren Zubereitungen dar (Wu et al. 2005).

7.5 Weitere gängige Methoden: DNA-Fingerprinttechnik, NMR-, NIR-, MIR- und Raman-Spektroskopie

Auch wenn chromatographische Methoden bei der Qualitätskontrolle von CHM-Arzneidrogen und ihren Zubereitungen in der aktuellen wissenschaftlichen Literatur (z. B. auch den Pharmakopöen) und in der Anwendung stärker im Fokus stehen, so sollen im Folgenden weitere gängige Methode kurz vorgestellt werden.

Die Methoden können entweder ergänzend zur Chromatographie oder für sich allein für die Qualitätskontrolle eingesetzt werden.

7.5.1 DNA-Analysen und -Fingerprinttechnik

Wie chromatographische Methoden können DNA-Analysen ebenfalls zur Untersuchung einer Arzneidroge herangezogen werden, die roh, vorbehandelt und/oder Bestandteil einer fertigen Rezeptur ist. Die Untersuchung der DNA ermöglicht die Bestimmung spezifischer Eigenschaften eines Individuums, einer Population bzw. einer Pflanzen-, Pilz- oder Tierart (Luo et al. 2012). Während die Messergebnisse chromatographischer Methoden wie TLC, HPLC oder GC bzw. ihre Fingerprinttechniken von den chemischen Substanzen der Arzneipflanzen und damit deren Variabilität durch Standort, Wachstumsbedingungen, Erntezeitpunkt, Vorbehandlungsmethoden, Lagerungsbedingungen, Alter der Probe u. ä. abhängig sind, weist das DNA-Makromolekül große Stabilität gegenüber äußeren Einflussfaktoren auf (Heubl 2013). Beispielsweise kann DNA aus fossilem Pflanzenmaterial, das eine Eiszeit erlebt hat, noch intakt sein und für Untersuchungen zur Verfügung stehen (Gugerli et al. 2005). Zudem ist die DNA gegenüber erhöhten Temperaturen deutlich stabiler als viele Proteine (Lockley und Bardsley 2000). Allerdings ist diese Stabilität bei wachsendem thermischen bzw. mechanischen Einfluss oder anderen Einwirkungen nach oben begrenzt, sodass die DNA zunehmend denaturiert wird (Kabelitz et al. 2010). Ferner sind DNA-Marker weder gewebespezifisch noch auf bestimmte Entwicklungsstufen des zu untersuchenden Organismus begrenzt. Ein weiterer Vorteil für DNA-Analysen liegt in der geringen Probemenge, die für eine Analyse benötigt wird (Heubl 2013). Eine gängige DNA-Analyse ist die PCR-RFLP, bei der die DNA erst mittels einer DNA-Polymerase durch den PCR-Prozess (*Polymerase Chain Reaction*) vervielfältigt wird und dann im RFLP-Verfahren (*Restriction Fragment Length Polymorphism*) mit Restriktionsendonukleasen sequenzspezifisch geschnitten wird, sodass in einem Gel ein charakteristisches Bandenmuster sichtbar wird (Kabelitz et al. 2010). Im Allgemeinen ist die RFLP-Methode zur Unterscheidung von Pflanzenarten geeignet, während die RAPD-Methode (*Random Amplified Polymorphic DNA*) die Unterscheidung von Subspezies, Varietäten, Ecotypen und Zelllinien ermöglicht. Mit Hilfe dieser Techniken zeigten Watanabe et al. schon 1998 eine wichtige Möglichkeit zur Unterscheidung der Wurzeldrogen von *Angelica sinensis* (Oliv.) Diels (chinesische Angelikawurzel, dāngguī (当归); Fam. *Apiaceae*), *A. acutiloba* (japanische Angelikawurzel, *dōngdāngguī* (东当归);[3] Fam. *Apiaceae*) und *A. gigas* Nakai (koreanische Angelikawurzel, *cháoxiǎn dāngguī* (朝鲜当归); Fam. *Apiaceae*) für die CHM-Qualitätskontrolle (Watanabe et al. 1998). Während in den Monographien der derzeit aktuellen Ausgabe der Ph. Eur. (Ausgabe 8.0, 2014 (European Directorate for the Quality of Medicines & HealthCare (EDQM) und Bundesinstitut für Arzneimittel und Medizinprodukte (BfArM) 2014)) keine konkreten Anwendungen für DNA-Analysen aufgeführt sind, haben

[3] Das *Pīnyīn*-Wort *dōng* (东) bedeutet östlich und meint somit aus chinesischer Sicht Japan.

diese Techniken mittlerweile sowohl in der ChP (Ausgabe 2010 (HerbaSinica Hilsdorf GmbH und Zhong 2010)) als auch zum ersten Mal in den HKCMMS im zuletzt erschienenen Band 7 bei einer CHM-Heilpflanze Einzug gefunden (Government of the Hong Kong Special Administrative Region (Chinese Medicine Division – Department of Health et al. 2015). Ferner besteht die Möglichkeit mit DNA-Analysen nicht nur die Art einer Heilpflanze zu identifizieren, sondern gleichzeitig auch Chemotypen zu erfassen. Neben den vorgestellten Methoden gibt es noch einige andere (Kabelitz et al. 2010) wie die SCAR-Methode (*Sequence-Characterized Amplified Regions*), mit der mittlerweile für viele Heilpflanzen SCAR-Marker bestimmt worden sein sollen, um nützliche und finanziell bedeutende Genotypen von eng verwandten Arten unterscheiden zu können. Warum DNA-Analysen bei der Qualitätskontrolle von Heilpflanzen jedoch noch nicht durchgängig routinemäßig verwendet werden, mag daran liegen, dass aufgrund der hochempfindlichen Nachweismethoden im Spurenbereich stets Sorge getragen werden muss, dass keine Fremd-DNA in die Proben, Messgeräte bzw. Verbrauchsmaterialien gelangt (Kabelitz et al. 2010).

7.5.2 Hochauflösende NMR-Spektroskopie

Auch die Verwendung von hochauflösender NMR (engl. *Nuclear Magnetic Resonance*, Kernspinresonanzspektroskopie) zur Quantifizierung von Substanzen in CHM-Arzneidrogen ist nicht ganz unüblich. Obwohl die Untersuchung mit NMR schnell und nicht invasiv verläuft, keine Probenaufarbeitung oder Standards für eine Kalibrierkurve erforderlich und mit einer Messung mehrere Substanzen in der CHM-Arzneidrogenprobe gleichzeitig bestimmbar sind, wird sie seltener zur Quantifizierung von Substanzen in CHM-Arzneidrogen verwendet als chromatographische Methoden. Vermutlich liegt der Grund darin, dass es sich dabei um komplexe Proben handelt (Liang et al. 2009) und die Auswertung der Messungen entsprechend anspruchsvoll sind. Außerdem sind die Anschaffungskosten von NMR-Geräten relativ groß und die Betriebskosten nicht zu vernachlässigen.

7.5.3 NIR-, MIR- und Raman-Spektroskopie

Die Schnelligkeit der Methode ergibt sich durch die geringe bzw. oftmals nicht notwendige Probenvorbereitung und die kurze Analysenzeit (Krähmer 2015; Zhang und Su 2014) von ca. 1 min, sodass die auf Schwingungen der Atome basierende NIR- (Nahinfrarot-), MIR- (Mittelinfrarot-) und Raman-Spektroskopie eine einfache, schnelle, kostengünstige und zuverlässige Qualitätskontrolle ermöglichen, bei der die Probe i. d. R. zerstörungsfrei untersucht werden kann (Wang und Yu 2015; Zhang und Su 2014; Schulz et al. 2004; Dégardin et al. 2016). Gegenüber der Chromatographie sind somit deutlich mehr Proben pro Zeiteinheit möglich (Dégardin et al. 2016) und es können flüssige als auch feste Proben untersucht werden (Zhang und Su 2014). Nachteilig ist jedoch die für die Qualifizierung und Quantifizierung der Messergebnisse vorher notwendige und meist sehr zeitaufwendige Erstellung von multivariaten chemometrischen Auswerte-Algorithmen, die elementar wichtig zur Interpretation der Messdaten sind (Zhang und Su 2014; Schulz et al. 2003).

Verwendung findet die NIR- bzw. MIR-Technik zur Identitätsprüfung eines Großteils der Rezepturrohstoffe, also besonders von rohen Arzneidrogen sowie Extrakten in Granulatform, in einigen deutschen Apotheken (HerbaSinica Hilsdorf GmbH und Zhong 2010; HerbaSinica Hilsdorf GmbH und Zhong 2009; HiperScan GmbH Dresden (Deutschland); Bruker Optik GmbH Ettlingen (Deutschland) 2019). Doch auch in anderen Branchen wie der Lebensmittelindustrie (Reid et al. 2006) oder der pharmazeutischen und chemischen Industrie findet die Technik sowohl für den Offline- als auch besonders vorteilhaft für die Online-Prozessanalytik mehr und mehr Anwendung (Lüpertz 2015; Balabin und Smirnov 2012; Lutz et al. 2013). So können mittels NIR beispielsweise Fälschungen bzw. Authentizitätsprüfungen von chemisch-synthetischen Arzneimitteln zerstörungsfrei ermittelt werden (Lei et al. 2008; Dégardin et al. 2016). Besonders gut lassen sich damit Tabletten mit wenigen Wirksubstanzen auf Authentizität prüfen. Allerdings dürfen die Probenmengen nicht zu klein sein, sonst muss auf andere analytische Methoden zurückgegriffen werden (Dégardin et al. 2016).

Mit diesen spektroskopischen Methoden können unterschiedliche Pflanzenarten authentifiziert und voneinander differenziert, unterschiedliche Wachstumsstandorte unterschieden und verschiedene Inhaltsstoffe qualifiziert als auch quantifiziert werden. Dabei reicht die Präzision der Messwerte zu weiten Teilen an die von HPLC oder auch GC heran (Wang und Yu 2015; Zhang und Su 2014). Wie die chromatographischen Methoden gelten auch sie somit z. B. in der Ph. Eur. als anerkannte Methoden zur Qualitätskontrolle von Arzneidrogen (European Directorate for the Quality of Medicines & HealthCare (EDQM) und Bundesinstitut für Arzneimittel und Medizinprodukte (BfArM) 2014; Zhang und Su 2014). Somit bilden sie eine Alternative zu den häufig zeitintensiven Methoden zur Qualitätskontrolle von pflanzlichen Proben (Schulz et al. 2004). In der Literatur finden sich etliche Beispiele von Heilpflanzen bzw. CHM-Pflanzendrogen, die in den letzten 10 Jahren mit diesen Techniken untersucht wurden (Wang und Yu 2015; Kabelitz et al. 2010; Zhang und Su 2014). Damit ließe sich z. B. auch der optimale Erntezeitpunkt direkt auf dem Anbaufeld bestimmen (Krähmer 2015). Beispielsweise kann mit diesen Methoden das ätherische Öl oder ein Pflanzenteil einer Arznei- bzw. Gewürzpflanze herangezogen werden, um z. B. anhand eines Inhaltsstoffs eine Aussage zur Qualität und Lagerstabilität zu erhalten (Krähmer 2015) oder den Chemotyp zu bestimmen und gleichzeitig die Probepflanzenteile nicht zu zerstören (Schulz et al. 2003, 2004; Schulz 2005; Gudi et al. 2014). Außerdem können damit Verfälschungen von CHM-Produkten aufgespürt werden (Zhang und Su 2014). Allerdings stößt die Methode bei diesen Proben an ihre Grenzen und dürfte ungeeignet sein, wenn Rezepturen aus mehreren CHM-Arzneidrogen untersucht oder CHM-Einzeldrogen mit speziellen Vorbehandlungen verifiziert werden sollen. In diesen Fällen dürfte die genaue Zusammensetzung chargenabhängig sein und somit i. d. R. keine entsprechende Referenzprobe zum Abgleich vorhanden sein (Link 2015).

7.6 Analyse von chemischen Markern und Fingerprints für die CHM-Qualitätskontrolle

Die CHM kennzeichnet sich durch die Verwendung einer mannigfaltigen Anzahl von Arzneidrogen aus, welche wiederum einzeln oder zusammen als Rezeptur betrachtet, aus zahlreichen Inhaltsstoffe bestehen. Aufgrund der Vielzahl an chemischen Substanzen werden deshalb zur Vereinfachung der Qualitätskontrolle eine oder mehrere Verbindungen als sogenannte chemische Marker ausgewählt (Xie et al. 2006; Jiang et al. 2010), bei denen es sich entweder um Einzelsubstanzen oder Substanzgruppen handelt (Wang und Franz 2015; Li et al. 2008). Allerdings ist es möglich, dass die ausgewählten Markersubstanzen in mehreren unterschiedlichen Heilpflanzen gleichzeitig als Inhaltsstoffe vorhanden sind. Das trifft umso eher zu, je geringer die Anzahl dieser Marker ist. In diesen Fällen lassen die ausgewählten Marker dann keine eindeutige Identifizierung mehr zu. Abhilfe schafft dann jedoch die Verwendung eines spezifischen Musters durch einen chromatographischen Fingerprint, d. h. die Analyse eines kompletten chemischen Profils mittels chromatographischer Trenntechniken (Xie et al. 2006; Jiang et al. 2010). In diesem analytisch bestimmten chemischen Profil lassen sich dann auch die Inhaltsstoffe der Heilpflanze finden, die für ihre biologische Wirkung ausschlaggebend sind. Deshalb ist die Verwendung von chemischen Markern sinnvoll. Bei einer Rezeptur aus unterschiedlichen Heilpflanzen besteht die Qualitätskontrolle dann aus einer Kombination von verschiedenartigen chemischen Markern, wobei jeder zu einer bestimmten einzelnen Heilpflanze der Rezeptur gehört (Chan et al. 2007). Somit kann ein chemischer Fingerabdruck (Fingerprint) vergleichbar dem individuellen Fingerabdruck eines Menschen als ein eindeutiges Muster definiert werden, das die Anwesenheit von zahlreichen chemischen Markern in einer Probe anzeigt (Li et al. 2008). Ein chemischer Marker wäre ideal, wenn er als eindeutiger Inhaltsstoff einer Heilpflanze pharmakologische Wirkung besitzt. Allerdings sind meistens der pharmakologische Wirkmechanismus und damit die genauen pharmakologischen Substanzen des Heilkrauts nicht vollständig oder sogar gänzlich unbekannt. Deshalb wird häufig auf analytische Marker oder auf andere Arten von Markern (siehe unten) als Alternative zurückgegriffen (Li et al. 2008; Chan et al. 2007), sodass in der Literatur unterschiedliche Klassifikationen mit einer oft differenten Anzahl an Markergruppen zu finden sind. Die wohl denkbar einfachste Einteilung von chemischen Markern findet sich bei der europäischen Arzneimittelbehörde EMA, die nur zwei übersichtliche Kategorien aufgestellt hat (Li et al. 2008):

1. Aktive Marker, welche eine wissenschaftlich erwiesene therapeutische Wirkung besitzen
2. Analytische Marker, die nur zu analytischen Anwendungen dienen

Beide Markerarten finden bei Untersuchungen nach den Vorgaben der Ph. Eur. Verwendung (Wang und Franz 2015). Eine weitere Marker-Klassifikation findet sich z. B. bei Li et al. (2008), die allerdings einen deutlich stärkeren Fokus auf pharmakologische und toxikologische als auf analytische Aspekte von Markern setzt. Ferner gibt es eine Veröffentlichung der *American Herbal Pharmacopoeia* (AHP, Amerikanische Pharmakopöe für traditionelle Arzneidrogen), in der Srinivasan (Srinivasan 2006) eine Klassifizierung von vier Markergruppen vorstellt. Diese hat Chan et al. (2007) aufgenommen und sie so erweitert, wie es den heutigen Arbeiten vieler Labors entsprechen soll, die Qualitätskontrolle von Heilpflanzenprodukten, wie z. B. aus der CHM, betreiben. Ihre sieben Markergruppen lassen sich wie folgt charakterisieren:

1. Aktive Basismarker mit bekannter klinischer Aktivität (Chan et al. 2007)
2. Aktive Marker, für die zwar die pharmakologische Wirksamkeit durch *in-vitro-* und/oder *in-vivo*-Studien bekannt ist, jedoch der Wirkmechanismus im Körper unbekannt ist (Chan et al. 2007)
3. Gruppenmarker als eine Gruppe von Substanzen mit ähnlich chemischer Struktur oder physikalischen Eigenschaften; einige Gruppenmitglieder haben bekannte pharmakologische Aktivität, die zum klinischen Effekt der dazugehörigen Heilpflanzendroge führen kann, während für die anderen dies nicht unbedingt bekannt sein muss (Chan et al. 2007)
4. Analytische Marker, welche zwar eine unbekannte biologische Aktivität aufweisen, jedoch leicht mit der gewählten analytischen Methode zu messen sind (Chan et al. 2007)
5. Negative Marker sind Substanzen mit bekannter ungünstiger oder toxischer Eigenschaft (Chan et al. 2007), wie z. B. Aristolochiasäuren (siehe Abschn. 6.3) oder Pyrrolizidinalkaloide (Li et al. 2008), sodass sie eine wertvolle Aussage zur Sicherheit liefern (Chan et al. 2007) und als Kontrollmarker verwendbar sind (Li et al. 2008). Allerdings sollten sie nicht ausschließlich verwendet werden, da sie keine Aussage über die Wirksamkeit der entsprechenden Heilpflanzendroge geben (Chan et al. 2007).
6. „Phantom"-Marker, welche eine bekannte pharmakologische Wirksamkeit besitzen, sich aber durch einen stark schwankenden Gehalt kennzeichnen, der auch teilweise aufgrund seiner zu geringer Quantität nicht mehr bestimmt werden kann. Dadurch kann dieser Marker unzuverlässig sein und sollte nur mit Vorsicht verwendet werden. Beispiel für einen „Phantom"-Marker wäre das in *Rhizoma Ligustici chuanxiong* enthaltene Alkaloid Ligustrazin. Aufgrund seiner bekannten pharmakologischen Eigenschaften wäre es als idealer chemischer Marker geeignet. Allerdings gibt es zu seiner Existenz in *Ligusticum chuanxiong* widersprüchliche Aussagen in der Literatur, da es nur teilweise in dieser Pflanzendroge nachweisbar ist und somit nicht für die Qualitätskontrolle geeignet ist (Chan et al. 2007).

In der Literatur bilden chemische Marker Teile eines chemischen Fingerprints, wie dies auch Chan et al. (2007) angegeben haben. Deshalb ist fraglich, wie sinnvoll die Zuordnung eines chemischen Fingerprints zu einem Marker ist, weshalb an dieser Stelle auch nur die sechs echten Marker untereinander aufgelistet wurden. Chan et al. definieren einen chemischen Fingerprint als ein spektroskopisches Muster (z. B. UV-Spektrum) oder ein chromatographisches Profil (z. B. HPLC-

Chromatogramm), den eine Heilpflanze bildet und in dem eine Gruppe an bekannten als auch unbekannten Substanzen repräsentiert wird. Dieser Fingerprint wird oft als Referenz zum Vergleich für eine zu prüfende Heilpflanzendroge verwendet (Chan et al. 2007), wie es z. B. Schaneberg et al. zur Differenzierung von unterschiedlichen Arten der gleichen Pflanzengattung vorgeführt haben. Vorteilhaft ist ein chemischer Fingerprint gegenüber der ausschließlichen Verwendung von einzelnen Markern auch in den Fällen, in denen eine ganz andere Pflanze vorher mit einigen chemischen Markern gespikt wurde. Für diese Fälle gibt deshalb nur ein chemischer Fingerprint endgültige Sicherheit. Auch wenn Pflanzen der gleichen Art aber von unterschiedlichen Standorten je nach Messmethode mehr oder weniger einige qualitative und quantitative Unterschiede aufweisen können, sind das relative Detektionsmuster sowie einige Schlüsselbereiche identisch (Schaneberg et al. 2003).

Chemische Marker und chromatographische Fingerprints spielen eine wichtige Schlüsselfunktion in der Qualitätskontrolle (Li et al. 2008; Liang et al. 2009; Luo et al. 2012). Wie schon dargestellt, wird die Gesamtqualität einer Heilpflanzendroge von etlichen Faktoren beeinflusst. Dadurch ergeben sich Variationen im chemischen Fingerprint einer Heilpflanzendroge, die zusammengefasst von folgenden sechs Parametern abhängig sind (Li et al. 2008; Liang et al. 2009; Luo et al. 2012):

1. Pflanzenart
2. Pflanzenbestandteil (z. B. Wurzel, Blüte, Blatt)
3. Standort der Pflanze
4. Erntezeitpunkt
5. Vorbehandlungsmethode
6. Zubereitung (z. B. Dekokt, Extrakt, Fertigarzneimittel) bzw. Darreichungsform (z. B. Pulver, Pille, Paste)

Durch dieses holistische Mittel ist eine Authentifizierung der echten Pflanzenart bzw. eine Differenzierung von unterschiedlichen Arten erreichbar, sodass dadurch die Aufdeckung von Vertauschungen bzw. Fälschungen von Heilpflanzendrogen möglich erscheint (Li et al. 2008; Luo et al. 2012). Folglich zeigt diese Methode für die Verfälschung, welche das größte Problem bei der Verwendung von CHM-Produkten darstellt, eine Lösung auf und zwar auch noch dann, wenn aufgrund des Verarbeitungszustands der Probe keine makroskopische und mikroskopische Identifikation der Heilpflanze mehr möglich ist. Außerdem ergibt sich der große Vorteil, dass chemische und damit pharmakologische Veränderung während der Herstellung einer CHM-Arznei verfolgt werden können und auch Aussagen über deren Lagerungsstabilität, beispielsweise in Bezug auf pharmakologisch aktive Inhaltsstoffe, getroffen werden können (Luo et al. 2012; Li et al. 2008). Des Weiteren kann das Optimum für den besten Erntezeitpunkt im Hinblick auf den Gehalt pharmakologisch aktiver Inhaltsstoffe bestimmt, die Effektivität der Behandlung nach der Ernte (z. B. Reduzierung der Toxizität von *Radix Aconiti*) kontrolliert und die ideale Art und Weise der Zubereitungsschritte (z. B. Extraktionsmethoden) ermittelt werden. Ferner kann die Methode auch die Suche nach einem gewünschten Ersatz des Rohmaterials, sowie Entdeckungen von therapeutisch aktiven Substanzen, die als Vorlage zur Entwicklung von neuen Medikamenten dienen könnten, unterstützen (Li et al. 2008). Darüber hinaus können bei der Bestimmung des geographischen Standortes einer Heilpflanze auch mögliche Chemotypen aufgrund bestimmter Hauptkomponenten erkannt werden (Li et al. 2008).

Folglich gilt der chemische Fingerprint als eine der effektivsten und leistungsfähigsten Methoden für die Qualitätskontrolle von komplexen Proben (Ruan et al. 2003; Li et al. 2008). Er ist mittlerweile als ein wirksames Hilfsmittel für die Qualitätskontrolle und die Authentifizierung von CHM-Proben international auf breiter Basis akzeptiert (Luo et al. 2012) und wird am häufigsten bei der Chromatographie (TLC, GC, HPLC) und der Spektroskopie (IR, NMR) verwendet (Ruan et al. 2003). Da phytochemische Substanzen einen großen Bereich an physikalisch-chemischen Eigenschaften abdecken, ist es ratsam, für einen alles umfassenden Fingerprint die Technik nicht nur auf eine sondern auch auf andere chromatographische Methoden und entsprechende Detektoren auszuweiten. Dafür kann alternativ eine Zweidimensionale-Fingerprinttechnik verwendet werden, bei der entweder mehrere unterschiedliche Detektoren hintereinandergeschaltet werden und/oder die Inhaltsstoffe mehrfache Trennungsmethoden hintereinander durchlaufen. Mit chemometrischen Methoden, wie z. B. der PCA (*Principal Component Analysis* = Hauptkomponentenanalyse) können umfangreiche Datensätze aus den qualifizierten und quantifizierten Analysen der Heilpflanzendrogen für die Qualitätskontrolle charakterisiert, strukturiert und ausgewertet werden (Liang et al. 2009).

Obwohl die Fingerprinttechnik eine sehr effektive Methode ist, wird momentan ihre Leistungsfähigkeit nicht in vollem Umfang zur Qualitätskontrolle ausgenutzt. Von vielen CHM-Arzneipflanzendrogen wurden bisher noch keine oder nur wenige Marker bestimmt bzw. ausgewählt. Beispielsweise haben von den in der ChP (Ausgabe 2005 (The State Chinese Pharmacopoeia Commission of the People's Republic of China 2005)) insgesamt aufgeführten 551 Heilpflanzen nur 281 einen oder zwei Marker (Li et al. 2008). Werden darüber hinaus alle darin beschriebenen 1146 pflanzlichen CHM-Arzneimittel betrachtet, weisen nur 25 % von ihnen charakteristisch chemische Markersubstanzen auf (Hempen und Fischer 2009). Obwohl ein eindeutiges Ergebnis der Qualitätskontrolle sinnvoll ist, wenn Markersubstanzen ganz spezifisch für eine Heilpflanzenart ausgewählt werden, besitzen viele Arzneipflanzen die gleichen chemischen Markersubstanzen, wie dies teilweise bei *Radix Angelicae sinensis* und *Rhizoma Ligustici chuanxiong* in der ChP der Fall ist (Li et al. 2008). Allerdings scheinen Neuauflagen der ChP ein Anlass zur Optimierung zu sein (siehe Tab. 7.2). Nach Vorschlag der Europäischen Pharmakopöe-Kommission (EDQM) sollen Marker möglichst bei Messungen mit GC oder LC unter Verwendung von Referenzstandards auf Basis von chemischer Synthese (CRS, *Chemical Reference Standard*) oder beruhend auf aus Heilpflanzen isolierten Inhaltsstoffen (HRS, *Herbal Reference Standard*) eingesetzt werden und dabei natürlich analytisch gut bestimmbar sein (Wang und Franz 2015). Das Problem ist jedoch, dass häufig keine ausreichenden Daten über die chemischen und pharmakologischen Eigenschaften der Marker vorhanden sind. Zudem besteht die Möglichkeit, dass die ausgewählten Marker qualitativ unbeständig sind, sodass sie in ihrem isolierten Zustand mit dem Lösungsmittel, z. B. in Form einer nukleophilen Addition, reagieren

Tab. 7.2 Vergleich der in der ChP (Ausgabe 2005 (The State Chinese Pharmacopoeia Commission of the People's Republic of China 2005) und 2010 (The State Chinese Pharmacopoeia Commission of the People's Republic of China 2010)) angegebenen Referenzmarker für die Authentifizierung von *Radix Angelicae sinensis* und *Rhizoma Ligustici chuanxiong* durch chromatographische Qualizierung und Quantifizierung mit TLC bzw. HPLC

Pflanzendroge	zur Qualifizierung mit TLC		zur Quantifizierung mit HPLC	
	Marker (2005)	Marker (2010)	Marker (2005)	Marker (2010)
Angelica sinensis	Ferulasäure	Ferulasäure, Z-Ligustilid	Ferulasäure > 0,05 %	Ferulasäure > 0,05 %
Ligusticum chuanxiong	Drogenextrakt	Levistolid A	Ferulasäure > 0,05 %	Ferulasäure > 0,1 %

oder sich bei bestimmten Temperaturen oder unter dem Einfluss von Licht verändern. Da Pflanzen oft eine Co-Existenz von Stereoisomeren aufweisen, von denen viele sehr unterschiedliche Bioaktivitäten aufweisen, sollte vor Verwendung dieser Marker sichergestellt sein, dass sie für die Untersuchungen als Reinsubstanz vorliegen (Li et al. 2008).

Neben der Fingerprinttechnik wäre auch ein zeitlich parallel ablaufendes biologisches Screening sinnvoll, um pharmakologische Wirkungen der einzelnen Substanzen oder Substanzgruppen aufzuklären (Liang et al. 2009; Jiang et al. 2010), wie dies z. B. beim *Herbalomics*-Projekt von Liang et al. der Fall ist.

7.7 Fazit

Es wird deutlich, dass wir bei der CHM noch weit entfernt von einer mit der westlichen Medizin qualitativ vergleichbaren Qualitätskontrolle sind. Ehrlicherweise sollte nicht unerwähnt bleiben, dass bei der CHM-Qualitätskontrolle die Schwierigkeiten auch ungleich größer sind. Darüber hinaus führt eine umfassende Qualitätskontrolle direkt zu deutlich größeren Kosten, die selbstverständlich auf den Verbraucher umgelegt werden müssen, sollte keine staatliche Subvention erfolgen. Dies steht aber im direkten Widerspruch zum Einsatz der CHM, die gerade bei der ärmeren Weltbevölkerung eine Alternative zur meist deutlich teureren westlichen Medizin darstellt. Müssen wir also mit einer unzureichenden CHM-Qualitätskontrolle leben? Nein, wir müssen eine so umfangreich wie nötig und preiswert wie mögliche Qualitätskontrolle entwickeln und international standardisieren. Die höheren Kosten können in den Industrienationen von den Patienten getragen werden und in den Entwicklungsländern sollten die jeweiligen Regierungen über Subventionen im Gesundheitswesen nachdenken.

Literatur

Balabin RM, Smirnov SV (2012) Interpolation and extrapolation problems of multivariate regression in analytical chemistry: Benchmarking the robustness on near-infrared (NIR) spectroscopy data. Analyst 137(7):1604–1610. https://doi.org/10.1039/c2an15972d. ISSN 0003-2654

Bauer R (1995) Chinesische Arzneidrogen und ihr Potential für die westliche Medizin. Pharm Ztg 140:1929–1941. ISSN 0031-7136

Bruker Optik GmbH Ettlingen (Deutschland). Identitätsprüfung in der Apotheke mit MIR-Spektroskopie. http://www.ftirinapotheken.de/. Zugegriffen am 07.04.2019 letzte Aktualisierung: 2019

Chan K (2005) Chinese medicinal materials and their interface with Western medical concepts. J Ethnopharmacol 96(1–2):1–18. https://doi.org/10.1016/j.jep.2004.09.019. ISSN 0378-8741

Chan SS-K, Li SL, Lin G (2007) Pitfalls of the selection of chemical markers for the quality control of medicinal herbs. J Food Drug Anal 15(4):365–371. ISSN 1021-9498

Chan K, Leung KS-Y, Zhao SS (2009) Harmonization of monographic standards is needed to ensure the quality of Chinese medicinal materials. Chin Med 4:18. https://doi.org/10.1186/1749-8546-4-18. ISSN 1749-8546. (Publisher: International Society for Chinese Medicine)

Chen JK, Chen TT, Crampton L (2004) Chinese medical herbology and pharmacology. Art of Medicine Press City of Industry, California. ISBN 9780974063508

Chen X, Pei L, Lu J (2013) Filling the gap between traditional Chinese medicine and modern medicine, are we heading to the right direction? Complement Ther Med 21(3):272–275. https://doi.org/10.1016/j.ctim.2013.01.001. ISSN 0965-2299

Debelle FD, Vanherweghem J-L, Nortier JL (2008) Aristolochic acid nephropathy: a worldwide problem. Kidney Int 74(2):158–169. https://doi.org/10.1038/ki.2008.129. ISSN 0085-2538

Dégardin K, Guillemain A, Guerreiro NV, Roggo Y (2016) Near infrared spectroscopy for counterfeit detection using a large database of pharmaceutical tablets. J Pharm Biomed Anal 128:89–97. https://doi.org/10.1016/j.jpba.2016.05.004. ISSN 0731-7085

Dimandja J-MD, Stanfill SB, Grainger J, Patterson DG (2000) Application of comprehensive two-dimensional gas chromatography (GCxGC) to the qualitative analysis of essential olis. J High Resolut Chromatogr 23(3):208–214. https://doi.org/10.1002/(SICI)1521-4168(20000301)23:3<208::AID-JHRC208>3.0.CO;2-I. ISSN 0935-6304

European Directorate for the Quality of Medicines & HealthCare (EDQM), Bundesinstitut für Arzneimittel und Medizinprodukte (BfArM) (2014) Europäisches Arzneibuch 8.0, Grundwerk 2014. Bd 1. 8. Ausgabe, amtliche deutsche Ausgabe. Deutscher Apotheker, Stuttgart. ISBN 9783769262537

European Directorate for the Quality of Medicines & HealthCare, Larsen Le Tarnec C (Hrsg) (19 July 2011) Traditional Chinese medicines (TCM): new collaboration with the Chinese authorities. Strasbourg. https://www.edqm.eu/sites/default/files/medias/fichiers/New_collaboration_with_Chinese_authorities.pdf. Zugegriffen am 17.02.2016

Focks C (Hrsg), Al-Khafaji M et al (2010) Leitfaden Chinesische Medizin, 6. Aufl. Elsevier, Urban & Fischer, München. ISBN 9783437564833

Gao W, Jia W, Duan H, Huang L, Xiao X, Xiao P, Peak K-Y (2002) Good agriculture practice (GAP) and sustainable resource utilization of Chinese Materia Medica. J Plant Biotechnol 4(3):103–107. ISSN 1229-2818

Government of the Hong Kong Special Administrative Region (Chinese Medicine Division – Department of Health), Chan KKC, Che C-T, Tang WT, Wing-Wah SY (2005) Hong Kong Chinese *Materia Medica* standards (Bd 1, englischsprachige Fassung). Chinese Medicine Division, Department of Health, Government of the Hong Kong Special Administrative Region of the People's Republic of China, Hong Kong. ISBN 9789628868063. http://www.cmd.gov.hk/hkcmms/vol1/index_eng.html. Zugegriffen am 07.04.2019

Government of the Hong Kong Special Administrative Region (Chinese Medicine Division – Department of Health), Che C-T, Kwok IMY, Law R, Luo G-A, Man R, Tsim KWK, Wang B-Q, Zhao Z-Z (2008) Hong Kong Chinese *Materia Medica* standards (Bd 2, englischsprachige Fassung). Chinese Medicine Division, Department of Health, Government of the Hong Kong Special Administrative Region of the People's Republic of China, Hong Kong. ISBN 9789628868322. http://www.cmd.gov.hk/hkcmms/vol2/index_eng.html. Zugegriffen am 07.04.2019

Government of the Hong Kong Special Administrative Region (Chinese Medicine Division – Department of Health), Che C-T, Cheung H-Y, Law R, Luo G-A, Man RYK, Tsim KWK, Wang B-Q, Wong K-Y, Zhao Z-Z (2010) Hong Kong Chinese *Materia Medica* standards (Bd 3, englischsprachige Fassung). Chinese Medicine Division, Department of Health, Government of the Hong Kong Special Administrative Region of the People's Republic of China, Hong Kong. ISBN 9789628868384. http://www.cmd.gov.hk/hkcmms/vol3/index_eng.html. Zugegriffen am 07.04.2019

Government of the Hong Kong Special Administrative Region (Chinese Medicine Division – Department of Health), Che C-T, Cheung H-Y, Law R, Luo G-A, Man RYK, Tsim KWK, Wang B-Q, Wong K-Y, Zhao Z-Z (2012a) Hong Kong Chinese *Materia Medica* standards (Bd 4, englischsprachige Fassung). Chinese Medicine Division, Department of Health, Government of the Hong Kong Special Administrative Region of the People's Republic of China, Hong Kong. ISBN 9789628868438. http://www.cmd.gov.hk/hkcmms/vol4/index_eng.html. Zugegriffen am 07.04.2019

Government of the Hong Kong Special Administrative Region (Chinese Medicine Division – Department of Health), Che C-T, Cheung H-Y, Law R, Luo G-A, Man RYK, Tsim KWK, Wang B-Q, Wong K-Y, Zhao Z-Z (2012b) Hong Kong Chinese *Materia Medica* standards (Bd 5, englischsprachige Fassung). Chinese Medicine Division, Department of Health, Government of the Hong Kong Special Administrative Region of the People's Republic of China, Hong Kong. ISBN 9789628868469. http://www.cmd.gov.hk/hkcmms/vol5/index_eng.html. Zugegriffen am 07.04.2019

Government of the Hong Kong Special Administrative Region (Chinese Medicine Division – Department of Health), Chang Y-S, Che C-T, Cheung H-Y, Law R, Luo G-A, Man RYK, Tsim KWK, Wang B-Q, Wong K-Y, Zhao Z-Z (2013) Hong Kong Chinese *Materia Medica* standards (Bd 6, englischsprachige Fassung). Chinese Medicine Division, Department of Health, Government of the Hong Kong Special Administrative Region of the People's Republic of China, Hong Kong. ISBN 9789628868520. http://www.cmd.gov.hk/hkcmms/vol6/index_eng.html. Zugegriffen am 07.04.2019

Government of the Hong Kong Special Administrative Region (Chinese Medicine Division – Department of Health), Chan KCK, Chan P, Chang Y-S, Che C-M, Che C-T, Cheung H-Y, Fong HHS, Law R, Leung AWN, Lin R, Man RYK, Tsim KWK, Wong K-Y, Zhao Z, Government Laboratory Chemists (Hong Kong SAR) (2015) Hong Kong Chinese *Materia Medica* standards (Bd 7, englischsprachige Fassung). Chinese Medicine Division, Department of Health, Government of the Hong Kong Special Administrative Region of the People's Republic of China, Hong Kong. http://www.cmd.gov.hk/hkcmms/vol7/index_eng.html. Zugegriffen am 07.04.2019

Greenpeace East Asia (Hrsg) (24.06.2013) Chinese herbs: Elixir of health or pesticide cocktail? An investigation on Chinese herbs and pesticides. Beijing. http://www.greenpeace.de/presse/publikationen/studie-pestizide-chinesischen-heilkraeutern-engl. Zugegriffen am 09.04.2019

Gudi G, Krähmer A, Krüger H, Hennig L, Schulz H (2014) Discrimination of fennel chemotypes applying IR and Raman spectroscopy: discovery of a new γ-asarone chemotype. J Agric Food Chem 62(16):3537–3547. https://doi.org/10.1021/jf405752x. ISSN 0021-8561

Guenther E, Althausen D (1949) The essential oils, Bd 2. D. van Nostrand Company, Inc. Toronto/New York/London

Gugerli F, Parducci L, Petit RJ (2005) Ancient plant DNA: review and prospects. New Phytol 166(2):409–418. https://doi.org/10.1111/j.1469-8137.2005.01360.x. ISSN 0028-646X

Haagen-Smit AJ (1948 (Erstveröffentl), 1949 und 1955 (Nachdruck)) Chapter 2: The chemistry, origin and function of essential oils in plant life. In: Guenther E (Hrsg) The essential oils, Bd 1. D. van Nostrand Company, Inc., Toronto/New York/London, S 15–83

Harborne JB (1993) Advances in chemical ecology. Nat Prod Rep 10(4):327. https://doi.org/10.1039/NP9931000327. ISSN 0265-0568

Hempen C-H, Fischer T (2009) A *Materia Medica* for Chinese medicine – Plants, minerals, and animal products. 1. Aufl publiziert in Englisch. Churchill Livingstone/Elsevier, Edinburgh/London/New York/Oxford/Philadelphia/St Louis/Sydney/Toronto. ISBN 9780443100949

Hempen N, Huber R (2014) Qualität und Sicherheit chinesischer Arzneidrogen in Deutschland – ein Update. Forsch Komplementmed 21(6):401–412. https://doi.org/10.1159/000369233. ISSN 1661-4119

Herbasin Hilsdorf GmbH (Hrsg) (August/September 2006) Herbasin Kurier. Nr. 20 Rednitzhembach, Dtld. http://www.herbasinica.de/down/kur200609.pdf. Zugegriffen am 12.02.2016

herbasin® Hilsdorf GmbH, Hilsdorf E, Zhong W (Hrsg) (Dezember 2004) Herbasin-Kurier. Nr. 8 Rednitzhembach. http://www.herbasinica.de/down/kur200412.pdf. Zugegriffen am 20.11.2015

HerbaSinica Hilsdorf GmbH, Zhong W (Hrsg) (Juli 2009) HerbaSinica Kurier. Nr. 35 Rednitzhembach. http://www.herbasinica.de/down/kur200907.pdf. Zugegriffen am 04.02.2016

HerbaSinica Hilsdorf GmbH, Zhong W (Hrsg) (Mai 2010) HerbaSinica Kurier. Nr. 37 Rednitzhembach. http://www.herbasinica.de/down/Kurier-37.pdf. Zugegriffen am 23.02.2016

HerbaSinica Hilsdorf GmbH, Zhong W (Hrsg) (April 2012) HerbaSinica Kurier. Nr. 43 Rednitzhembach. http://www.herbasinica.de/down/Kurier-43.pdf. Zugegriffen am 10.02.2016

HerbaSinica Hilsdorf GmbH, Zhong W (Hrsg) (November 2014) Herbasinica Kurier. Nr. 49 Rednitzhembach. http://www.herbasinica.de/down/Kurier-49.pdf. Zugegriffen am 23.11.2015

Heuberger H, Bauer R, Friedl F, Heubl G, Holzapfel C, Hummelsberger J, Nikles S, Nögel R, Rinder R, Seidenberger R, Torres-Londono P (2014) Chinesische Heilpflanzen in Bayern: Qualität vom Saatkorn bis zur Apotheke. Chinesische Med (1):43–49. ISSN 0930-2786

Heuberger H, Rinder R, Seidenberger R (2015) Anbau von Arzneipflanzen in China. In: Verein für Arznei- und Gewürzpflanzen SALUPLANTA e. V. Bernburg (Hrsg) 25. Bernburger Winterseminar Arznei- und Gewürzpflanzen, Bernburg, 17.02.–18.02.2015. Eigenverlag, Bernburg, S 12–14. http://www.saluplanta.de/Tagungsbroschuere%2025.Winterseminar.pdf. Zugegriffen am 13.08.2015

Heubl G (2013) Chapter 2: DNA-based authentication of TCM-plants: current progress and future perspectives. In: Wagner H, Ulrich-Merzenich G (Hrsg) Evidence and rational based research on Chinese drugs. Springer Science+Business Media, New York, S 27–85. ISBN 9783709104415

HiperScan GmbH Dresden (Deutschland). Apo-ident. https://www.apo-ident.de/. Zugegriffen am 09.04.2019

Hou JP, Jin Y (2005) The healing power of Chinese herbs and medicinal recipes. Haworth Integrative Healing Press, Binghamton/New York. ISBN 9780789022011

Hunz M, Radtke G, Maldener G (2007) Kapitel 2: Arzneiformen, Arzneimittel, Good Manufacturing Practices und Qualität. In: Kutz G, Wolff A (Hrsg) Pharmazeutische Produkte und Verfahren, 1. Aufl. Wiley-VCH, Weinheim, S 11–12. ISBN 9783527312221

Ihrig M, Kaunzinger A, Baumann J, Orbig H, Reising K, Schäfer R, Scholl C (2004) Qualitätsmängel bei TCM-Drogen. Pharm Ztg online (43). ISSN 0031-7136. http://www.pharmazeutische-zeitung.de/index.php?id=27189. Zugegriffen am 09.04.2019

Ioset J-R, Raoelison GE, Hostettmann K (2003) Detection of aristolochic acid in Chinese phytomedicines and dietary supplements used as slimming regimens. Food Chem Toxicol 41(1):29–36. https://doi.org/10.1016/S0278-6915(02)00219-3. ISSN 0278-6915

Ji S-G, Chai Y-F, Wu Y-T, Yin X-P, Liang D-S, Xu Z-M, Xiao L (1999) Determination of ferulic acid in *Angelica sinensis* and *Chuanxiong* by capillary zone electrophoresis. Biomed Chromatogr 13(5):333–334. https://doi.org/10.1002/(SICI)1099-0801(199908)13:5<333::AID-BMC834>3.0.CO;2-P. ISSN 0269-3879

Jiang Y, David B, Tu P, Barbin Y (2010) Recent analytical approaches in quality control of traditional Chinese medicines – a review. Anal Chim Acta 657(1):9–18. ISSN 0003-2670. https://doi.org/10.1016/j.aca.2009.10.024

Kabelitz L, Bögelein J, Schmücker R, Novak J, Klier B, Schulzki G, Lenzer E, Ziegler A, Sievers H, Asche S, Lederer I, Schulz H, Reif K, Schwarz M (2010) Kapitel 7: Analytik. In: Hoppe B (Hrsg) Handbuch des Arznei- und Gewürzpflanzenbaus: Grundlagen des Arznei- und Gewürzpflanzenbaus Bd 2, Teil II. Verein für Arznei- und Gewürzpflanzen Saluplanta e.V., Bernburg, S 481–648. ISBN 9783935971553

Knöss W (2014) Pflanzliche Arzneimittel: Monographien als Richtschnur. Pharm Ztg online (13). ISSN 0031-7136. http://www.pharmazeutische-zeitung.de/index.php?id=51461. Zugegriffen am 13.04.2019

Krähmer A (2015) Schwingungsspektroskopie an Arznei- und Gewürzpflanzen – Perspektiven für Anbauer, Züchter und verarbeitende Industrie. In: Verein für Arznei- und Gewürzpflanzen SALUPLANTA e. V. Bernburg (Hrsg) 25. Bernburger Winterseminar Arznei- und Gewürzpflanzen, Bernburg, 17.02.–18.02.2015. Eigenverlag, Bernburg, S 14–16. http://www.saluplanta.de/Tagungsbroschuere%2025.Winterseminar.pdf. Zugegriffen am 12.10.2015

Lei Y, Luo Z-Y, Hu C-Q (2008) Rapidly screening counterfeit drugs using near infrared spectroscopy: combining qualitative analysis with quantitative analysis to increase effectiveness. J Near Infrared Spectrosc 16(3):349–355. ISSN 0967-0335

Lei X, Chen J, Liu C-X, Lin J, Lou J, Shang H-C (2014) Status and thoughts of Chinese patent medicines seeking approval in the US market. Chin J Integr Med 20(6):403–408. ISSN 1672-0415. https://doi.org/10.1007/s11655-014-1936-0

Li S, Han Q, Qiao C, Song J, Cheng CL, Xu H (2008) Chemical markers for the quality control of herbal medicines: an overview. Chin Med 3:7. https://doi.org/10.1186/1749-8546-3-7. ISSN 1749-8546. (Publisher: International Society for Chinese Medicine)

Liang X-M, Jin Y, Wang Y-P, Jin G-W, Fu Q, Xiao Y-S (2009) Qualitative and quantitative analysis in quality control of traditional Chinese medicines. J Chromatogr A 1216(11):2033–2044. ISSN 0021-9673. https://doi.org/10.1016/j.chroma.2008.07.026

Lin R, Tian J, Huang G, Li T, Li F (2002) Analysis of menthol in three traditional Chinese medicinal herbs and their compound formulation by GC-MS. Biomed Chromatogr 16(3):229–233. https://doi.org/10.1002/bmc.131. ISSN 0269-3879

Link A (2015) Schwerpunkt Labor: NIR-Spektroskopie: Möglichkeiten und Grenzen dieser Arzneibuchmethode im Apothekenlabor. DAZ (44):69. ISSN 0011-9857. https://www.deutsche-apotheker-zeitung.de/daz-az/2015/daz-44-2015/nir-spektroskopie. 29.10.2015. Zugegriffen am 13.04.2019

Liu ZL, Yu M, Li XM, Wan T, Chu SS (2011) Repellent activity of eight essential oils of Chinese medicinal herbs to *Blattella germanica* L. Rec Nat Prod 5(3):176–183. ISSN 1307-6167

Liu Y-q, Wang Y-x, Shi N-n, Han X-j, Lu A-p (2017) Current situation of International Organization for Standardization/Technical Committee 249 international standards of traditional Chinese medicine. Chin J Integr Med 23(5):376–380. ISSN 1672-0415. https://doi.org/10.1007/s11655-015-2439-0

Lockley A, Bardsley R (2000) DNA-based methods for food authentication. Trends Food Sci Technol 11(2):67–77. https://doi.org/10.1016/S0924-2244(00)00049-2. ISSN 0924-2244

Luo G, Wang Y, Liang Q, Liu Q (2012) Systems biology for traditional Chinese medicine. Wiley, Hoboken. ISBN 9780470637975

Lüpertz M (letzte Aktualisierung: Mai 2015) Entwicklung einer fouling-kompensierenden NIR-Sonde. Dissertation (Betreuer: Prof. Dr. H.-W. Kling), Bergische Universität Wuppertal

Lutz H, Niemöller A, Wolters F (2013) NIRS für die Qualitäts- und Prozesskontrolle in der pharmazeutischen Industrie. TechnoPharm 3(3):156–163. ISSN 2191-8341

Marriott PJ, Shellie R, Cornwell C (2001) Gas chromatographic technologies for the analysis of essential oils. J Chromatogr A 936(1–2):1–22. https://doi.org/10.1016/S0021-9673(01)01314-0. ISSN 0021-9673

Normile D (2003) The new face of traditional Chinese medicine. Science 299(5604):188–190. https://doi.org/10.1126/science.299.5604.188. ISSN 0036-8075

PIC/S Pharmaceutical Inspection Co-operation Scheme. List of PIC/S participating authorities. https://picscheme.org/en/members. Zugegriffen am 13.04.2019

Qiu J (2007) China plans to modernize traditional medicine. Nature 446(7136):590–591. https://doi.org/10.1038/446590a. ISSN 1476-4687

Reid LM, O'Donnell CP, Downey G (2006) Recent technological advances for the determination of food authenticity. Trends Food Sci Technol 17(7):344–353. https://doi.org/10.1016/j.tifs.2006.01.006. ISSN 0924-2244

Ruan C, Xu G, Lu X, Hua R, Kong H, Xiao K, Yang Q (2003) Quality evaluation of volatile oils of traditional Chinese medicines by using comprehensive two-dimensional gas chromatography (GC×GC). Chromatographia 57(1 Supplement):S265–S270. https://doi.org/10.1007/BF02492114. ISSN 0009-5893

Sahil K, Sudeep B, Akanksha M (2011) Standardization of medicinal plant materials. Int J Res Ayurveda Pharm 2(4):1100–1109. ISSN 2229-3566

Schaneberg BT, Crockett S, Bedir E, Khan IA (2003) The role of chemical fingerprinting: application to *Ephedra*. Phytochemistry 62(6):911–918. https://doi.org/10.1016/S0031-9422(02)00716-1. ISSN 0031-9422

Schulz H (2005) Rapid analysis of medicinal and aromatic plants by non-destructive vibrational spectroscopy methods. Acta Hortic (679):181–187. https://doi.org/10.17660/ActaHortic.2005.679.22. ISSN 0567-7572

Schulz H (2012) Buchbesprechung: Arzneibuch der chinesischen Medizin von Erich A. Stöger und Fritz Friedl. J Appl Bot Food Qual 85(1):127. ISSN 1613-9216 https://ojs.openagrar.de/index.php/JABFQ/article/view/2011. Zugegriffen am 08.04.2019

Schulz H, Quilitzsch R, Krüger H (2003) Rapid evaluation and quantitative analysis of thyme, origano and chamomile essential oils by ATR-IR and NIR spectroscopy. J Mol Struct 661-662:299–306. https://doi.org/10.1016/S0022-2860(03)00517-9. ISSN 0022-2860

Schulz H, Baranska M, Belz H-H, Rösch P, Strehle MA, Popp J (2004) Chemotaxonomic characterisation of essential oil plants by vibrational spectroscopy measurements. Vib Spectrosc 35(1–2):81–86. https://doi.org/10.1016/j.vibspec.2003.12.014. ISSN 0924-2031

Srinivasan VS (2006) Challenges and scientific issues in the standardization of botanicals and their preparations. United States Pharmacopeia's dietary supplement verification program – a public health program. Life Sci 78(18):2039–2043. https://doi.org/10.1016/j.lfs.2005.12.014. ISSN 0024-3205

Stach D, Schmitz OJ (2001) Decrease in concentration of free catechins in tea over time determined by micellar electrokinetic chromatography. J Chromatogr A 924(1–2):519–522. ISSN 0021-9673. https://doi.org/10.1016/S0021-9673(01)00903-7

Stöger E (2010) Drogen der Traditionellen Chinesischen Medizin in westlichen Ländern. In: Hänsel R, Sticher O (Hrsg) Pharmakognosie – Phytopharmazie. Springer-Lehrbuch, 9., überarb und aktual Aufl. Springer Science+Business Media, Berlin, S 387–414. ISBN 9783642009624

Stöger EA, Friedl F, Zhicen L, Dawen Z, Yuan S (2014) Arzneibuch der chinesischen Medizin – Monographien des Arzneibuches der Volksrepublik China 2000, 2005 und 2010. 2. Aufl einschließlich 14. aktual Lieferung. Deutscher Apotheker, Stuttgart. ISBN 9783769262490

Stone R (2008) Lifting the veil on traditional Chinese medicine. Science 319(5864):709–710. https://doi.org/10.1126/science.319.5864.709. ISSN 0036-8075

The State Chinese Pharmacopoeia Commission of the People's Republic of China (2005) Pharmacopoeia of the People's Republic of China, Bd 1. Englischsprachige Fassung. People's Medical Publishing House, Beijing. ISBN 9787117069823

The State Chinese Pharmacopoeia Commission of the People's Republic of China (Hrsg) (2010) Pharmacopoeia of the People's Republic of China. Englische Ausgabe. China Medical Science Press, Beijing. ISBN 9787506750134

Unschuld P (2013) Die erstaunliche Rückkehr der TCM. Spektrum Wiss 3:56–61. ISSN 0170-2971

Wagner H, Bauer R, Peigen, X. et al. (1996-2010) Chinese drug monographs and analysis. Verlag für Ganzheitliche Medizin Dr. Erich Wühr GmbH, Kötzting. ISSN 1430-8290

Wagner H, Bauer R, Melchart D, Xiao P-G, Staudinger A (2011) Chromatographic fingerprint analysis of herbal medicines – Thin-layer and high performance liquid chromatography of Chinese drugs Bd 1+2. 2., überarbeitete und erweiterte Aufl. Springer, Wien/New York. ISBN 9783709107621

Wagner H, Bauer R, Melchart D, Xiao P-G, Staudinger A (2015) Chromatographic fingerprint analysis of herbal medicines – Thin layer and high-performance liquid chromatography of Chinese drugs, Bd 3. Springer, Cham/Heidelberg/New York/Dordrecht/London. ISBN 9783319060460

Wang M, Franz G (2015) The role of the European Pharmacopoeia (Ph Eur) in quality control of traditional Chinese herbal medicine in European member states. World J Tradit Chin Med 1(1):5–15. ISSN 2311-8571. https://doi.org/10.15806/j.issn.2311-8571.2014.0021

Wang P, Yu Z (2015) Species authentication and geographical origin discrimination of herbal medicines by near infrared spectroscopy: a review. J Pharm Anal 5(5):277–284. ISSN 2095-1779. https://doi.org/10.1016/j.jpha.2015.04.001

Watanabe A, Araki S, Kobari S, Sudo H, Tsuchida T, Uno T, Kosaka N, Shimomura K, Yamazaki M, Saito K (1998) In vitro propagation, restriction fragment length polymorphism, and random amplified polymorphic DNA analyses of Angelica plants. Plant Cell Rep 18(3–4):187–192. ISSN 0721-7714. https://doi.org/10.1007/s002990050554

World Health Organization (WHO) (1999) Monographs on selected medicinal plants, Bd 1. World Health Organization, Geneva. ISBN 9789241545174

World Health Organization (WHO) (2002) Monographs on selected medicinal plants, Bd 2. World Health Organization, Geneva. ISBN 9789241545174

Wörth CCT, Wießler M, Schmitz OJ (2000) Analysis of catechins and caffeine in tea extracts by micellar electrokinetic chromatography. Electrophoresis 21(17):3634–3638. https://doi.org/10.1002/1522-2683(20001l)21:17<3634::AID-ELPS3634>3.0.CO;2-O. ISSN 0173-0835

Wu J, Lu X, Tang W, Kong H, Zhou S, Xu G (2004) Application of comprehensive two-dimensional gas chromatography-time-of-flight mass spectrometry in the analysis of volatile oil of traditional Chinese medicines. J Chromatogr A 1034:199–205. https://doi.org/10.1016/j.chroma.2004.02.028. ISSN 0021-9673

Wu MJ, Sun XJ, Dai YH, Guo FQ, Huang LF, Liang YZ (2005) Determination of constituents of essential oil from *Angelica sinensis* by gas chromatography – mass spectrometry. J Cent South Univ Technol (Engl Ed) 12(4):430–436. https://doi.org/10.1007/s11771-005-0177-8. ISSN 1005-9784

Xie P, Chen S, Liang Y-Z, Wang X, Tian R, Upton R (2006) Chromatographic fingerprint analysis – a rational approach for quality assessment of traditional Chinese herbal medicine. J Chromatogr A 1112(1–2):171–180. https://doi.org/10.1016/j.chroma.2005.12.091. ISSN 0021-9673

Yang B, Chen JH, Lee FSC, Wang XR (2008) GC-MS fingerprints for discrimination of *Ligusticum chuanxiong* from *Angelica*. J Sep Sci 31(18):3231–3237. https://doi.org/10.1002/jssc.200800332. ISSN 1615-9306

Zhang C, Su J (2014) Application of near infrared spectroscopy to the analysis and fast quality assessment of traditional Chinese medicinal products. Acta Pharm Sin B 4(3):182–192. https://doi.org/10.1016/j.apsb.2014.04.001. ISSN 2211-3835

Zhang B, Peng Y, Zhang Z, Liu H, Qi Y, Liu S, Xiao P (2010) GAP production of TCM herbs in China. Planta Med 76(17):1948–1955. https://doi.org/10.1055/s-0030-1250527. ISSN 0032-0943

Zhang W-J, Yang K, You C-X, Wang C-F, Geng Z-F, Su Y, Wang Y, Du S-S, Deng Z-W (2015) Contact toxicity and repellency of the essential oil from *Mentha haplocalyx* Briq. against *Lasioderma serricorne*. Chem Biodivers 12(5):832–839. https://doi.org/10.1002/cbdv.201400245. ISSN 1612-1872

Definitionen

8

Zum besseren Verständnis und als Hintergrundinformationen werden hier bestimmte Begrifflichkeiten und Definitionen näher erläutert.

8.1 Pīnyīn (拼音), diakritische Zeichen und chinesische Schriftzeichen

Pīnyīn stellt die Romanisierung des Hochchinesischen der Volksrepublik China dar (International Organization for Standardization, (Hrsg.) 2015-12-15) und wurde in diesem Buch für die Transkription chinesischer Schriftzeichen durchgehend verwendet. Obwohl in der im Literaturverzeichnis aufgeführten Literatur eigentlich immer die diakritischen Zeichen, d. h. die graphischen Zeichen für die Aussprache, fehlten, sind sie hier zur Vermeidung von Missverständnissen angegeben. Chinesisch ist nämlich eine Tonsprache, sodass es ohne diese Zeichen zu einer Mehrdeutigkeit der Begriffe kommen könnte (Wang-Sommerer 2009). Beispielsweise kann nämlich das *Pīnyīn*-Wort *jiao* je nach Aussprache Horn (角, *Pīnyīn*: *jiǎo*) oder Gelatine (胶, *Pīnyīn*: *jiāo*) bedeuten (Chen et al. 2004), was z. B. bei der Verabreichung von chinesischen Arzneidrogen, welche nämlich auch aus dem Tierreich stammen können, einen bedeutenden Unterschied in der medizinischen Behandlung ergeben kann. Neben der Verwendung der diakritischen Zeichen basiert die Schreibung der *Pīnyīn*-Wörter in dieser Arbeit auf der aktuellen Norm ISO 7098:2015(E) (International Organization for Standardization, (Hrsg.) 2015-12-15) und dem darin aufgeführten chinesischen Standard GB/T 16159-2012 der Volksrepublik China (Ministry of Health of People's Republic of China und Standardization Administration of China, (Hrsg.) Date of issue: 2012-06-29; Date of implementation: 2012-10-01).

Neben der *Pīnyīn*-Schreibweise, in der ein chinesisches Schriftzeichen einer Silbe entspricht (International Organization for Standardization, (Hrsg.) 2015-12-15), wurden auch die chinesischen Schriftzeichen selbst benutzt. Die *Pīnyīn*-Schreibweise scheint nämlich zumindest bei der Transkription eines einzelnen chinesischen Schriftzeichens, das nicht in einem Zusammenhang eines Textes bzw.

A.-F. von Trotha, O. J. Schmitz, *Qualitätskontrolle in der TCM*,
https://doi.org/10.1007/978-3-662-59256-4_8

einer Aussage steht, trotz der Verwendung von diakritischen Zeichen nicht immer unbedingt die eindeutige Wortbedeutung zu liefern. So können beispielsweise die *Pīnyīn*-Begriffe *yè* für sich allein betrachet sowohl Pflanzenblatt (叶), Papierblatt (页) als auch Nacht (夜) und *chén* sowohl alt (陈) als auch Minister (臣) bedeuten, wobei der Begriff *chén* in diesem Buch sogar wirklich für beide Fälle vorkommt. Ein Beispiel, in dem sowohl die Aussprache als auch die Schreibung unterschiedliche Bedeutungen aufweisen ist das *Pīnyīn*-Wort *huangdi*. Je nach Aussprache kann damit das Ödland (荒地, *Pīnyīn*: *huāngdì*) oder der Kaiser (皇帝, *Pīnyīn*: *huángdì*) gemeint sein. Bei Letzterem muss bei gleicher Aussprache aber unterschiedlichen chinesischen Schriftzeichen zwischen Kaiser i. Allg., also *huángdì* (皇帝) und dem Gelben Kaiser HUÁNGDÌ (黄帝) unterschieden werden (Chen et al. 2004). Bei diesen Problemen können somit nur die chinesischen Schriftzeichen selbst für die Eindeutigkeit der gemeinten Bedeutung sorgen, weshalb hier zur Vermeidung von Mehrdeutigkeiten bei den jeweiligen *Pīnyīn*-Begriffen zumindest bei der ersten Erwähnung eines solchen Begriffs im Text dieser durch die korrekt zugehörigen chinesischen Schriftzeichen ergänzt wird. Für die chinesischen Schriftzeichen selbst wurden bis auf wenige Ausnahmen Kurzzeichen verwendet. Kurzzeichen (*simplified characters*) entsprechen der vereinfachten, Langzeichen (*traditional characters*) der traditionellen Schreibweise der chinesischen Schriftzeichen des heutigen Hochchinesisch (Xing 2006; Wang-Sommerer 2009). Beispielsweise wird der deutsche Begriff „TCM-Arznei“ (TCM: traditionelle chinesische Medizin) in Kurzzeichen als中药und in Langzeichen als中藥 geschrieben. Die Erstellung der chinesischen Schriftzeichen des Hochchinesischen erfolgte dabei unter Zuhilfenahme digitaler Wörterbücher (LEO GmbH (Rechnerbetriebsgruppe der Fakultät für Informatik of Technische Universität München) 2006–2019; Yabla Inc. 2019). Für die Anfertigung der historisch älteren Schriftzeichen diente ein Fachbuch über die Entwicklung der chinesischen Schrift (Li 1993, 1998 (erster Nachdruck)).

8.2 Angabe von chinesischen Personennamen

In diesem Buch werden bei chinesischen Personennamen auch die Vornamen aufgeführt, wenn sie im historischen Kontext stehen und keine Angabe zu von ihnen verfasster Literatur auf das Literaturverzeichnis verweist. Zwar gibt der inhaltliche Zusammenhang, in dem die jeweilige Person steht, wichtige Informationen zur genauen Personenidentifizierung. Allerdings zeigen z. B. chinesische Nachnamen bei weitem weniger Vielfalt auf als z. B. jene aus dem deutschen oder angelsächsischen Sprachraum, so dass die Eindeutigkeit einer Person mit chinesischem Namen bei ausschließlicher Kenntnis des Nachnamens weniger hoch ist als in vielen anderen Sprachräumen. Zudem erfolgt hier in diesen Fällen die Angabe des chinesischen Personennamens gemäß der chinesischen Tradition wie sie auch in der ISO 7098:2015(E) (International Organization for Standardization, (Hrsg.) 2015-12-15) empfohlen wird, indem der Nachname entgegen westlicher Verfahrensweise vor den Vornamen gesetzt wird, der *Pīnyīn*-Vorname ein Wort bildet und *Pīnyīn*-Vor- und Nachname mit Großbuchstaben beginnen. Dies erleichtert eine eventuell gewünschte

Recherche des Lesers, zumal dadurch auch die Reihenfolge der chinesischen Schriftzeichen des Personennamens in Einklang steht. Im beiliegenden Literaturverzeichnis sind hingegen bei allen aufgeführten Personen und damit auch jenen aus dem chinesischen Sprachraum die Vornamen mit dem Anfangsbuchstaben abgekürzt. Für diese Fälle sollten nämlich aufgrund zusätzlicher Angaben, wie z. B. von ISSN und DOI der zugehörigen Literaturstelle, eine eindeutige Personenzuordnung für die Autoren bzw. Herausgeber möglich sein. Bei Zeitschriften ist die ISSN-Angabe sogar noch eine genauere Zuordnung der Literaturstelle als nur der Zeitschriftentitel. Beispielsweise gibt es zwei unterschiedliche englischsprachige Zeitschriften, die den Titel *Chinese Medicine* tragen. Beide weisen nicht nur zwei unterschiedliche Verleger auf sondern auch unterschiedliche ISSN (1749-8546 bzw. 2151-1918). Aus diesem Grund wurden im beiliegenden Literaturverzeichnis bis auf eine Ausnahme, bei der von den Herausgebern der Zeitschrift *Extrakt – Fachzeitschrift der Lian Chinaherb (Spezialapotheke für hochwertige Chinesische Arzneimittel)* noch keine ISSN beantragt wurde, neben dem Zeitschriftentitel auch die ISSN angegeben.

8.3 Hepburn-Schreibweise für japanische Schriftzeichen

So wie es für die Romanisierung der chinesischen Schriftzeichen heutzutage die *Pīnyīn*-Schreibweise gibt, wurde für die japanischen Schriftzeichen u. a. die Hepburn-Umschrift eingeführt, welche in diesem Buch in der traditionellen Form vorliegt.

8.4 Heilkraut, Heil- bzw. Arzneipflanze sowie Arzneidroge

In der englischsprachigen Literatur wird i. d. R. durchgängig für Arzneimittel traditioneller Medizin der Begriff „*herb*" (englisch für Kraut)[1] verwendet, solange damit die aus der Natur stammenden einzelnen Bestandteile einer Rezeptur gemeint sind. Diese können ihren Ursprung nicht nur im Pflanzenreich sondern auch in Pilzen, Tieren oder Mineralien haben, sodass der Begriff „*herb*" über seine enge Bedeutung als Kraut und damit als Pflanze hinaus eine breitere Interpretation erhält. Meist läßt sich somit erst im Kontext klären, auf welches Reich bzw. natürliche Arzneiquelle genau der betreffende Autor seine Aussagen bezieht. Da erst im letzten Jahrhundert erkannt wurde, dass Pilze ein eigenes Reich bilden und damit nicht zu den Pflanzen gehören, dürften sich die allgemein verwendeten Begriffe „*herb*" bzw. „Heilkraut" genau genommen nur noch auf Teile pflanzlichen Ursprungs zu medizinischen Heilungszwecken beziehen. Der Grund für die Anlehung dieser Begriffe an das Pflanzenreich dürfte darin zu finden sein, dass i. d. R. in der traditionellen Medizin ein bedeutender Großteil der Arzneimittel auf pflanzlicher Basis beruht und damit eine deutlich stärkere Anwendung für die Therapie aufweist. Auch in den chinesischen Schriftzeichen spiegelt sich dies wider. So wird ein TCM-Arzneimittel, wie schon weiter oben erwähnt, mit den Langzeichen 中藥 (*Pīnyīn*:

[1] Vgl. auch den aus der Pharmazie stammenden lateinischen Begriff „*herba*", der sich auf getrocknete Teile krautartiger Pflanzen bezieht (Hiller und Melzig 2010).

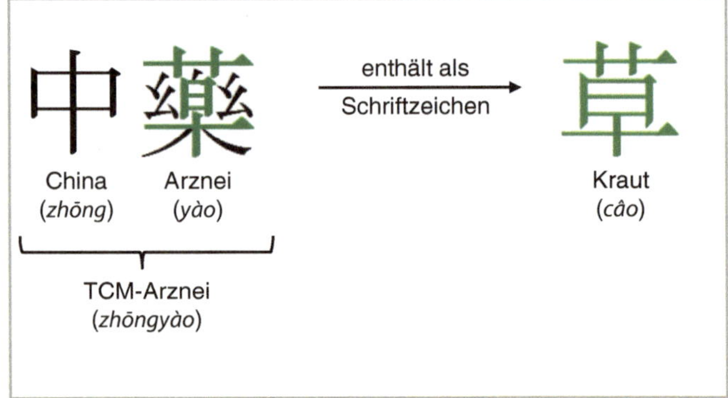

Abb. 8.1 Chinesische Schriftzeichen für TCM-Arznei

zhōngyào) dargestellt. Dabei enthält das zweite Zeichen 藥 (*Pīnyīn*: *yào*), das „Arznei" bedeutet, das Zeichen草 (*Pīnyīn*: *cǎo*), welches für „Kraut" und damit letztendlich grob betrachtet für „Pflanze" steht (siehe Abb. 8.1). Da, wie schon angemerkt, unterschiedliche Reiche (Pflanzen-, Pilz-, Tier- oder Mineralienreich) als Quellen von traditionellen Arzneimitteln in Frage kommen, wird statt des Ausdrucks „Heilkraut" zur exakten Bezeichnung in der vorliegenden Arbeit der aus der Pharmazie stammende Begriff „Arzneidroge" verwendet. Auf die Kurzbezeichnung „Droge", die in der Pharmazie der traditionellen Medizin meist getrocknete Pflanzenteile beinhaltet (Heuberger et al. 2014), wird hier bis auf wenige Ausnahmen verzichtet, da dessen genaue Charakterisierung nur aus der inhaltlichen Beziehung hervorgeht und zudem dieser heute oft umgangssprachlich gebrauchte Ausdruck auch für Rauschmittel, wie z. B. Haschisch, Kokain oder Ecstasy, eingesetzt wird. Sofern es sich jedoch im entsprechenden Zusammenhang nur um pflanzliche Quellen handelt, erfolgt die Bezeichnung „Heil- oder Arzneipflanze" für die komplette Quelle bzw. „pflanzliche Arzneidroge", „Arznei-" oder „Heilpflanzendroge" für den medizinisch eingesetzten Pflanzenteil, wie z. B. Wurzeln, Blätter oder Blüten. Aufgrund des Schwerpunkts auf Heilpflanzen und zur leichteren Lesbarkeit können mit den hier verwendeten Begriffen „pflanzliche Arzneidroge" bzw. „Arzneipflanzendroge" auch Heilpilze als Arzneidroge eingeschlossen sein, ohne dass sie speziell erwähnt werden. Heilpilze werden nämlich zur Qualitätskontrolle sowohl in den Pharmakopöen (Arzneibüchern) als auch in diesem Buch mit den gleichen analytischen Techniken untersucht wie Arzneipflanzen.

8.5 Rezeptur und Zubereitung

Unter einer Rezeptur wird in dieser Arbeit die Kombination von mehreren Arzneidrogen zu einem Arzneimittel definiert. Unter einer Zubereitung ist in dieser Arbeit entweder eine einzelne Arzneidroge gemeint, die für den fertigen Gebrauch vorher entsprechend behandelt wurde oder eine Mischung von Arzneidrogen unter eventueller Zugabe von Hilfsstoffen, die zusammen als Rezepturbestandteile eine gebrauchsfertige Rezeptur bilden. Die Rezepturbestandteile wiederum bestehen aus chemischen Substanzen, den Komponenten.

8.6 Angaben zu Namen von Heilpflanzen und Heilpilzen

Da die lateinische Bezeichnungen von Pflanzen und Pilzen eindeutige Kennzeichnungen darstellen, werden die in diesem Buch aufgeführten Heilpflanzen und Heilpilze stets nach ihren lateinischen Namen benannt. Daneben erfolgen bei der ersten Nennung im Text stets der lateinische Name der Pflanzen-, Pilz- bzw. Tierfamilie, wobei deren deutsche Namen sich in Tab. 8.1 des Anhangs befinden . Bei Heilpflanzen und Heilpilzen, die in der TCM therapeutischen Einsatz finden, sind der Vollständigkeit halber auch deren *Pīnyīn*-Namen aufgeführt. Etliche in diesem Buch erwähnten Pflanzen und Pilze enthalten in ihrem Namen auch das Autorenkürzel des zugehörigen Botanikers bzw. Mykologen.

Tab. 8.1 Die in dieser Arbeit erwähnten lateinischen Pflanzen-, Pilz- und Tierfamiliennamen in alphabetischer Reihenfolge gelistet und ihre zugehörigen deutschen Bezeichnungen (in Klammern alternative oder z. T. veraltete Namen)

Lateinischer Familienname	Deutscher Familienname
Apiaceae (*Umbelliferae*)	Doldenblütler
Araceae	Aronstabgewächse
Araliaceae	Araliengewächse
Aristolochiaceae	Osterluzeigewächse
Asteraceae (*Compositae*)	Korbblütler
Cactaceae	Kakteengewächse
Campanulaceae	Glockenblumengewächse
Caryophyllaceae	Nelkengewächse
Cornaceae	Hartriegelgewächse
Cucurbitaceae	Kürbisgewächse
Ephedraceae	Meerträubelgewächse
Fabaceae (*Leguminosae*)	Hülsenfrüchtler
Fumariaceae	Erdrauchgewächse
Ginkgoaceae	Ginkgogewächse
Lardizabalaceae	Fingerfruchtgewächse
Lamiaceae (*Labiatae*)	Lippenblütler
Liliaceae	Liliengewächse
Loganiaceae	Brechnussgewächse
Magnoliaceae	Magnoliengewächse
Menispermaceae	Mondsamengewächse
Nyssaceae (Unterfamilie der Fam. *Cornaceae*; siehe oben)	Tupelogewächse (Unterfamilie der Fam. Hartriegelgewächse)
Polygonaceae	Knöterichgewächse
Polyporaceae	Stielporlingsverwandte
Ranunculaceae	Hahnenfußgewächse
Rhamnaceae	Kreuzdorngewächse
Rosaceae	Rosengewächse
Rubiaceae	Röte-, Krapp- oder Kaffeegewächse
Salicaceae	Weidengewächse
Scolopendridae	Zangenasseln

Literatur

Chen JK, Chen TT, Crampton L (2004) Chinese medical herbology and pharmacology. Art of Medicine Press City of Industry, California. ISBN 9780974063508

Heuberger H, Bauer R, Friedl F, Heubl G, Holzapfel C, Hummelsberger J, Nikles S, Nögel R, Rinder R, Seidenberger R, Torres-Londono P (2014) Chinesische Heilpflanzen in Bayern: Qualität vom Saatkorn bis zur Apotheke. Chinesische Medizin 1:43–49. ISSN 0930-2786

Hiller K, Melzig MF (2010) Lexikon der Arzneipflanzen und Drogen, 2. Aufl. Spektrum Akademischer Verlag, Heidelberg. ISBN 9783827420534

International Organization for Standardization (Hrsg) (2015-12-15) ISO 7098:2015(E) Information and documentation – Romanization of Chinese, 3. Aufl. Vernier, Geneva

LEO GmbH (Rechnerbetriebsgruppe der Fakultät für Informatik of Technische Universität München) LEO's dictionaries. http://www.leo.org/ (letzte Aktualisierung: 2006-2019). Zugegriffen am 13.04.2019

Li L (1993, 1998 (erster Nachdruck)) Entwicklung der chinesischen Schrift am Beispiel von 500 Schriftzeichen, 1. Aufl. Verlag der Hochschule für Sprache und Kultur Beijing. ISBN 9787561902066

Ministry of Health of People's Republic of China, Standardization Administration of China (Hrsg) (Date of issue: 2012-06-29; Date of implementation: 2012-10-01) GB/T 16159-2012: Basic rules of the Chinese phonetic alphabet orthography (Description in Chinese, translated in English) – Classification of international standard: 01.140.10; Classification of Chinese standard: A14. http://yuyan.shou.org.cn/_upload/article/files/20/32/01c4ed3946488a2ad0540dc4ee07/a61c6aa9-ebff-467b-be9e-a6819e6ee78e.pdf. Zugegriffen am 13.04.2019

Wang-Sommerer J (2009) Crashkurs Chinesisch für Geschäftsleute, 1. Aufl, S 6–9. Ernst Klett Sprachen Stuttgart, Dtld. ISBN 9783125288560

Xing JZ (2006) Teaching and learning Chinese as a foreign language – a pedagogical grammar. Hong Kong University Press, Hong Kong/London. ISBN 9789622097629

Yabla Inc. Chinese English Pinyin Dictionary. New York. https://chinese.yabla.com/chinese-english-pinyin-dictionary.php. Zugegriffen am 14.04.2019

Fazit zu diesem Buch

Wir hoffen, dass wir der Leserschaft anhand dieses Buches ein besseres Verständnis hinsichtlich Entwicklung, Nutzen und Gefahren der chinesischen Heilpflanzenmedizin vermitteln konnten.

Es sollte auch immer berücksichtigt werden, dass eine Behandlung mit chinesischen Heilkräutern ohne vorherigen Besuch bei einem der TCM-Ärzte, die es außerhalb Chinas nicht allzu oft gibt, dem Gedanken der TCM widerspricht. Nur ein gut ausgebildeter TCM-Arzt ist nämlich in der Lage, das Disharmoniemuster des Patienten zu erkennen und dann eine auf den Patienten maßgeschneiderte Medikation zu verordnen. Der Einsatz der CHM außerhalb Chinas ist eher an dem Gebrauch der westlichen Medizin adaptiert. Der Patient geht in die Apotheke oder - noch kritischer zu sehen - ins Internet und lässt sich ein Mittel ähnlich dem der Schmerztablette bei Kopfschmerzen gegen seine Beschwerden verabreichen. Dieses Vorgehen kann bei korrekter Zusammensetzung der chinesischen Heilpflanzen für einige Erkrankungen durchaus zielführend sein, hat jedoch nur noch wenig mit der traditionellen chinesischen Medizin zu tun, deren Stärke die individuelle Medikation darstellt.

In diesem Sinne: Bitte bleiben Sie gesund!

A.-F. von Trotha, O. J. Schmitz, *Qualitätskontrolle in der TCM*,
https://doi.org/10.1007/978-3-662-59256-4

Stichwortverzeichnis

A

ABDA 115. *Siehe auch* Bundesvereinigung Deutscher Apothekerverbände
Achtzehn Unverträglichkeiten 50, 55
Aconitin 48. *Siehe auch* Alkaloide
Aconitum 41, 46–50, 53, 81, 114, 126
  carmichaelii Debeaux 47–49, 81, 114
  kusnezoffii var. Reichenbach 47
  napellus L. 47
  Pàozhì–Verfahren zur Entgiftung von *Aconitum*-Drogen 47–50
Acrylamid 100
Ägypten, Altes 6
ätherische Öle
  chromatographische Trennprobleme und mögliche Lösung 119
  Funktionen im Pflanzenreich 119
  Qualitätskontrolle 119
Aflatoxine 73. *Siehe auch* Mykotoxine
Akebia spp. 92, 95
Akupunktur LXXXVIII, 7–10, 12, 14–16
Alkaloide 6, 43, 48–50, 65, 80, 118
  Aconitin 48–50
  Aconitum, LD50-Werte 49
  Camptothecin 65
  Ephedrin 5, 55, 65
  Hypaconitin 48, 49
  Indirubin 54
  Ligustrazin 125
  Lipo-Alkaloide 49
  Mesaconitin 48, 49
  Mescalin 6
  Pseudoephedrin 55
  Pyrrolizidinalkaloide 95, 125
  Strychnin 47
  Tetrandrin 94
Altes Ägypten 6. *Siehe auch* Ägypten, Altes
Altes China LXXXVIII. *Siehe auch* China, Altes
Altes Griechenland 17. *Siehe auch* Griechenland, Altes
Altes Indien 6. *Siehe auch* Indien
Altes Mesopotamien 6. *Siehe auch* Mesopotamien, Altes
Altes Mittel-und Südamerikas 6. *Siehe auch* Mittel-und Südamerika, Altes
Alzheimer LXXXVII
AMG 73. *Siehe auch* Arzneimittelgesetz
Angelica acutiloba 121
Angelica gigas 121
Angelica sinensis 121, 127, 128
Antagonist 53
Antimalariawirkstoff 65. *Siehe auch* Artemisin
ApBetrO 73. *Siehe auch* Apothekerbetriebsordnung
Apiaceae 81, 121, 139
Apotheke 4, 11, 20, 27, 52, 57, 68, 73–75, 87, 89, 100, 114, 118, 123, 141
Apothekerbetriebsordnung (ApBetrO) 73
Araceae 50, 139
Araliaceae 30, 139
Aristolochia
  -Arten 94
  contorta 91
  debilis 91, 94
  fangchi 92–94
  manshuriensis 92, 94, 96
  Pàozhì-Verfahren 95
Aristolochiaceae 91–93, 139
Aristolochiasäure 74, 92–95, 100, 117, 125
  Pàozhì-Verfahren 95
Arsen LXXXVII, 54, 74
Arsenmineral 54
Artemisia annua 65. *Siehe auch* Artemisin
Artemisia argyi 16
Artemisin 65

A.-F. von Trotha, O. J. Schmitz, *Qualitätskontrolle in der TCM*,
https://doi.org/10.1007/978-3-662-59256-4

Arzneidrogen, mineralische LXXXVII, 6, 7, 17, 18, 74, 114, 117, 137, 138
Arzneidrogen, mykotische 6. *Siehe auch* Heilpilze
Arzneidrogen, tierische 6, 7, 17, 18, 42, 74, 112, 114, 118, 135, 137, 138. *Siehe auch* Tigerknochen bzw. Nashornhörner
Arzneimittelgesetz (AMG) 73, 99
Arzneipflanzen-Monographien 19, 51, 115
  der ChP 18, 112, 114–116, 122
  der deutschen Kommission E 115
  der ESCOP 115
  der HKCMMS 18, 28, 112–114, 116, 122
  der Ph. Eur. 112–116, 121
  der WHO 115
  des EDQM 114
  des HMPC 115
  von Stöger et al. 114
  von Wagner et al. 114, 117
Aspirin LXXXVIII
Assistentendroge 53, 54
Asteraceae 4, 16, 139
Asthma 5
Ausrottung 34
Authentifizierung 97, 112, 115, 118, 123, 126–128. *Siehe auch* Authentizitätsprüfungen, Identität, Identitätsbestimmung bzw.-prüfung
Authentizitätsprüfungen 123. *Siehe auch* Authentifizierung, Identität, Identitätsbestimmung,-prüfung bzw.-verfälschungen
Ayurveda 6, 17, 29. *Siehe auch* Indien

B

Bauern 81, 86, 89, 97, 98, 111
Běncǎo 18. *Siehe auch* Materia Medica und ChP
Běncǎo Gāngmù 18, 46
Bevölkerung, chinesische
  bäuerliche Sozialschicht im CHM-Anbau 81, 95, 97
  heilpflanzliche Erstversorgung in Stadt und Land 27, 89
  Verbrauch von Fertigarzneimitteln 57
Bevölkerung, globale
  Bevölkerungsexplosion LXXXIX, 87, 89
  heilpflanzliche Erstversorgung 3, 27, 128
BfN 84. *Siehe auch* Bundesamt für Naturschutz
Biǎn Què (Arzt) 14
Bian-Stein-Therapie LXXXVIII, 15
Biodiversität 45, 46, 65, 85, 90
Birkenporling 6. *Siehe auch Piptoporus betulinus*
Bitterblattbaum 4. *Siehe auch Vernonia amygdalina*
Blut (xuè) 13
Botendroge 53, 54
Botox LXXXIX. *Siehe auch* Botulinum-Toxin
Botulinum-Toxin LXXXIX
Brechnuss 47. *Siehe auch Nux vomica*
Bronchien 5
Bryophyta 19, 45, 46
Bundesamt für Naturschutz (BfN) 84
Bundesvereinigung Deutscher Apothekerverbände (ABDA) 115

C

Cactaceae 6, 139
Camellia sinensis 118
Camptotheca acuminata 65
Camptothecin 65. *Siehe auch* Alkaloide
Caryophyllaceae 54, 139
Catechine 118
CE (Kapillarelektrophorese) 117–119
Central Intelligence Agency 10. *Siehe auch* CIA
chemische Marker 5, 6, 50, 51, 56, 94, 115, 117, 124–128. *Siehe auch* chemisches Profil, Fingerprint bzw. spektroskopisches Muster
  Einteilung in Markergruppen 124, 125
chemisches Profil 43, 80–83, 85, 86, 115, 118, 124. *Siehe auch* Fingerprint, spektroskopisches Muster bzw. chemische Marker
Chemotyp 127
Chéng Zhōng-Líng (Arzt) 14
China, Altes LXXXVIII, 6–9, 13, 15, 17, 53, 87, 89, 90
chinesische Ackerminze 119. *Siehe auch Mentha haplocalyx*
chinesische Arzneidrogenmedizin 18. *Siehe auch* CHM
chinesische Heilkräutermedizin 18. *Siehe auch* CHM
chinesische Heilpflanzenmedizin 18. *Siehe auch* CHM
Chinesische Pharmakopöe 18. *Siehe auch* ChP
CHM-Arzneidroge, giftigste 47
CHM (Chinese Herbal Medicine) LXXXVIII, 10, 15, 17–20
  Globaler Wirtschaftsmarkt 27–36

Gründe für eine notwendige Qualitätskontrolle 79–100
Herstellung von Arzneidrogen und Rezepturen 41–53
Qualitätskontrolle und ihre Werkzeuge 109–128
Rechtslage 73–75
Vor-und Nachteile gegenüber westlichen Arzneien 65–69
CHM-Pharmafirmen 35, 56, 81, 83, 86, 87, 89, 100, 111, 114
CHM-Pharmaindustrie 56. *Siehe auch* CHM-Pharmafirmen
ChP (Chinesische Pharmakopöe) 18, 19, 47, 50, 51, 94, 99, 112–118, 122, 127, 128
ChP-Arzneipflanzen-Monographien 18. *Siehe auch* Arzneipflanzen-Monographien
Chromatographie 118, 121, 122, 127
chronische Erkrankungen LXXXVII, 4, 11, 67, 111. *Siehe auch* chronische Schmerzen
chronische Schmerzen 11, 16
CIA (Central Intelligence Agency) 10
Clostridium tetani LXXXIX. Siehe auch Tetanus-Toxin A
Cocculus spp. 92
Cornaceae 65, 139
Cucurbitaceae 91, 139

D

DAB 115. *Siehe auch* Deutsches Arzneibuch
DAC 115. *Siehe auch* Deutscher Arzneimittel-Codex
DAD (Diodenarray-Detektor) 118
Darmparasiten 6
Darreichungsformen 35, 56–59, 67, 87, 126
DART-MS 86
Dekokt 47, 49, 50, 55, 58, 99, 100
Definition 57
Deutscher Arzneimittel-Codex (DAC) 115
Deutsches Arzneibuch (DAB) 115
Diätetik 14, 15, 17
Dibenzodioxine 100
Dibenzofurane 100. *Siehe auch* vergleichend Seveso-Dioxin
Diodenarray-Detektor 118. *Siehe auch* DAD
Diphtherie-Toxin LXXXIX
Disharmonie 12
Disharmoniemuster LXXXVIII, 141
DNA-Analyse 117, 121, 122
DNA-Marker 121
SCAR-Marker 122
Dünnschichtchromatographie 6. *Siehe auch* TLC

Dynastie
Han-9
Qin-18 (*siehe auch* Qin-Dynastie)
Qing-14 (*siehe auch* Qing-Dynastie)
Tang-9 (*siehe auch* Tang-Dynastie)
Westliche Zhōu-(*siehe* Westliche Zhōu-Dynastie)
Zhànguó-(*siehe* Zhànguó-Dynastie)

E

Ebers-Papyrus 6
EFTA (*European Free Trade Association*) 110
eindimensionale Gaschromatographie (1D-GC) 119. *Siehe auch* GC
Einweichen 4
Eisenhut 41. *Siehe auch Aconitum*
Herbst-47 *Siehe auch Aconitum carmichaelii* Debeaux
ELSD (Lichtstreudetektor) 117, 118
El-Sidrón-Höhle 5
EMA (*European Medicines Agency*) 3, 124
Embryophyta 46
Entwicklungsländer LXXXVIII, 3, 128
Entzündungen 5, 93. *Siehe auch* Hirnhaut- bzw. Nierenentzündung
Ephedra 5, 55, 65
Ephedraceae 5, 139
Ephedrakraut 5. *Siehe auch Ephedra*
Ephedrin 5. *Siehe auch* Alkaloide
Ernte 33, 42, 83, 85, 89, 99, 100, 110
mögliches Risiko für Patienten 85, 90
Qualitätssicherung 116
Ernteausfälle 95, 97
Risikominderung 97
Erntelagerung 99. *Siehe auch* Lagerung
Erntemenge 33
Erntenachbehandlung 42, 82, 126
Ernte, nachhaltige 83–86. *Siehe auch* nachhaltige Arzneipflanzen-Nutzung
Erntequalitäten 81, 83, 84, 86
Erntezeitpunkt 80, 86, 121, 123, 126
Erstbehandlung 27
Erster Kaiser von China 9. *Siehe auch* Qín Shǐhuángdì
ESCOP-Arzneipflanzen-Monographien 115. *Siehe auch* Arzneipflanzen-Monographien
EU (Europäische Union)
Arzneipflanzen-Monographien-Erarbeitung für die CHM 115 (*siehe auch* Arzneipflanzen-Monographien)
CHM-Importe 31, 36

EU (Europäische Union) (*Forts.*)
Einfuhrverbot von Fertigarzneimitteln ohne EU-Zulassung 100
Erarbeitung von Arzneipflanzen-Monographien für die CHM 115
EU-Qualitätsrichtlinien 109 (*siehe auch* Qualitätsrichtlinien)
Heilpflanzen-Importe 36
Pestizid-Maximalgehalte 75
PIC/S-Mitglied 110 (*siehe auch* PIC/S)
Europäische Pharmakopöe 112. *Siehe auch* Ph. Eur.
European Free Trade Association. Siehe EFTA
Export 30, 32–34, 36, 90, 110. *Siehe auch* Exportregionen, Exportpartner bzw. Jahresexport
Exportpartner 33, 34
Exportregionen 30, 32, 34

F
Fabaceae 30, 139
Fälschung 51, 58, 59, 123, 126. *Siehe auch* Verfälschung bzw. Identitätsverfälschung
FDA *(Food and Drug Administration)* 3, 15, 29, 109
FDA-Leitlinie für pflanzliche Arzneimittelproduktion 29
FDA-Qualitätsrichtlinien 109
Fertigarzneimittel 35, 57, 58, 74, 86, 100, 111, 116, 126. *Siehe auch* OTC *(Over the counter)*
Ferulasäure 118, 128
FID (Flammenionisationsdetektor) 117
Fingerabdruck 124. *Siehe auch* Fingerprint
Fingerprint 117, 118, 124–128. *Siehe auch* chemisches Profil, spektroskopisches Muster bzw. chemische Marker
Fingerprinttechnik 118, 121, 127, 128
Flammenionisationsdetektor 117. *Siehe auch* FID
FLD (Fluoreszenzdetektor) 117
Flüssigchromatographie 95. *Siehe auch* LC
Fluoreszenzdetektor 117. *Siehe auch* FLD
Food and Drug Administration 3. *Siehe auch* FDA
Frassfeinde von Arzneipflanzen 119. *Siehe auch Mentha haplocalyx* zur Prävention
Fremdmaterial 41, 79, 112
Definition 79
Fritillaria cirrhosa 81, 85, 113
Fünf Elemente 8, 11–13
fünf Geschmacksrichtungen 17, 19
Fünf Wandlungsphasen 12. *Siehe auch* Fünf Elemente
Fumariaceae 43, 139
functional food 73
Fungizide 30, 97
Fúxī, Kaiser 6

G
GACP *(Good Agriculture and Collection Practice)* 109. *Siehe auch* Qualitätsstandards
GAP *(Good Agriculture Practice)* 81. *Siehe auch* Qualitätsstandards
Gaschromatographie 5. *Siehe auch* GC
GC (Gaschromatographie) 117–121, 123, 127
ätherische Öle
Trennprobleme und Lösungsansätze 119
1D-GC 119 (*siehe auch* GC-FID, GC-MS bzw. GC-IR)
2D-GC 119
GC-FID 118, 119
GC-IR 119
GC-MS 6, 119
GCxGC (komprehensive zweidimensionale GC) 120
mehrdimensionale GC 120
Pyrolyse-GC 119
Pyrolyse-GC-MS 5
TD-GC-MS 5
GCP (*Good Clinical Practice*) 109
Gelber Kaiser LXXXVIII. *Siehe* Huángdì Nèijīng
Geruch 99, 100, 113
Geschmack 13, 19, 113
Geschmacksrichtungen 17. *Siehe auch* fünf Geschmacksrichtungen
Gewürze 29, 54, 74, 109, 123
Ginkgoaceae 91, 139
Ginseng 30. *Siehe auch Panax ginseng*
Ginsenoside 83
GLP (Good Laboratory Practice) 109
Glycyrrhiza 30, 50, 55
GMP *(Good Manufacturing Practice)* 51. *Siehe auch* Qualitätsstandards
Granulate 57, 58, 74, 99, 100, 115, 123
Import 74
Griechenland, Altes 13, 17
GSP *(Good Storage Practice)* 109

H

halluzinogene Wirkungen 5
Hànchāo 9. *Siehe auch* Han-Dynastie
Han-Dynastie 9, 56
Harmonized System Code (HS-System) 30–33
Hedyotis diffusa 44
Heilpilze 6, 42, 52, 56, 74, 82, 87, 89, 95, 110, 112, 114, 118, 137–139. *Siehe auch Piptoporus betulinus* bzw. *Poria cocos*
Helmkraut 44. *Siehe auch Scutellaria barbata*
Herbalomics-Projekt 111, 128
Himalaja-Schachbrettblume, gelbe 81. *Siehe auch Fritillaria cirrhosa*
Hippokrates (Arzt) 13, 14
Hirnhautentzündung 4
HKCMMS-Arzneipflanzen-Monographien 18
HKCMMS *(Hong Kong Chinese Materia Medica Standards)* 18, 28, 112–114, 116–118, 122
HMPC-Arzneipflanzen-Monographien 115
Hochkulturen 4, 6
Hochleistungs-Flüssigchromatographie 51. *Siehe auch* HPLC
Höhle von Shanidar 5
Homöopathie LXXXVII
Hong Kong Chinese Materia Medica Standards 18. *Siehe auch* HKCMMS
Hong Kong SAR 28, 34, 110, 113, 114
HPLC (Hochleistungs-Flüssigchromatographie) 51, 55, 115, 117–119, 121, 123, 125, 127, 128. *Siehe auch* LC
- HPLC-DAD 118
- HPLC-ELSD 118
- HPLC-MS 118
- HPLC-UV/MS 118

Huángdì, Kaiser 6, 8, 13, 136
Huángdì Nèijīng LXXXVIII, 8, 13–15. *Siehe auch Huángdì Nèijīng* Sùwèn bzw. *Língshūjīng*
Huángdì Nèijīng Sùwèn 8
Husten-und Fiebermittel 5
Hypaconitin 48. *Siehe auch* Alkaloide

I

Identität 73, 74, 84, 90, 92, 112, 113, 116
Identitätsbestimmung 117
Identitätsprüfung 74, 123
Identitätsverfälschung 117. *Siehe auch* Verfälschung bzw. Fälschung
I Ging 6
Impfung LXXXVII
Import 29, 31, 32, 34, 36, 73, 74, 92, 98, 99, 110. *Siehe auch* Importregionen, Importländer bzw. Jahresimport
Importländer 58, 98, 110
Importregionen 31, 110
Indien 6, 9, 17, 29, 34, 45, 87, 94
Indigo 54
Indirubin 54. *Siehe auch* Alkaloide
individuelle Medizin LXXXVIII, 14, 20, 54, 58, 68. *Siehe auch* personalisierte Medizin bzw. individuelle Rezeptur
individuelle Rezeptur 58, 59, 74, 141. *Siehe auch* individuelle Medizin bzw. personalisierte Medizin
Infektionskrankheiten LXXXVII, 4
Ingwer 50. *Siehe auch Zingiber*
Insektizide 30, 97
Internet LXXXIX, 28, 58, 74, 75, 94, 100, 141

J

Jahresexport 31–34
Jahresimport 32
Japan 9, 10, 29, 34, 87, 92, 110
japanische Arzneidrogennamen 92, 93
japanische Medizin, traditionelle 9. *Siehe auch* Kampo-Medizin
Japanische Pharmakopöe 92, 114
japanische Schriftzeichen 92, 137

K

Kaiserdroge 53, 54
Kampo-Medizin 9, 92
Kapillarelektrophorese 117. *Siehe auch* CE
Kochen 4, 42, 44
komprehensive zweidimensionale Gaschromatographie (GCxGC) 120. *Siehe auch* GC
Konfuzianismus 12
Kontraindikationen 67
Krebstherapie 44
Kulturanbau 31, 34, 80–86, 90, 97, 100, 111. *Siehe auch* Kulturbestände, Kulturpflanzen bzw. Monokulturen
Kulturbestände 34, 84, 109. *Siehe auch* Kulturanbau, Kulturpflanzen bzw. Monokulturen
Kulturpflanzen 80, 84. *Siehe auch* Kulturanbau und Kulturbestände
- *Vernonia*-4

L
Labiatae 119, 139
Lagerung 42, 58, 80, 97, 99, 110, 121, 123, 126
Schutz vor Frassfeinden durch *Mentha haplocalyx* 119
Lamiaceae 44, 54, 139
Landpflanzen 46. *Siehe auch Embryophyta*
Lardizabalaceae 139
LC (Flüssigchromatographie) 127. *Siehe auch* HPLC
LC-MS 95
LD_{50}-Wert LXXXIX, 48, 49, 95
Definition 48
Léi Gōng Pàozhì Lùn 50
Lichtstreudetektor 117. *Siehe auch* ELSD
Ligusticum chuanxiong 81, 125, 127, 128
Ligustrazin 125. *Siehe auch* Alkaloide
Liliaceae 81, 139
Língshūjīng 8. *Siehe auch Huángdì Nèijīng* bzw. *Huángdì Nèijīng Sùwèn*
Lipo-Alkaloide 49. *Siehe auch* Alkaloide
Lǐ Shízhēn (Arzt) 18
Loganiaceae 47, 139
Lophophora williamsii 6

M
Magen-Darm-Erkrankungen 4
Magen-Darm-Trakt 4
Magnolia 94
Magnoliaceae 94, 139
Malaria 65
Máo Zédōng 10, 28
Marco Polo 9
Marker
aktive 124, 125
aktive Basismarker 125
analytische 124, 125
chemische 5 (*siehe auch* chemische Marker)
DNA-121 (*siehe auch* DNA-Marker)
Gruppenmarker 125
negative 125
„Phantom“-125
Masern LXXXVII
Massenspektrometrie 5. *Siehe auch* MS
Materia Medica 7, 18, 56
Menispermaceae 92, 139
Mentha haplocalyx 119
als Mittel gegen Frassfeinde 119
Meridiane 12, 15, 16, 19, 53
Mesaconitin 48. *Siehe auch* Alkaloide
Mescalin 6. *Siehe auch* Alkaloide
Mesopotamien, Altes 6, 13
Mikroorganismen, pathogene 4, 99, 100, 109, 112
mineralische Arzneidrogen LXXXVII. *Siehe auch* Arzneidrogen, mineralische
Ministerdroge 53, 54
MIR(=Mittelinfrarot)-Spektroskopie 122, 123
Mittel-und Südamerika, Altes 6
Modernisierungsplan zur TCM-Globalisierung 11, 28, 29, 56, 82, 85, 109–128
Monographien 115
Monokulturen 97. *Siehe auch* Kulturanbau, Kulturbestände bzw. Kulturpflanzen
Moose 19. *Siehe auch Bryophyta*
Moxibustion LXXXVIII, 14–16
MS (Massenspektrometrie) 5, 6, 86, 95, 117–120
MS/MS (Tandem-Massenspektrometrie) 117
Mykotoxine 73, 97, 99, 100, 109, 112

N
nachhaltige Arzneipflanzen-Nutzung 33, 45, 82–86, 111. *Siehe auch natural fostering* bzw. Ernte, nachhaltige
Nachhaltigkeit 83. *Siehe auch* nachhaltige Arzneipflanzennutzung, *natural fostering* bzw. nachhaltige Arzneipflanzen-Nutzung
Nahrungsergänzungsmittel 73
Nashornhörner LXXXVII
natural fostering 30, 85
Neandertaler 4, 5
Nebenwirkungen 7, 43, 44, 50, 52, 53, 55, 56, 59, 66, 67, 69, 100
nebenwirkungsarm 67, 68
Nephritis 93. *Siehe auch* Nierenentzündung
Neunzehn Feindseligkeiten 55
Nierenentzündung (Nephritis) 93
NIR(=Nahinfrarot)-Spektroskopie 122, 123
NMR (Kernspinresonanzspektroskopie) 122
Nobelpreis für Medizin (2015) 65
Nutrazeutikum 73
Nux vomica 47
Nyssaceae 65, 139

O
Ochratoxin A 99. *Siehe auch* Mykotoxine
Ötzi 6
Oldenlandia-Kraut 44. *Siehe auch Hedyotis diffusa*
OTC *(Over the counter)* 53, 57–59, 86. *Siehe auch* Fertigarzneimittel

P

Paeonia 43
Paeoniflorin 43
PAK 100. *Siehe auch polyzyklische aromatische Kohlenwasserstoffe*
Panax ginseng 30, 50, 81–83, 91
Pàozhì
  Effektivität der Entgiftung von Aristolochiasäure *bzw. Aristolochia-*Arten 95
Pàozhì-Verfahren 7, 19, 41–44, 47–53, 56, 68, 82, 86, 87, 89, 95, 99, 110, 111, 114, 115, 117, 121, 123, 126
  Qualitätsstandards 51
  Reproduzierbarkeit 51
  Verfälschungen 51
Parasiten 4. *Siehe auch Darmparasiten*
Patent 56, 86, 111
PCA *(Principal Component Analysis)* 127
PCB 100. *Siehe auch* polychlorierte Biphenyle
PCR *(Polymerase Chain Reaction)* 121
Peitschenwurm 6. *Siehe auch Trichuris trichiura*
Pentagramm 13
personalisierte Medizin LXXXVIII, 20. *Siehe auch* individuelle Medizin bzw. individuelle Rezeptur
Pestizide 73, 74, 79, 85, 97–100, 109, 110, 112, 113, 116
Peyote-Kaktus 6. *Siehe auch Lophophora williamsii*
Pfingstrose 43. *Siehe auch Paeonia*
Ph. Eur. (Europäische Pharmakopöe) 112–116
PIC/S-Vereinbarung 34, 110
Pilze 121, 137, 139. *Siehe auch* Heilpilze bzw. Schimmelpilze
  Familiennamen 139
  Pilzreich 137
Pinellia 50
Pinellie 50. *Siehe auch Pinellia*
Pīnyīn 17, 47, 55, 81, 90–93, 95, 113, 136, 137, 139
  Definition 135, 136
Piptoporus betulinus 6
polychlorierte Biphenyle (PCB) 100
Polygonaceae 52, 139
Polyporaceae 6, 139
polyzyklische aromatische Kohlenwasserstoffe (PAK) 100
Primaten 4
Primates 4. *Siehe auch* Primaten
Pseudoephedrin 55. *Siehe auch* Alkaloide
Pseudostellaria 54
Psychopharmaka 5
Puls LXXXVIII. *Siehe auch* Pulsdiagnose
Pulsdiagnose LXXXVIII, 14
Pyrolyse-GC-MS (Pyrolyse-Gaschromatographie-Massenspektrometrie) 5. *Siehe auch* GC
Pyrrolizidinalkaloide 95. *Siehe auch* Alkaloide

Q

Qi 11–17, 19
Qí Bó 8, 13
Qigong LXXXVIII, 15, 16
Qin-Dynastie 18
Qing-Dynastie 14
Qín Shǐhuángdì 9
Qualitätskontrolle LXXXIX, 3, 19, 32, 35, 36, 50–52, 68, 74, 75, 82, 86, 87, 95–97, 100, 109–128, 138
Qualitätskontrolle von pflanzlichen ätherischen Ölen 119. *Siehe auch ätherische Öle*
Qualitätsrichtlinien
  der EU 109
  der FDA 109
  der WHO 3, 109
Qualitätsstandards
  GACP 109, 113
  GAP 81, 85, 109–111
  GCP 109
  GLP 109
  GMP 51, 58, 109–111, 113
  GSP 109
  SOPs 109, 110
Quecksilber LXXXVII, 74

R

radioaktive Kontaminationen 109
Raman-Spektroskopie 122
Ranunculaceae 43, 46, 47, 139
RAPD *(Random Amplified Polymorphic DNA)* 121
Referenzstandards für die chemische Analyse
  Chemical Reference Standard (CRS) 127
  Herbal Reference Standard (HRS) 127
Rezeptur 36, 41, 52–58, 68, 73, 82, 86, 87, 100, 110–112, 117, 121, 123, 124, 137, 138. *Siehe auch individuelle Rezeptur*
  als OTC *(Over the counter)*, Fertigarzneimittel 86
  Aufbau 53
  chemische Schwankungen 86

Rezeptur (*Forts.*)
Definition 138
Entwicklung neuer Rezepturen 58, 111
jiājiǎn
Hinzufügen plus Weglassen weiterer Arzneidrogen 54
jiāwèi
Hinzufügen weiterer Arzneidrogen 54
Name 54, 57, 87
Qualitätskontrolle 111, 112, 117, 121, 123–128
Variationen der Zusammenstellung 87
RFLP *(Restriction Fragment Length Polymorphism)* 121
Rhamnaceae 44, 139
Richard Nixon 10
Röntgenpulverdiffraktometrie 117
Rohdrogen 41, 74, 111
Definition 41
Rosaceae 84, 139
Rotwurzelsalbei 54. *Siehe auch Salvia miltiorrhiza*
Rubiaceae 44, 139

S
Salicaceae LXXXVIII, 139
Salicylsäure LXXXVIII
Salix LXXXVIII
Salvia miltiorrhiza 54
SCAR-Marker 122. *Siehe auch DNA-Marker*
Schimmelpilze 43, 99. *Siehe auch* Mykotoxine
Schröpfen 16
Schwefeln 43, 99
Schwermetalle LXXXVII, 43, 73, 74, 79, 85, 97–100, 109, 112, 113, 116. *Siehe auch* Quecksilber bzw. Arsen
Scolopendridae 139
Scutellaria barbata 44
Seidenstraße 9
Sensorik 19, 113
Seveso-Dioxin LXXXIX. *Siehe* vergleichend Dibenzofurane
Shénnóng Běncǎojīng 5, 7–9, 17
Shénnóng Běncǎojīng Zhùjiě 17
Shénnóng, *Kaiser* 6, 7
Sichuan-Liebstöckel 81. *Siehe auch Ligusticum chuanxiong*
sieben klassische Planeten 13
SOPs (*Standard Operation Procedures*) 109
spektroskopisches Muster (Definition) 125. *Siehe auch chemisches Profil, Fingerprint bzw. chemische Marker*
Stacheljujube 44. *Siehe auch Ziziphus spinosa*
Standort (einer Arzneipflanze) 80–86, 89, 90, 123, 126, 127
Stephania tetrandra 92–95
Tetrandrin (chemischer Marker) 94
Strychnin 47. *Siehe auch* Alkaloide bzw. *Nux vomica*
Substitution von Heilpflanzen 3, 79, 86, 90, 92. *Siehe auch* Verwechslung bzw. Vertauschung von Heilpflanzen
Süßholz 30. *Siehe auch Glycyrrhiza*
Sùwèn 8. *Siehe auch Huángdì Nèijīng Sùwèn*

T
Taiji 15, 16
Tang-Dynastie 9
Tanshinon IIA 54
Táo Hóngjǐng (Arzt) 17
Taoismus 12
Tao Yin siehe Qigong bzw. Taiji LXXXVIII
TCM-Klinik 11
TCM-Krankenhaus 11. *Siehe auch TCM-Klinik*
TCM-Modernisierung 11. *Siehe auch Modernisierungsplan*
TCM (traditionelle chinesische Medizin)
Diagnosestellung 13–15
Historie 3–8
Philosophie 11–13
Säulen der TCM 15–20 (*siehe auch CHM (Chinese Herbal Medicine)*)
Teemischung 74
Tetanus-Toxin A LXXXIX
Tetrachlordibenzodioxin, 2,3,7,8-LXXXIX. *Siehe auch Seveso-Dioxin*
Tetrandrin 94. *Siehe auch Alkaloide*
Thermodesorption-Gaschromatographie-Massenspektrometrie (TD-GC-MS) 5. *Siehe auch GC*
tierische Arzneidrogen 6. *Siehe auch Arzneidrogen, tierische*
Tigerknochen LXXXVII
TLC (Dünnschichtchromatographie) 6, 51, 115, 117–119, 121, 127, 128
Tóngréntáng *(Apotheke)* 11
Tracheophyta 45, 46
traditionelle chinesische Medizin (TCM) 3. *Siehe auch TCM*
Transport 28, 29, 80, 89, 90, 97, 99, 110
Trichuris trichiura 6
Trockenextrakte 115
Trocknung 30, 41–43, 53, 56, 80, 99, 117, 138
Tuina-Massage 16

U

UNICEF (Kinderhilfswerk der Vereinten Nationen) LXXXVII
Unsterblichkeit 7
UN *(United Nations)* 34. *Siehe auch Vereinte Nationen*
UV-Detektor 117

V

Vereinte Nationen 34, 85, 87, 89
Verfälschung 3, 51, 79, 84, 87, 90, 95, 96, 116, 123, 126
Verfälschungen 3. *Siehe auch Fälschung bzw. Identitätsverfälschung*
Vergiftungsfälle 47
Vernodalin 4
Vernonia 4
Vernonia-Arten 4. *Siehe auch Vernonia*
Vernonia-Kulturpflanzen 4
Vernonia amygdalina 4
Vertauschung von Heilpflanzen 3, 95, 109, 117, 126. *Siehe auch Substitution bzw. Verwechslung von Heilpflanzen*
Verwechslung von Heilpflanzen LXXXIX, 3, 52, 81, 90–92, 94, 110. *Siehe auch Substitution bzw. Vertauschung von Heilpflanzen*
  im Pflanzenreich häufigste 92
Vorbehandlungsmethoden 19. *Siehe auch Pàozhì-Verfahren*

W

Walnuss LXXXVII
Washingtoner Artenschutzabkommen 74
Wechselwirkungen, pharmakologische 50, 53, 67, 100
Weide LXXXVIII. *Siehe auch Salix*
Westliche Zhōu-Dynastie 13
WHO-Arzneipflanzen-Monographien 115. *Siehe auch Arzneipflanzen-Monographien*
WHO-Monographien 114
WHO-Qualitätsrichtlinien 3. *Siehe auch Qualitätsrichtlinien*
WHO (World Health Organization) 3, 75, 98, 114
Wildbestände 34, 80, 82–86, 90, 111. *Siehe auch Wildsammlung*
Wildsammlung 30, 34, 82–85, 90, 100, 109. *Siehe auch Wildbestände*
Wirksamkeit (therapeutische) LXXXVIII, 3, 20, 30, 43, 51, 54–59, 65, 67, 68, 83, 110–113, 125
Wirkstoffe 65, 66, 80, 110
  Antimalariawirkstoff 65 (*siehe auch* Artemisin)
  Derivate 65
  Hauptwirkstoff 65
  isolierte Wirkstoffe 5, 65, 66, 110
Wirkstoffprofil 80. *Siehe auch chemisches Profil*
World Wide Fund For Nature (WWF) 84
WTO (World Trade Organization) 30

Y

Yìjīng 6. *Siehe auch I Ging*
Yin und Yang 8, 11–13, 19

Z

Zhànguó-Dynastie 13
Zingiber 50, 53, 74
Zingiberaceae 50
Ziziphus spinosa 44
Zubereitungsformen 4, 100
zweidimensionale Gaschromatographie (2D-GC) 119. Siehe auch *GC*